高职高专计算机系列规划教材

大学计算机信息技术简明教程

（第二版）

主　编　王晓娟　胡　磊

编　者　王晓娟　时　洋　印元军　蔡志锋
胡　磊　余爱华　茹志鹏　吕树红
薛　巍　蒋　磊　孙　利　李　剑
钱　谦　任丽君　黄　金　李　俊

南京大学出版社

图书在版编目(CIP)数据

大学计算机信息技术简明教程 / 王晓娟，胡磊主编.
— 2 版. — 南京 ：南京大学出版社，2015.8
高职高专计算机系列规划教材
ISBN 978-7-305-15777-6

Ⅰ. ①大… Ⅱ. ①王… ②胡… Ⅲ. ①电子计算机—
高等职业教育—教材 Ⅳ. ①TP3

中国版本图书馆 CIP 数据核字(2015)第 199661 号

出版发行 南京大学出版社
社　　址 南京市汉口路 22 号　　　邮　编 210093
出 版 人 金鑫荣

丛 书 名 高职高专计算机系列规划教材
书　　名 大学计算机信息技术简明教程(第 2 版)
主　　编 王晓娟　胡　磊
责任编辑 吴　汀　　　编辑热线 025-83686531

照　　排 南京南琳图文制作有限公司
印　　刷 宜兴市盛世文化印刷有限公司
开　　本 787×1092　1/16　印张 16.5　字数 381 千
版　　次 2015 年 8 月第 2 版　2015 年 8 月第 1 次印刷
ISBN 978-7-305-15777-6
定　　价 32.00 元

网址：http://www.njupco.com
官方微博：http://weibo.com/njupco
官方微信号：njupress
销售咨询热线：(025) 83594756

前　言

伴随着现代化社会的发展，计算机信息技术、新材料技术、新能源技术、现代生物技术等新技术，正迅速而深入地影响了人类的生产、生活方式，影响了人们的社会关系和人们对世界的认识。技术是指人们实现理想目的的操作方法，包括相关的理论知识、操作经验及技巧。同时也是组成人类文明的有机部分，是实现经济发展和社会进步的重要推动力。

在高职高专设立技术学习领域，主要是为了深入推进以创新精神和实践能力培养为重点的素质教育的需要，也是贯彻落实“科教兴国”的战略决策、促进经济与社会的可持续发展的需要。高职高专的信息技术课程以提高学生的信息素养、促进学生全面而又富有个性的发展为基本目标，着力发展学生以信息的交流与处理、技术的设计与应用为基础的技术实践能力，努力培养学生的创新精神、创业意识和一定的人生规划能力。信息技术课程不仅注重学生对符合时代需要、与学生生活紧密联系的基础知识与基本操作技能的学习，而且注重学生对信息技术的思想和方法的领悟与运用，注重学生对信息技术的人文因素的感悟与理解，注重学生在信息技术学习中的探究、试验与创造，注重学生情感态度、价值观以及共通能力的发展，为学生应对未来挑战、实现终身发展奠定基础。

计算机信息技术基础课程设立的价值主要体现在以下几个方面：

1. 引导学生融入信息技术世界，增强学生的社会适应性

通过信息技术学习，学生可以有意识地感受到信息时代技术发展给经济和社会带来的变化，感受到日常生活中信息技术的存在；可以更好地了解社会、了解生产、了解职业、了解它们与信息技术的联系；可以更加理性地看待信息技术，以更为负责、更有远见、更具道德的方式使用信息技术；可以利用所学信息技术更为广泛地参与社会生活，提高对未来社会的主动适应性。

2. 激发学生的创造欲望，培养学生的创新精神

学生的信息技术学习过程，更多地表现为一种创造过程。在这个过程中，学生通过一项项设计任务的完成，通过一个个信息技术问题的探究，激发创造的欲望，享受创造的乐趣，培养自己的创造性想象能力、批判性思维能力，以及在实践中不断创新的能力，形成积极、果敢、合作、进取等优良品质。

3. 强化学生的手脑并用，发展学生的实践能力

信息技术课程强调心智技能与动作技能的结合，强调理论与实践的统一。通过“动手做”，学生的信息技术设计与制作能力、信息技术试验与信息技术探究能力，以及利用所学信息技术解决实际问题的能力都将得到增强。

4. 增进学生的文化理解，提高学生的创意

信息技术是培养学生信息素养的课程载体，它可以提高学生信息处理和信息交流的

技巧,可以提高学生对大众信息文化的理解能力。贯穿于信息技术活动中的设计与制作、交流与评价也充分体现了这一价值。

5. 改善学生的学习方式,促进学生的终身学习

信息技术课程的学习方式是丰富多样的,有个人的独立操作学习、小组合作学习;观察学习、体验学习、设计学习、网络学习等等。信息技术不仅是学生的学习内容,而且也是学生的学习工具。基本的信息技术能力的形成,有利于学生把信息技术应用于其他科目内容的学习,有利于学生学习方式的改变,有利于学生的终身学习和终身发展。

本书是为"大学计算机信息技术基础"课程编写的理论教材。全面介绍了计算机信息系统的各个方面,全书共分为6个章节,第1章主要介绍了电子信息技术的基本知识,第2章重点剖析计算机硬件的组成、各个部件的性能指标以及它们的工作原理,第3章主要介绍了操作系统、程序设计等计算机软件的基本知识,第4章重点分析了计算机网络特别是因特网的组成、原理和功能,第5章主要对字符、图像、声音和视频等在计算机中的表示、处理与应用作了简单的介绍,第6章重点讲解了数据库及其应用和信息系统开发的基本方法。

本书在编写过程中主要从组成与结构、内容的选择等方面做了详细的设计与规划:

在组成与结构上,能够更系统、深入地介绍现代社会计算机科学与技术的基本概念、基本原理和主要应用;

在内容的选择上,既考虑计算机系统的全面性,又考虑到各个模块的实际应用,还要兼顾学生参加计算机等级考试及专转本等方面。

全书概念清晰正确,原理简洁明了,知识新颖实用,材料丰富可靠,文字通顺流畅。本书是针对高职高专非计算机专业学生或计算机专业初学者编写的,对于一般工程技术人员和对计算机信息技术有兴趣的其他读者,也有很好的参考价值,同时本书还配套了教学演示文稿供读者学习参考。

参与本教材编写的作者都是长期工作在计算机教学、科研和实验室第一线的计算机专业教师,他们在长期的教学和实践工作中积累了大量丰富的教学经验。参与编写的老师有正德职业技术学院王晓娟、胡磊、时洋、印元军、蔡志锋、余爱华、茹志鹃、吕树红等。本书的编写得到了正德职业技术学院刘小廷副院长、电子与信息技术系王高山主任和刘俊起副主任、教务处章庆国处长和陈康副处长的关心和支持,同时也感谢薛巍、蒋磊、孙利、李剑、钱谦、任丽君、黄金、李俊等老师和南京大学出版社的帮助与支持,在此一并表示感谢。

由于作者水平有限,时间仓促,书中肯定有不妥和错误之处,恳请读者批评指正。

目　录

1.1 信息与信息技术

1.1.1 信息与信息处理

1. 信息

我们生活在一个信息时代。企业家通过了解市场信息来确定产品的生产销售策略，教师和学生通过教学大纲来教学和学习，老百姓如果离开了有关衣食住行的信息，一刻也无法生活。信息社会的到来，以计算机和网络技术为核心的现代技术的飞速发展，正深刻地改变着我们的工作、生活和学习方式。那么，什么是信息(Information)呢？

控制论创始人维纳(Norbert Wiener)认为"信息是人们在适应外部世界，并使这种适应反作用于外部世界的过程中，同外部世界进行互相交换的内容和名称"，它经常被作为经典性定义加以引用。他曾经说过：信息就是信息，它既不是物质也不是能量。信息同物质、能量一样重要，它们是构成客观世界的三大要素。美国哈佛大学的研究小组提出了著名的资源三角形理论：没有物质，什么也不存在；没有能量，什么也不会发生；没有信息，任何事物都没有意义。

信息既是一种抽象的概念，又是一个无处不在的实际事件。比如，天气变化现象、教师讲授的知识、电视转播的实况、成绩单上的分数等，这些现象、语言、图像、文字所表示的内容都是信息，因此信息的含义很广泛，至今尚未形成一个统一的、公认的定义。

知识点归纳：

一种大家比较认同的定义是：信息是对客观世界中各种事物的运动状态和变化的反映。

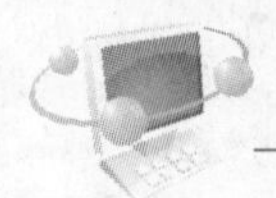

2. 信息处理

有信息就有信息处理。如图 1-1 所示人工进行信息处理的一个典型过程。人类自身对信息的处理主要是通过感觉器官获取信息，通过神经系统将获取的信息传递给大脑（思维器官），在大脑中建立起相应的感觉和印象，大脑对接收到的信息形成感性认识，然后经过大脑的积极思维，对信息进行分析、归纳、推理、判断等加工处理，从感性认识上升到理性认识，形成各种各样的知识，再次输出，指导手、脚等效应器官作用于事物客体的行为。

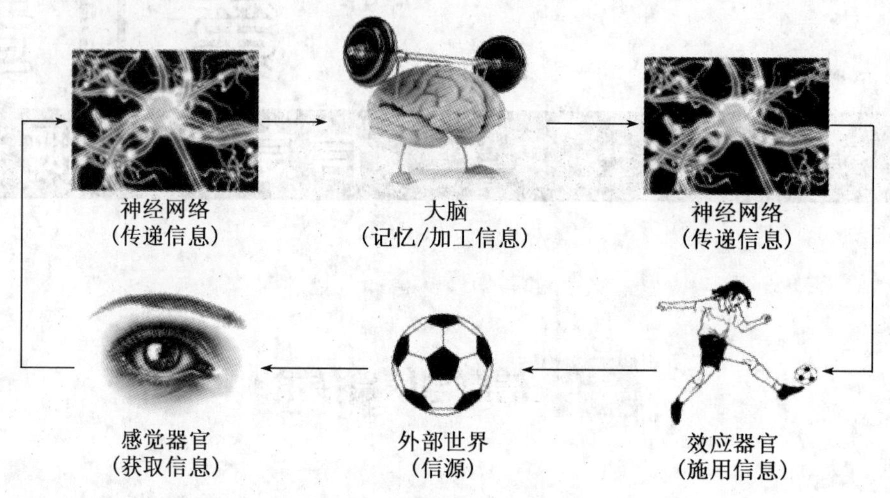

图 1-1　人工进行信息处理的过程

简而言之，信息处理指的是与信息的收集、加工、存储、传递、施用相关的行为和活动。

（1）信息的收集，例如信息的感知、测量、获取和输入等。

（2）信息的加工，例如分类、计算、分析、综合、转换、检索和管理等。

（3）信息的存储，例如书写、摄影、录音和录像等。

（4）信息的传递，例如邮寄、出版、电报、电话和广播等。

（5）信息的施用，例如控制和显示等。

在人工信息处理过程中，人们运用不同信息器官进行不同的信息处理活动。人类的信息器官主要包括感觉器官、神经网络、大脑以及效应器官，它们分别用于获取信息、传递信息、加工与存储信息，以及施用信息使其产生实际效用。然而，这些信息器官的功能是有限的，存在着算不快、记不住、传不远、看（听）不清等问题。

1.1.2　信息技术和信息产业

1. 信息技术

信息技术（Information Technology，简称 IT）指的是用来扩展人们信息器官功能，协助人们更有效地进行信息处理的一类技术。其内容如图 1-2 所示，它主要是利用微电子、计算机和现代通信等手段实现信息获取、信息加工、信息存储、信息传递和信息施用的相关技术。概括起来讲，基本的信息技术主要包括：

（1）扩展了感觉器官功能的感测（获取）与识别技术。

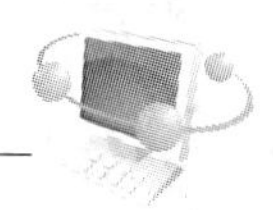

(2) 扩展了神经系统功能的通信技术。

(3) 扩展了大脑功能的计算(处理)与存储技术。

(4) 扩展了效应器官功能的控制与显示技术。

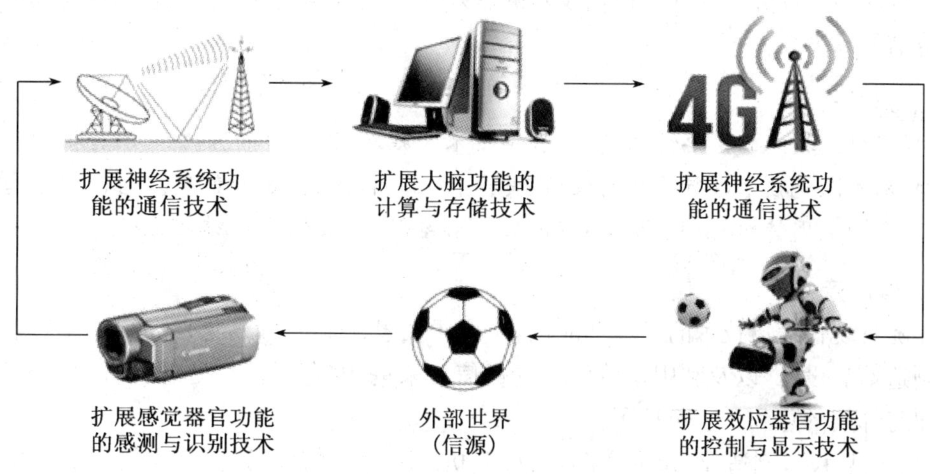

图1-2　基本的信息技术

例如,雷达、遥感卫星等感测与识别技术扩大了人们的感知范围,提高了信息感知的精度和灵敏度;广播、电视、电话和因特网等通信技术大大延伸了人们信息传递的距离;光、电、磁等信息存储技术实现了信息的海量存储;计算机、机器人等信息处理和控制技术大大增强了人们的信息加工处理和控制能力。毫无疑问,信息技术已经成为当今社会最有活力、最有效益的生产力之一。

2. 信息技术的发展

信息技术的发展历史悠久。人类很早就开始出现了信息的记录、存储和传输,原始社会的"结绳记事"就是指以麻绳和筹码作为信息载体,用来记录和存储信息的。望远镜、放大镜、显微镜、算盘、手摇式机械计算机等都是近代信息技术的产物。综观信息技术的发展史,人类社会已经经历了五次信息技术革命:

(1) 第一次信息技术上的革命是语言的出现和使用。人类通过语言进行信息交流,不但获得了大量的信息,同时也促进了人类信息思维器官(大脑)的进一步发展。

(2) 第二次信息技术上的革命是文字的发明和使用。文字的出现使人类信息的储存与传播方式取得了重大突破。文字把人类智慧、思维成果记载下来,可以长久地储存,并可以传递给他人或后人。文字极大地突破了时间和地域对信息的限制,在人类知识积累和文明发展的过程中发挥着十分重要的作用。

(3) 第三次信息技术上的革命是造纸和印刷术的发明。印刷技术的发明把文字信息的传播推向了新的高度,促进了知识的广泛传播,充分发挥了知识的作用,极大地促进和推动了思想的传播和人类文明的进步。

(4) 第四次信息技术上的革命是电报、电话、广播和电视的使用。这些通信技术的发展,使人类进入利用电磁波传播信息的时代。以电磁波为载体传播信息,使人们超越了空间限制,不但可以在信息发出的瞬间收听到语言和音响信息,还可以收看到图像和文字,于是电磁波便成为人类信息交流的新载体。

(5) 第五次信息技术上的革命是电子计算机和现代通信技术在信息工作中的应用。电子计算机以处理速度快、存储容量大、计算精度高和通用性强等特点，扩大和延伸了人脑的思维能力。计算机与现代通信技术的有效结合，使人类处理信息、利用信息的能力达到了空前的高度。

知识点归纳：

现代信息技术的主要特征是：以数字技术为基础、以计算机及其软件为核心、采用电子技术和激光技术进行信息的收集、传递、加工、存储、显示和控制。它包括了通信、广播、计算机、因特网、微电子、遥感遥测、自动控制、机器人等诸多领域。

3. 信息产业

伴随着现代信息技术的发展和应用，孕育了信息产业的形成与发展。信息产业是指生产制造信息设备，以及利用这些设备进行信息采集、储存、传递、处理、制作与服务的所有行业与部门的总和。它包括了：

(1) 信息设备制造业，如生产芯片、计算机、手机、通信设备、数字电视、软件、电子器件等设备。

(2) 信息服务业，如通信与广播、电子政务/商务/金融、网络教育、电子医疗、电子娱乐/游戏等。

(3) 信息内容产业，如影视制作、动漫与游戏制作、数字文化(音乐/美术/广告等)、电子出版等。

(4) 信息基础设施，如电信网络、广播电视网络、互联网络等的建设、维护、经营和管理。

1.1.3 信息化和信息社会

1. 什么是信息化

从 20 世纪 90 年代末开始，人类正走进以信息技术为核心的知识经济时代，信息资源已成为与材料和能源同等重要的战略资源；信息技术正以其广泛的渗透性和高度的先进性与传统产业相结合，对传统产业进行改造；信息产业已发展成为世界范围内的朝阳产业和新的经济增长点；信息化已成为国民经济和社会发展的推进器；信息化水平则成为一个地区或国家现代化水平和综合实力的重要标志。世界各国都把加快信息化建设作为国家的发展战略。

什么是信息化？怎样理解和认识信息化的基本含义？

信息化的概念起源于20 世纪 60 年代的日本，最初是由日本学者从社会产业结构演进的角度提出来的。实质上是一种社会发展阶段的新学说。所谓信息化，就是利用现代信息技术对人类社会的信息和知识的生产与传播进行全面的改造，使人类社会生产体系的组织结构和经济结构发生全面变革的一个过程，是一个推动人类社会从工业社会向信息社会转变的社会转型过程。

信息化建设的主要目标是在经济和社会活动中，通过普遍采用现代信息技术和有效

地开发和利用信息资源.推动经济发展和社会进步，逐步使信息产业以及由于利用了信息技术和信息资源而创造的劳动价值在国民生产总值中的比重不断上升直至占主导地位。

一般而言，信息化建设的主要内容包含三个层面、六个要素。

所谓三个层面，一是信息基础设施与信息资源的开发和建设，这是信息化建设的基础；二是信息技术与信息资源的应用。这是信息化建设的核心与关键；三是信息产品制造业的不断发展。这是信息化建设的重要支撑。三个层面的发展过程是相互促进的过程，也是工业社会向信息社会、工业经济向信息经济演化的动态过程。

所谓六个要素，是指信息基础设施、信息资源、信息技术与应用、信息产业、信息化法规与信息科技人才。其中信息基础设施一词是美国政府在1993年发表的“国家信息基础设施:行动计划”文件中正式出现的，也有人把它称为信息高速公路。它是一个由通信网、计算机、信息资源、用户信息设备与人构成的互连互通、无所不在的信息网络，凭借该网络可以把个人、家庭、学校、图书馆、医院、政府与企业互相连接起来，以获得各种各样的信息资源和信息服务，而且这些新型的服务将不受时间和地点的限制。电子政务、电子商务、远程医疗、远程教学、数字图书馆和数字地球等都是这些信息服务的典型代表。

2. 信息化推动工业化

信息化是当今世界发展的大趋势，也是我国产业结构优化与升级、实现工业化和现代化、增强国际竞争力与提高综合国力的关键。面对这一严峻挑战和历史机遇，党和政府高度重视信息化建设，于2006年发布了“国家信息化发展战略(2006－2020)”。发展战略中制订了2020年我国信息化发展的总目标是：

(1) 综合信息基础设施基本普及。

(2) 信息技术自主创新能力显著增强，信息产业结构全面优化。

(3) 国民经济和社会信息化取得明显成效，新型工业化发展模式初步确立。

(4) 国家信息化发展的制度环境和政策体系基本完善，国民信息能力显著提高。

此次发布的“国家信息化发展战略”包括以下四个要点：

(1) 以信息化带动工业化，以工业化促进信息化。信息化覆盖现代化全局(社会信息化、文化信息化、政务信息化、军事信息化)。

(2) 扩展了信息产业内涵:除制造业、软件业、通讯业、IT服务业，现在又增加了“信息内容产业”(包括文化、出版、广播、影视、市场资讯、市场调查、游戏动漫等以内容加工为对象，以信息为产品形式)。

(3) 重新设计和考虑了信息化制度环境建设，包括机制、体制、法律法规、标准化、信息安全、知识产权、全民信息能力的提升以及改革开放对外交流等。

(4) 提出了贯穿15年的战略行动计划，包括电子商务计划、国民信息技能教育培训计划、电子政务计划、网络媒体信息资源开发利用计划、缩小数字鸿沟计划、关键信息技术自主创新计划等六项。

我国目前正处于工业化的中期阶段，技术还相对落后，大量高科技尖端技术并没有完全为我们所掌握。因此，必须充分认识信息化在国民经济和社会发展中的重要意义，凭借“后发优势”，实现信息产业的跨越式发展，并利用信息化来推进工业化和改造传统工业，形成工业化与信息化相融合的模式。既要充分发挥工业化对信息化的基础和推动作用，又要使信息化成为带动工业化升级的强大动力，在工业化过程中实现工业信息化，在信息化过程中实现信息工业化，进而实现工业化与信息化的融合，把发达国家近200年内完成的实现工业化进而实现信息化的过程，压缩到今后的几十年内完成。

3. 信息社会

信息社会与后工业社会的概念没有什么原则性的区别。信息社会也称信息化社会，是脱离工业化社会以后，信息将起主要作用的社会。在农业社会和工业社会中，物质和能源是主要资源，所从事的是大规模的物质生产。而在信息社会中，信息成为比物质和能源更为重要的资源，以开发和利用信息资源为目的信息经济活动迅速扩大，逐渐取代工业生产活动而成为国民经济活动的主要内容。信息经济在国民经济中占据主导地位，并构成社会信息化的物质基础。以计算机、微电子和通信技术为主的信息技术革命是社会信息化的动力源泉。由于信息技术在资料生产、科研教育、医疗保健、企业和政府管理以及家庭中的广泛应用，从而对经济和社会发展产生了巨大而深刻的影响，从根本上改变了人们的生活方式、行为方式和价值观念。

自测题1

一、判断题

1. 信息是作为人们认识世界、改造世界的一种基本资源，与人类的生存和发展有着密切的关系。 (　　)

2. 信息处理指的是与信息的收集、传递、加工、存储和施用相关的行为和活动，信息技术则泛指用来扩展人们信息器官功能、代替人们进行信息处理的一类技术。 (　　)

3. 信息处理过程就是人们传递信息的过程。 (　　)

4. 一些社会学和经济学学者认为，从生产力和产业结构演进的角度看，人类社会正从工业社会向信息社会转型。 (　　)

5. 信息产业就是指生产制造信息和信息设备的行业部门。 (　　)

二、选择题

1. 扩展人们眼、耳、鼻等感觉器官功能的信息技术中，一般不包括________。
   A. 感测技术　B. 识别技术　C. 获取技术　D. 存储技术

2. 用现代信息技术可以帮助扩展人的信息器官功能。例如，使用________可以帮助人的思维器官功能。
   A. 感测与识别技术　B. 通信技术
   C. 计算与存储技术　D. 控制与显示技术

3. 日常听说的“IT”行业一词中，“IT”的确切含义是________。
   A. 交换技术　B. 信息技术　C. 制造技术　D. 控制技术

4. 一般而言，计算机信息处理的内容不包含________。
   A. 查明信息的来源与制造者　B. 信息的收集和加工
   C. 信息的存储与传递　D. 信息的控制与显示

5. 下列关于信息的叙述错误的是________。
   A. 信息是指事物运动的状态及状态变化的方式

B. 信息是指认识主体所感知或所表述的事物运动及其变化方式的形式、内容和效用

C. 信息与物质和能源同样重要

D. 在计算机信息系统中,信息是数据的符号化表示

6. 下列有关信息技术和信息产业的叙述中,错误的是________。

A. 信息技术与传统产业相结合,对传统产业进行改造,极大提高了传统产业的劳动生产率

B. 信息产业是指生产制造信息设备的相关行业与部门

C. 信息产业已经成为世界范围内的朝阳产业和新的经济增长点

D. 我国现在已经成为世界信息产业的大国

7. 现代信息技术的内容主要包含________。

① 微电子技术　② 机械制造技术　③ 通信技术　④ 计算机和软件技术

A. ①②③　B. ①③④　C. ②③④　D. ①②④

8. 下列有关信息化和信息社会的叙述中,错误的是________。

A. 从生产力和产业结构演进的角度看,人类社会正从工业社会向信息社会转型

B. 信息社会中,信息将借助材料和能源的力量产生重要价值而成为社会进步的基本要素

C. 信息化就是利用信息技术解决贫富不均等社会矛盾,实现世界共同发展、共同繁荣

D. 我国的信息化建设道路,既要充分发挥工业化对信息化的基础和推动作用,又要使信息化成为带动工业化升级的强大动力

9. 现代信息技术的主要特征是:以________为基础,以计算机及其软件为核心,采用电子技术(包括激光技术)进行信息的收集、传递、加工、存储、显示与控制。

A. 数字技术　B. 模拟技术　C. 光子技术　D. 量子技术

10. 下列说法中,比较合适的是:“信息是一种________”。

A. 物质　B. 能量　C. 资源　D. 知识

三、填空题

1. 现代信息技术的主要特征是以数字技术为基础,以计算机及其软件为核心,采用________进行信息的收集、传递、加工、存储、显示与控制。

2. 与信息技术中的感测、通信、处理等技术相比,控制与显示技术主要用于扩展人的________器官功能。

1.2 数字技术基础

目前,我们已经走向了数字化社会。采用数字技术实现信息处理是电子信息技术的发展趋势。数字技术就是采用0和1两个数字来表示、处理、存储和传输信息的技术。电子计算机从一开始就采用了数字技术,通信和信息存储领域也大量采用数字技术,广播电

视领域正在走向全面数字化。在数字化世界里，任何形式的信息都要表示成 0 和 1 的组合（二进制数），这是我们掌握和应用数字技术的基础。

1.2.1 数制和数制转换

数的进位制称为数制。日常生活中人们使用的都是十进制数，但计算机使用的是二进制数，程序员还使用八进制和十六进制数。二进制数，八进制和十六进制数怎样表示？其数值如何计算？不同进制之间又是如何转换呢？

1. 十进制

十进制数的每一位可以使用 10 个不同的数字符号（0、1、2、3、4、5、6、7、8、9）来表示，即基数为 10。数的各个位所代表的值不一样，也就是各位的权值不同，如平时所说的个、十、百、千、万等就是相应位的权值。十进制数各位的权值是 10 的整数次幂。低位与高位的关系是“逢十进一”。十进制的英文为 Decimal，为与其他进制数有所区别，可在十进制数字后面加字母“D”或省略，如 169.7D 或 169.7。它所代表的实际数值我们可以通过“按权展开”式来表示。

例如：$169.7D=1\times10^2+6\times10^1+9\times10^0+7\times10^{-1}$ 式中 10^2、10^1、10^0、10^{-1} 为各位相应的权值。

2. 二进制

与十进制同理，二进制数的基数为 2，每一位使用两个不同数字（0、1）表示，各位的权值是 2 的整数次幂，低位与高位的关系是“逢二进一”。二进制的英文为 Binary，数字后面加“B”即表示二进制数。例如，二进制数 $(1010.1)_2$ 也可以表示为 1010.1B，它代表的实际数值是 $1010.1B=1\times2^3+0\times2^2+1\times2^1+0\times2^0+1\times2^{-1}=(10.5)_{10}$ 式中 2^3、2^2、2^1、2^0、2^{-1} 为各位相应的权值。

3. 二进制数的运算

二进制数的运算分为算术运算和逻辑运算两种。最简单的算术运算是加法和减法。

(1) 算术运算

一位二进制数的加、减法运算规则如图 1-3 所示：

被加数	加数	进位	和
0	0	0	0
0	1	0	1
1	0	0	1
1	1	1	0

(a) 加法规则

被减数	减数	借位	差
0	0	0	0
0	1	1	1
1	0	0	1
1	1	0	0

(b) 减法规则

图 1-3　一位二进制数的加减法运算规则

两个多位二进制数的加、减法运算必须由低位到高位逐位进行，必须考虑低位向高位的进（借）位，例如图 1-4 所示：

```
  1 0 1 0        1 0 1 0
+ 0 0 1 1      - 0 0 1 1
---------      ---------
  1 1 0 1        0 1 1 1
```

图1-4 多位二进制数的加、减法运算

(2) 逻辑运算

对于二进制信息的处理(例如加、减、乘、除等)都要使用到逻辑代数。逻辑代数中最基本的逻辑运算有三种:逻辑加(也称"或"运算,用符号"OR"、"∨"或"+"表示)、逻辑乘(也称"与"运算,用符号"AND"、"∧"或"·"表示)以及取反运算(也称"非"运算,用符号"NOT"或"—"表示)。它们的运算规则如下:

a. 逻辑加的运算规则是"有1得1,全0则0",如表1-1所示。

表1-1 逻辑加的运算规则

A	B	A∨B
0	0	0
0	1	1
1	0	1
1	1	1

b. 逻辑乘的运算规则是"有0得0,全1则1",如表1-2所示。

表1-2 逻辑乘的运算规则

A	B	A∧B
0	0	0
0	1	0
1	0	0
1	1	1

c. 取反运算最简单,"0"取反后是"1","1"取反后是"0",如表1-3所示。

表1-3 取反的运算规则

A	NOT A
0	1
1	0

需要注意的是,算术运算是会发生进位和借位的,而两个多位二进制数的逻辑运算则是按位独立进行逻辑运算,每一位都不受其他位的影响,没有进位和借位,运算结果也就不会产生溢出。

例1-1:1010和0111分别进行逻辑加和逻辑乘运算,如图1-5所示。

解答：

$$\begin{array}{r} 1\,0\,1\,0 \\ \vee\ 0\,1\,1\,1 \\ \hline 1\,1\,1\,1 \end{array} \qquad \begin{array}{r} 1\,0\,1\,0 \\ \wedge\ 0\,1\,1\,1 \\ \hline 0\,0\,1\,0 \end{array}$$

图 1-5　多位二进制数的逻辑运算

4. 八进制与十六进制

从十进制数和二进制数的概念出发，可以进一步推广到更一般的任意 R 进制数的情况。最常用的有八进制数和十六进制数两种。

(1) 八进制

八进制数使用 0、1、2、3、4、5、6、7 共 8 个数字符号来表示，逢八进一。八进制的英文为 Octal，数字后面加字母"O"即表示一个八进制数，有时为了与数字"O"区别，改为在数字后面加"Q"，如八进制数 103.6 可以表示为$(103.6)_8$、103.6O 或 103.6Q。

(2) 十六进制

十六进制数使用 0、1、2、3、4、5、6、7、8、9、A、B、C、D、E、F 共 16 个数字符号来表示，逢十六进一。十六进制的英文为 Hexadecimal，数字后面加字母"H"即表示一个十六进制数，如十六进制数 8A.4 可以表示为$(8A.4)_{16}$或 8A.4H。

一个数可以采用不同的进制表示，不同进制表示的形式不一样，但所表示的值是相等的。如：467D＝111010011B＝723Q＝1D3H。数的不同进制表示形式之间是可以互相转化的。

5. 二进制数转换成十进制数

将二进制数转换成十进制数非常简单，我们可以采用"按权展开求和法"进行计算，即先将二进制数的每一位数值乘以其相应的权值，然后累加就可得到它的十进制数值。

例 1-2：将二进制数 101.01 转换成十进制数。

解答：$101.01B=1\times2^2+0\times2^1+1\times2^0+0\times2^{-1}+1\times2^{-2}=(5.25)_{10}$

提示：

(1) 采用"按权展开求和法"时注意小数点左边第一位的权为 2^0，小数点右边第一位的权为 2^{-1}。

(2) 如果希望提高计算速度，就需要熟练掌握常用的权值。例如：

$2^{-1}=0.5$　　$2^{-2}=0.25$　　$2^{-3}=0.125$　　$2^{-4}=0.0625$

$2^0=1$　　$2^1=2$　　$2^2=4$　　$2^3=8$

$2^4=16$　　$2^5=32$　　$2^6=64$　　$2^7=128$

$2^8=256$　　$2^9=512$　　$2^{10}=1024$　　$2^{16}=65536$

(3) "按权展开求和法"将给定的二进制数转换成十进制数的方法具有普遍意义。用这种方法同样可以实现将八进制数、十六进制数等任意 R 进制数转换成为十进制数，仅仅是展开式中的权值不同而已。

例 1－3：将八进制数 103.6 和十六进制数 8A.4 转换成十进制数。

解答：$103.6Q=1\times8^{2}+0\times8^{1}+3\times8^{0}+6\times8^{-1}=67.75$

$8A.4H=8\times16^{1}+10\times16^{0}+4\times16^{-1}=138.25$

6. 十进制数转换成二进制数

较二进制数转换十进制数而言，十进制数转换成二进制数方法相对复杂。要将十进制数的整数和小数分开转换。

（1）十进制整数转换成二进制整数

十进制整数转换成二进制整数可以采取“除以 2 逆序取余法”进行计算，如图 1－6 所示。把 26 除以 2，取其余数 0 为二进制整数最低位，而将其商 13 再除以 2，取第二次除以 2 的余数 1 为次低位，以此类推，直到商为 0 结束。

例 1－4：将十进制数 26 转换成二进制数。

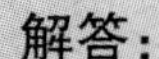
解答：

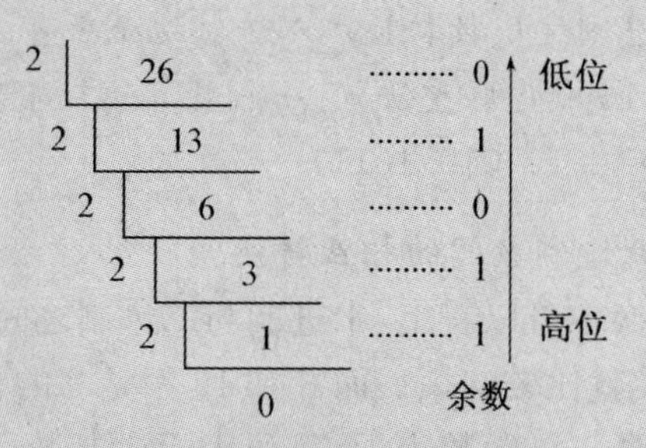

图 1－6　除以 2 逆序取余

故$(26)_{10}=(11010)_{2}$

显然，这种方法可以推广。若要将十进制整数转换成八进制整数，就可以用“除 8 逆序取余法”；若要转换成十六进制整数则可使用“除 16 逆序取余法”，此时需要注意余数，如果余数大于 9，则应该把余数转换成对应的字母来表示。

（2）十进制纯小数转换成二进制纯小数

十进制纯小数转换成二进制纯小数可以采取“乘以 2 顺序取整法”进行计算。即把待转换的十进制纯小数乘以 2，取其积的整数部分（0 或 1）作为二进制小数的最高位，而将其小数部分再乘以 2，取第二次乘积的整数部分作为二进制小数的次高位，以此类推，直到小数部分为 0 或达到所要求的位数为止。注意，最后的结果不要漏掉 0 和小数点。如图 1－7 所示。

例 1－5：将十进制小数 0.6875 转换成二进制小数。

解答：

$$
\begin{array}{rll}
 & & 0.6875 \\
 & & \times 2 \\
\hline
\text{高位} & 1. & 3750 \\
 & & \times 2 \\
\hline
 & 0. & 7500 \\
 & & \times 2 \\
\hline
 & 1. & 5000 \\
 & & \times 2 \\
\hline
\text{低位} & 1. & 0000
\end{array}
$$

图 1－7　乘以 2 顺序取整

故$(0.6875)_{10}=(0.1011)_2$

提示：

（1）十进制小数（如 0.63）在转换时会出现二进制无穷小数，这时只能取近似值。

（2）同理，把一个十进制纯小数转换成八进制纯小数可以用“乘 8 顺序取整法”，转换成十六进制数采用“乘 16 顺序取整法”。一般计算比较繁琐。

（3）最后，$(26.6875)_{10}=(11010.1011)_2$

7. 二进制数与八、十六进制数间的相互转换

从前面的不同数制转换中可以看出，十进制与二进制之间的转换比较简便，但十进制与八、十六进制数间的转换就比较麻烦。而 8 和 16 都是 2 的整数乘幂，即 $8=2^3$，$16=2^4$。所以每位八进制数可用 3 位二进制数表示，每位十六进制数可用 4 位二进制数表示。二进制与八进制的转换如表 1－4 所示，二进制与十六进制的转换如表 1－5 所示。

表 1－4　八进制与二进制的转换

八进制数	二进制数	八进制数	二进制数
0	000	4	100
1	001	5	101
2	010	6	110
3	011	7	111

表 1－5　十六进制与二进制的转换

十六进制数	二进制数	十六进制数	二进制数
0	0000	8	1000
1	0001	9	1001
2	0010	A	1010
3	0011	B	1011
4	0100	C	1100
5	0101	D	1101
6	0110	E	1110
7	0111	F	1111

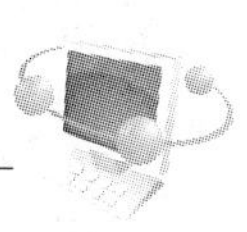

由表1－4和表1－5可以看出，二进制与八进制和十六进制之间的转换比较容易。所以人们一般都将十进制数先转换为二进制数，然后再转换为八进制数和十六进制数；或将八进制数和十六进制数先转换为二进制数后，再由二进制数转换为十进制数。

（1）二进制转换为八进制（或十六进制）的方法：

先以小数点为中心，分别向前、后每3位（或4位）分成一组，不足3位（或4位）则以“0”补足；再将每个分组用一位对应的八进制（或十六进制）数代替，对应关系参见表1－4和表1－5，得出的结果即为所求的八进制（或十六进制）数。

例1－6：将二进制数101110.10101分别转换成八进制和十六进制数。

解答：

$(101110.10101)_2=\underline{101}\ \underline{110}.\underline{101}\ \underline{010}=(56.52)_8$

$(101110.10101)_2=\underline{0010}\ \underline{1110}.\underline{1010}\ \underline{1000}=(2E.A8)_{16}$

（2）八进制（或十六进制）转换为二进制的方法：

先把每一位八进制（或十六进制）的数展开为对应的3位（或4位）二进制数，对应关系参见表1－4和表1－5，再去掉首、尾部的“0”，即得出所求的二进制数。

例1－7：将八进制数53.71和十六进制数53.71都转换成二进制数。

解答：

$(53.71)_8=\underline{101}\ \underline{011}.\underline{111}\ \underline{001}=(101011.111001)_2$

$(53.71)_{16}=\underline{0101}\ \underline{0011}.\underline{0111}\ \underline{0001}=(1010011.01110001)_2$

从上面的介绍中可以看出，二进制数与八进制数、十六进制数具有简单直观的对应关系。二进制数太长，书写、阅读、记忆均不方便；八进制、十六进制却像十进制数一样简练，易写易记。必须注意，计算机硬件中只使用二进位制，并不使用其他计数制。但为了开发程序、阅读机器内部代码和数据时的方便，人们经常使用八进制或十六进制来等价地表示二进制，所以读者也必须熟练地掌握八进制和十六进制。表1－6是常用的几种进制的相互转换表。

表1－6 常用进制的转换

十进制	二进制	八进制	十六进制
0	0000	0	0
1	0001	1	1
2	0010	2	2
3	0011	3	3
4	0100	4	4
5	0101	5	5
6	0110	6	6
7	0111	7	7
8	1000	10	8
9	1001	11	9

（续表）

十进制	二进制	八进制	十六进制
10	1010	12	A
11	1011	13	B
12	1100	14	C
13	1101	15	D
14	1110	16	E
15	1111	17	F

1.2.2 数字信息的基本单位——比特

1. 比特的概念

“比特”是其英文“bit”的音译，它是 binary digit 的缩写，中文意译为“二进位数字”或“二进位”。在不会引起混淆时也可以简称为“位”。比特是数字信息量的计量单位，二进制数的一位包含的信息就是 1 比特，如二进制数 0100 就是 4 个比特，二进制数 11001111 是 8 个比特。比特只有两种状态（取值）：它或者是数字 0，或者是数字 1。

比特既没有颜色，也没有大小和重量。如同 DNA 是人体组织的最小单位、原子是物质的最小组成单位一样，比特是组成数字信息的最小单位。许多情况下比特只是一种符号而没有数量的概念。在数字信息世界里，数值、文字、符号、图像、声音、命令等任何形式的信息都必须表示二进制形式，所以比特在不同场合有不同的含义，有时候使用它表示数值，有时候用它表示文字和符号，有时候则表示图像，有时候还可以表示声音。

比特是计算机和其他所有数字系统处理、存储和传输信息的最小单位，一般用小写的字母“b”表示。但是，比特这个单位太小了。下面将会介绍，每个西文字符需要用 8 个比特表示，每个汉字至少需要用 16 个比特才能表示，而图像和声音则需更多比特才能表示。因此，另一种稍大些的数字信息的计量单位是“字节”(Byte)，它用大写字母“B”表示，每个字节包含 8 个比特（注意，小写的 b 表示一个比特）。

2. 比特的存储

由于比特的取值只有两种可能，不为 0 即为 1。存储（记忆）1 个比特需要使用具有两种稳定状态的器件，例如开关、继电器、灯泡等。在计算机等数字信息处理系统中，以下四种存储信息的方法常常被运用。

（1）寄存器

一种称为触发器的双稳态电路有两个稳定状态，可分别用来表示 0 和 1，在输入信号的作用下，它可以记录 1 个比特。一组（例如 8 个或 16 个）触发器可以存储 1 组比特，它们称为“寄存器”。计算机的中央处理器中就有几十个甚至上百个寄存器。

（2）半导体存储器

另一种存储二进位信息的方法是使用电容器。当电容的两极被加上电压，电容将被充电，电压撤消以后，充电状态仍会保持一段时间。这样，电容的充电和未充电状态就可以分别表示 0 和 1。现代微电子技术已经可以在一块半导体芯片上集成数以亿计的微小

的电容，它们构成了可存储大量二进位信息的半导体存储器。计算机的主存就使用半导体存储器芯片来记录信息。

(3) 磁盘

在磁盘驱动器中，通过磁头的作用，磁盘表面磁性材料粒子可以有两种不同的磁化状态。这样，两种不同的状态可以分别表示 0 和 1。

(4) 光盘

光盘是通过“刻”在光盘片光滑表面上的微小凹坑来记录二进位信息。

提示：

CPU 中的寄存器和计算机的主存在电源切断以后所存储的信息会丢失，它们称为易失性存储器。而磁盘和光盘即使断电以后也能保持所存储的信息不变，属于非易失性存储器，可用来长期存储信息。

有关以上四种存储器将会在第 2 章中进一步介绍。

存储容量是存储器的一项最重要的性能指标。比特是存储容量的最小计量单位。较比特稍大的单位是字节，一个字节包含 8 个比特，即 8 bit＝1 Byte。计算机在存储信息时，相对于庞大的数据量，字节单位仍然显得很小，需要使用一些更大的单位如：千字节、兆字节、吉字节和太字节等。

现在计算机中内存储器和外存储器的容量的度量单位，虽然使用的符号相同，但实际含义却不一样。内存储器容量通常使用 2 的幂次作为单位，因为这有助于内存储器的设计。经常使用的单位有：

千字节(kilobyte，简写为 KB)，1 KB＝2^{10}字节＝1024 B

兆字节(megabyte，简写为 MB)，1 MB＝2^{20}字节＝1024 KB

吉字节(gigabyte，简写为 GB)，1 GB＝2^{30}字节＝1024 MB(千兆字节)

太字节(terabyte，简写为 TB)，1 TB＝2^{40}字节＝1024 GB(兆兆字节)

例 1－8：购买的 6G 内存条可以存储多少比特的信息？

解答：总比特数＝6×1024×1024×1024×8b＝51539607552b

然而外存储器(包括硬盘、光盘、U 盘等)的存储容量则是以 10 的幂次作为其单位，即 1 KB＝10^3字节；1 MB＝10^6字节；1 GB＝10^9字节；1 TB＝10^{12}字节等。这样一来，用户在使用计算机的过程中就会发现一个奇怪的现象，安装在计算机中的外存储器容量“缩水”了。

原因其实很简单。因为 Windows 操作系统(其他大部分软件也一样)在显示外存容量、内存容量、Cache 容量和文件及文件夹大小时，其容量的度量单位一概都以 2 幂次作为 K、M、G、T 等符号的定义，而外存储器生产厂商使用的 K、M、G、T 等符号却是以 10 的幂次定义的，这就是外存储器容量在系统中变小的原因。

例 1－9：为什么明明买的是 4 GB 的 U 盘，系统显示出来却是 3.73 GB(如图 1－8)。

解答：U 盘的总字节数为 4006936576B，这是不变的。

生产厂商使用 10 的幂次单位，4006936576B/(1000×1000×1000)约为 4 GB。

在操作系统中显示时以 2 的幂次作为其单位,4006936576B/(1024×1024×1024)约为 3.73 GB。

所以 4 GB 的 U 盘绝对不可能装下 4 GB 的数据,必须注意内外存的度量单位差异。

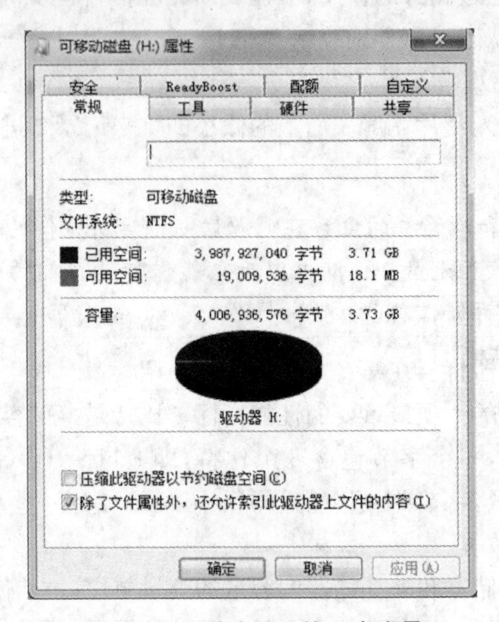

图 1-8 系统中显示的 U 盘容量

3. 比特的传输

信息是可以传输的,信息也只有通过传输和交流才能发挥它的作用。在数字通信技术中,信息的传输是通过比特的传输来实现的。近距离传输比特时可以直接进行传输(例如计算机读出或者写入移动硬盘中的文件,通过打印机打印某个文档的内容等),在远距离或者无线传输比特时,就需要用比特对载波进行调制,然后才能传输至目的地(详见第 4 章 4.1 中的介绍)。

在数据通信和计算机网络中传输二进位信息时,由于是一位一位串行传输的,传输速率的度量单位是每秒多少比特。经常使用的传输速率单位如下:

比特/秒(b/s),也称"bps"。如 2400 bps(2400 b/s)

千比特/秒(kb/s),1 kb/s=10^3 比特/秒=1000 b/s

兆比特/秒(Mb/s),1 Mb/s=10^6 比特/秒=1000 kb/s

吉比特/秒(Gb/s),1 Gb/s=10^9 比特/秒=1000 Mb/s

太比特/秒(Tb/s),1 Tb/s=10^{12} 比特/秒=1000 Gb/s

例 1-10:复制文件大小为 2.4 GB 的电影到 U 盘上,理论上大约需要多少时间?

解答:参考第 2 章的 I/O 接口知识,可知 USB2.0 接口的传输速率为 480 Mb/s

$$\frac{2.4\ \text{GB}}{480\ \text{Mb/s}}=\frac{2.4\times1024\times1024\times1024\times8\ \text{b}}{480\times1000\times1000\ \text{b/s}}\approx43\ \text{s}$$

所以大约需要 43 秒。

提示:

本书中小写字母 k 表示 1000，大写字母 K 表示 1024；M、G、T 的含义由上下文决定。

1.2.3　信息在计算机中的表示

计算机可以处理各种各样的信息，如数值、文字、图形、声音、命令、程序等。这些信息在计算机内部都是用比特(二进位)来表示的，否则，计算机既无法进行存储和传输，也无法对它们进行处理。

1. 数值信息的表示

计算机中的数值信息分成整数和实数两大类。整数不使用小数点，或者说小数点始终隐含在个位数的右面，所以整数也叫做“定点数”。计算机中的整数分为两类：有符号整数(也称为带符号位的整数)和无符号整数(也称为不带符号位的整数)。它们可以用 8 位、16 位、32 位甚至更多位数来表示。

(1) 有符号整数的原码表示

用原码表示整数采用“符号-绝对值”法，即用二进制数的最高位(最左边的一位)表示整数的符号(“0”代表正数，“1”代表负数)，其余各位则用来表示数的绝对值，如图 1-9 所示。

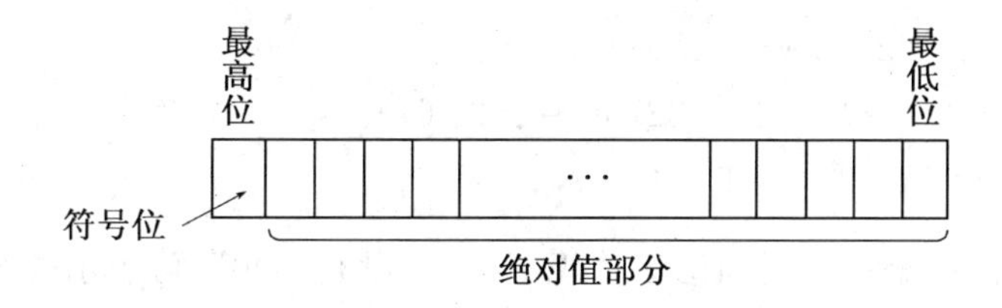

图 1-9　“符号-绝对值”表示法

例 1-11：求十进制整数+125 和-4 的 8 位二进制原码表示。

解答: $[+125]_{原}=\underline{0}1111101$　　$[-4]_{原}=\underline{1}0000100$

知识点归纳:

原码可表示的整数范围

8 位原码：$1-2^7 \sim 2^7-1$(−127～+127)

16 位原码：$1-2^{15} \sim 2^{15}-1$(−32767～+32767)

n 位原码：$1-2^{n-1} \sim 2^{n-1}-1$

原码表示法的优点是与人们日常使用的方法比较一致，简单直观。其缺点是“0”有两种不同的表示(“+0”和“−0”)，且加法运算与减法运算的规则不统一，需要分别使用加法器和减法器来完成，增加了 CPU 的成本。

提示:

计算机内部通常不采用“原码”而采用“补码”的形式表示有符号整数。

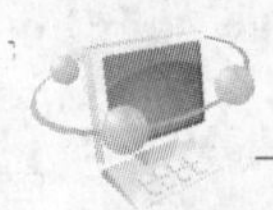

(2) 有符号整数的补码表示

需要注意的是，在使用补码表示正整数和负整数时情况有所不同。

a. 正整数的补码形式与其原码形式完全相同

例 1-12：分别求十进制整数+125 的 8 位二进制原码和补码表示。

解答：$[+125]_{原}=01111101$　　$[+125]_{补}=01111101$

b. 负整数的补码等于其原码除符号位保持不变外，绝对值部分取反，并在末位再加"1"运算后所得到的结果。这就是已知原码求补码的"取反加一法"。

例 1-13：求-56 的 8 位补码表示。

解答：步骤一，先求-56 的原码形式：$[-56]_{原}=10111000$

步骤二，原码的绝对值部分每一位取反：$[-56]_{反}=1\underline{1000111}$

步骤三，最后进行末位加"1"运算得：$[-56]_{补}=11001000$

以 8 个二进制位表示一个整数为例，考察两个非常有趣的数字"0"和"-128"。采用 8 位原码表示整数 0 时，有"10000000"与"00000000"两种表示形式。但在 8 位补码表示法中整数 0 唯一地表示为"00000000"，而"10000000"却被用来表示负整数 $-128(-2^7)$。正因为如此，相同位数的二进制补码可表示的数比原码多一个最小数。

知识点归纳：

补码可表示的整数范围

8 位补码：$-2^7\sim2^7-1(-128\sim+127)$

16 位补码：$-2^{15}\sim2^{15}-1(-32768\sim+32767)$

n 位补码：$-2^{n-1}\sim2^{n-1}-1$

补码表示法优点是加法与减法运算规则统一，没有"-0"，可表示的数比原码多一个。缺点是不直观，人使用不方便。

提示：

如果已知某负整数的补码表示，求其原码，我们仍然可以使用"取反加一法"，但要注意是对补码的绝对值部分进行计算。

例 1-14：已知某十进制数的二进制补码表示为 11111000，求该十进制数。

解答：步骤一，将补码的绝对值部分每一位取反得 10000111

步骤二，将取反后的绝对值部分末位加 1 得该数的原码=10001000

步骤三，由于原码表示比较直观，我们可以一眼看出十进制数为-8

(3) 无符号整数的表示

在某些情况下，要处理的数全是正整数，比如家庭的门牌号码就不可能出现负整数，此时再保留符号位就没有意义了。我们可以把符号位也作为数值处理，这样的数称为无符号整数。无符号整数常常用于表示地址、索引等正整数，它们可以是 8 位、16 位、32 位、64 位甚至位数更多。在位数固定不变的情况下，无符号整数可表示正整数的范围比有符号整数大一倍。

知识点归纳：

8 位无符号整数表示范围：$0\sim2^8-1$（0～255）

16 位无符号整数表示范围：$0\sim2^{16}-1$（0～65535）

n 位无符号整数表示范围：$0\sim2^n-1$

在运算过程中，若无符号整数超出了机器数可以表示的范围时将发生溢出现象。溢出后的机器数已经不是原来的数据。例如：4 位机器数，当计算“1111＋0011”时发生进位溢出，应该是 10010，但只有 4 位，进位被丢掉了，其计算结果为 0010。注意，加减法都有溢出问题。

（4）浮点数

实数通常是既有整数部分又有小数部分的数，整数和纯小数只是实数的特例。例如 56.721、－1894.045 6、0.0034756、872 等都是实数。由于实数的小数点位置不固定，因此，实数在计算机中的表示也称为“浮点数”表示法。

2. 文字符号的表示

日常使用的书面文字由一系列称为“字符”（character）的书写符号所构成。常用字符的集合叫做“字符集”。字符集中的每一个字符在计算机中各有一个代码（即字符的二进位表示），它们互相区别，构成了该字符集的代码表，简称码表。

西文字符集由拉丁字母、数字、标点符号及一些特殊符号所组成。目前计算机中使用得最广泛的西文字符集及其编码是 ASCII 字符集和 ASCII 码，即美国标准信息交换码。它已被国际标准化组织（ISO）批准为国际标准，在全世界通用。

提示：

基本 ASCII 字符集中共有 128 个字符（参见表 1－7）；

（1）包含 96 个可打印字符和 32 个控制字符；

（2）每个字符采用 7 个二进位进行编码；

（3）计算机中使用 1 个字节存储 1 个 ASCII 字符。

虽然标准 ASCII 码是 7 位的编码，但由于字节是计算机中最基本的存储和处理单位，一般仍使用一个字节来存放一个 ASCII 码。此时，每个字节中多余出来的一位（最高位）在计算机内部通常保持为“0”，而在数据传输时可用作奇偶校验位。

表 1－7　基本 ASCII 字符集及其代码表

ASCII 码	控制字符	ASCII 码	字符	ASCII 码	字符	ASCII 码	字符
0	NUT	32	空格	64	@	96	、
1	SOH	33	!	65	A	97	a
2	STX	34	”	66	B	98	b
3	ETX	35	#	67	C	99	c
4	EOT	36	$	68	D	100	d
5	ENQ	37	%	69	E	101	e

(续表)

ASCII码	控制字符	ASCII码	字符	ASCII码	字符	ASCII码	字符
6	ACK	38	&	70	F	102	f
7	BEL	39	,	71	G	103	g
8	BS	40	(	72	H	104	h
9	HT	41	)	73	I	105	i
10	LF	42	*	74	J	106	j
11	VT	43	＋	75	K	107	k
12	FF	44	,	76	L	108	l
13	CR	45	—	77	M	109	m
14	SO	46	.	78	N	110	n
15	SI	47	/	79	O	111	o
16	DLE	48	0	80	P	112	p
17	DCI	49	1	81	Q	113	q
18	DC2	50	2	82	R	114	r
19	DC3	51	3	83	X	115	s
20	DC4	52	4	84	T	116	t
21	NAK	53	5	85	U	117	u
22	SYN	54	6	86	V	118	v
23	TB	55	7	87	W	119	w
24	CAN	56	8	88	X	120	x
25	EM	57	9	89	Y	121	y
26	SUB	58	:	90	Z	122	z
27	ESC	59	;	91	[	123	{
28	FS	60	＜	92	/	124	｜
29	GS	61	＝	93	]	125	}
30	RS	62	＞	94	ˆ	126	～
31	US	63	?	95	—	127	删除

中文的基本组成单位是汉字。我国汉字的总数超过 6 万字，数量大，字形复杂，同音字多，异体字多，这给汉字在计算机内部的表示与处理带来一定困难。有关汉字编码的情况在本书第 5 章再作介绍。

3. 图像等其他信息的表示

图像在计算机中的表示要比字符更复杂一些。为了在计算机中表示一幅图像，首先必须把图像离散成为 M 列、N 行，这个过程称为图像的扫描，扫描后的图像分解成为 M×

N个取样点,每个取样点称为图像的1个像素。彩色图像的像素通常由红、绿、蓝(R、G、B)三个基色(分量)组成,灰度图像和黑白图像的像素只有一个亮度分量。像素的每个分量均采用无符号整数来表示。

以黑白图像为例,像素的颜色只有"黑"与"白"2种。因此每个像素只需要用1个二进位即可表示。图1-10是黑白图像在计算机中如何表示的一个例子,在二维码中通常用"1"表示黑,用"0"表示白。有关灰度图像和彩色图像在计算机中的表示方法将在第5章再作详细介绍。

图1-10　黑白图像在计算机中的表示

其他形式的信息如声音、动画、温度、压力、运动等都可以使用比特来表示。即使是指挥计算机工作的程序,也是使用比特表示的。总之,只有使用比特表示的信息计算机才能进行处理和存储。所以,计算机中所存储和处理的都是二进制信息。

需要强调的是,为了在不同计算机之间进行信息的交换,计算机中信息的表示格式不能自行其是,必须遵循一定的规范或标准。数值、文字、图像、声音、动画等在计算机中的表示方法均有国际标准,一些国家和地区还制订了自己的国家标准或地区标准,有些国际知名的大公司还有其自己的公司标准。

自测题2

一、判断题

1. 计算机中二进位信息的最小计量单位是"比特",用字母"B"表示。　(　　)

2. 在计算机网络中传输二进制信息时,经常使用的速率单位有"kb/s"、"Mb/s"等。其中,1 Mb/s=1024 kb/s。　(　　)

3. 对二进位信息进行逻辑运算是按位独立进行的,位与位之间不发生关系。(　　)

4. 比特可以用来表示数值和文字,但不可以用来表示图像和声音。　(　　)

5. 位数相同的无符号整数和有符号整数表示的正整数也相同。　(　　)

6. 采用补码形式,减法可以化为加法进行。　(　　)

7. 对二进制数进行算术运算时,必须考虑进位和借位的处理;对二进制数进行逻辑运算时同样必须考虑相邻位之间的关系。　(　　)

二、选择题

1. 下列关于比特的叙述中错误的是________。

　A. 比特是组成数字信息的最小单位

B. 比特可以表示文字、图像、声音等多种不同形式的信息

C. 比特的英文是 byte

D. 表示比特需要使用具有两个状态的物理器件

2. 下列关于比特的叙述中错误的是________。

A. 比特是组成数字信息的最小单位

B. 比特只有“0”和“1”两个符号

C. 比特既可以表示数值和文字，也可以表示图像或声音

D. 比特通常使用大写的英文字母 B 表示

3. 以下选项中，两数相等的一组数是________。

A. 十进制数 54020 与八进制数 54732

B. 八进制数 13657 与二进制数 1011110101111

C. 十六进制数 F429 与二进制数 1011010000101001

D. 八进制数 7324 与十六进制数 B93

4. 三个比特的编码可以表示________种的不同状态。

A. 3　　B. 6　　C. 8　　D. 9

5. 在个人计算机中，带符号二进制整数是采用________编码方法表示的。

A. 原码　　B. 反码　　C. 补码　　D. 移码

6. 十进制算式 7＊64＋4＊8＋4 的运算结果用二进制数表示为________。

A. 111001100　　B. 111100100　　C. 110100100　　D. 111101100

7. 二进制数 01 与 01 分别进行算术加和逻辑加运算，其结果用二进制形式分别表示为________。

A. 01、10　　B. 01、01　　C. 10、01　　D. 10、10

8. 将十进制数 89.625 转换成二进制数表示，其结果是________。

A. 1011001.101　　B. 1011011.101　　C. 1011001.011　　D. 1010011.100

9. 下列不同进位制的四个数中，最小的数是________。

A. 二进制数 1100010　　B. 十进制数 65

C. 八进制数 77　　D. 十六进制数 45

10. 在表示计算机内存储器容量时，1 MB 为________字节。

A. 1024×1024　　B. 1000×1024　　C. 1024×1000　　D. 1000×1000

11. 在计算机信息处理领域，下面关于数据含义的叙述中，错误的是________。

A. 数据是对客观事实、概念等的一种表示

B. 数据专指数值数据

C. 数据可以是数值型数据和非数值型数据

D. 数据可以是数字、文字、图画、声音、图像

12. 最大的 10 位无符号二进制整数转换成八进制数是________。

A. 1023　　B. 1777　　C. 1000　　D. 1024

13. 下列十进制整数中，能用二进制 8 位无符号整数正确表示的是________。

A. 257　　B. 201　　C. 312　　D. 296

14. 采用补码表示法,整数"0"只有一种表示形式,该表示形式为________。

A. 1000…00　　B. 0000…00　　C. 1111…11　　D. 0111…11

15. 已知X的补码为10011000,若它采用原码表示,则为________。

A. 01101000　　B. 01100111　　C. 10011000　　D. 11101000

16. 将十进制数937.4375与二进制数1010101.11相加,其和数是________。

A. 八进制数2010.14　　B. 十六进制数412.3

C. 十进制数1023.1875　　D. 十进制数1022.7375

17. 下面关于比特的叙述中,错误的是________。

A. 比特是组成数字信息的最小单位

B. 比特只有“0”和“1”两个符号

C. 比特既可以表示数值和文字,也可以表示图像和声音

D. 比特“1”大于比特“0”

18. 数据通信中数据传输速率是最重要的性能指标之一,它指单位时间内传送的二进位数目,计量单位Gb/s的正确含义是________。

A. 每秒兆位　　B. 每秒千兆位　　C. 每秒百兆位　　D. 每秒百万位

19. 使用存储器存储二进位信息时,存储容量是一项很重要的性能指标。存储容量的单位有多种,下面________不是存储容量的单位?

A. XB　　B. KB　　C. GB　　D. MB

20. 无符号整数是计算机中最常使用的一种数据类型,其长度(位数)决定了可以表示的正整数的范围。假设无符号整数的长度是12位,那么它可以表示的正整数的最大值(十进制)是________。

A. 2048　　B. 4096　　C. 2047　　D. 4095

三、填空题

1. 大写字母“A”的ASCII码其等值的十进制数是65,若ASCII码等值的十进制数为68,则它对应的字母是________。

2. 目前计算机中广泛使用的西文字符编码是美国标准信息交换码,其英文缩写为________。

3. 某计算机内存储器容量是2GB,则它相当于________ MB。

4. 西文字符在计算机中通常采用ASCII码表示,每个字节存放________个字符。

5. 基本ASCII字符集中一共包含有128个字符,它在PC存储器中存储时,每个字符需要占用________个二进位。

6. 十进制数205.5的八进制表示是________。

7. Pentium处理器中的一个16位无符号整数,如果它的十六进制表示是$(FFF0)_{16}$,那么它的实际数值是________(十进制表示)。

8. Pentium处理器为了提高处理速度,它既有处理整数的定点运算器,也有处理________的浮点运算器。

9. 有符号整数的11位二进制原码表示范围是________。

10. 有符号整数的9位二进制补码码表示范围是________。

1.3 微电子技术简介

1.3.1 微电子技术与集成电路

1. 电子技术的发展

电子技术是十九世纪末、二十世纪初开始发展起来的新兴技术，二十世纪发展最迅速，应用最广泛，成为近代科学技术发展的一个重要标志。如图1－11所示，人们根据电子电路中元器件的发展演变，将其发展过程分成以下四个阶段：

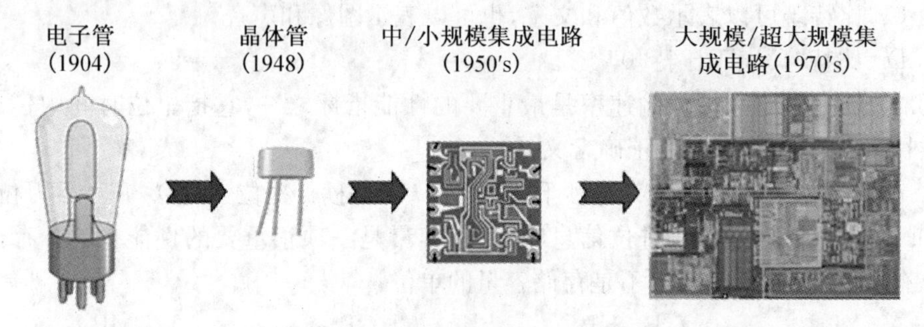

图1－11　电子管、晶体管与集成电路

(1) 第一代电子技术以真空电子管为基础元件。在这个阶段产生了广播、电视、无线电通信、电子仪表、自动控制和第1代电子计算机。

(2) 第二代电子技术以晶体管为基础元件。1948年晶体管的发明，再加上印制电路板技术的使用，使电子电路在小型化方面前进了一大步。

(3) 第三代电子技术以中/小规模集成电路为基础元件。集成电路是20世纪50年代出现的，它以半导体单晶片作为材料，经平面工艺加工制造，将大量晶体管、电阻、电容等元器件及其连线所构成的电路制作在基片上，构成一个微型化的电路或系统。

(4) 第四代电子技术以大规模/超大规模集成电路为基础元件。20世纪70年代以后，随着大规模/超大规模集成电路的出现，电子电路更加微型化，引起了计算机技术的革命性变革，促进了计算机在各行各业的应用，推动了新技术革命的迅猛发展，引起了人类社会的深刻变化。

2. 微电子技术

微电子技术就是以集成电路为核心的电子技术，它是在电子电路和电子系统的超小型化及微型化过程中逐渐形成和发展起来的。之所以称之为“微电子”，顾名思义就是由于它是在微小的范畴内的一种先进技术。

微电子技术影响着一个国家的综合国力，以及人们的工作方式、生活方式和思维方式，被看作是新技术革命的核心技术。可以毫不夸张地说，没有微电子就没有今天的信息产业，就不可能有计算机、现代通信、网络等产业的发展，就没有今天的信息社会。因此，许多国家都把微电子技术作为重要的战略技术加以高度重视，并投入大量的人力、财力和

物力进行研究和开发。

3. 集成电路

集成电路(Integrated Circuit,简称 IC)是一种微型电子器件或部件。采用一定的工艺,把一个电路中所需的晶体管、二极管、电阻、电容和电感等元件及布线互连一起,制作在一小块或几小块半导体晶片或介质基片上,然后封装在一个管壳内,成为具有所需电路功能的微型结构;如图 1－12 所示。

图 1－12　集成电路

集成电路的生产始于 1959 年,其特点是体积小、重量轻、功耗小、工作速度快、可靠性高。现代集成电路使用的半导体材料主要是硅,也可以是化合物半导体(如砷化镓等)。

集成电路的分类有多种方式,下面分别介绍。

(1) 按集成电路的用途,可分为通用集成电路和专用集成电路。

计算机中的 CPU、微处理器和存储器芯片等都属于通用集成电路,而专用集成电路是按照某种应用的特定要求专门设计、定制的集成电路,如公交 IC 卡中封装的芯片就是一种专用集成电路。

(2) 按集成电路的功能,可分为数字集成电路和模拟集成电路。

用来处理数字信号的集成电路称为数字集成电路,如门电路、存储器、微处理器、微控制器和数字信号处理器等。而处理模拟信号的集成电路称为模拟集成电路,如信号放大器、功率放大器等。

(3) 按照集成电路所用晶体管结构、电路和工艺的不同,主要分为双极型集成电路、金属氧化物半导体(MOS)集成电路、双极-金属氧化物半导体集成电路等几类。

(4) 按集成度(单个集成电路中包含的电子元器件数目)分,可分为小规模集成电路(SSI)、中规模集成电路(MSI)、大规模集成电路(LSI)、超大规模集成电路(VLSI)和极大规模集成电路(ULSI)。

SSI 的集成度小于 100,MSI 的集成度在 100～3000 之间,LSI 的集成度在 3000～10 万之间,VLSI 的集成度一般达到 10 万～100 万之间,集成度超过 100 万的集成电路称为极大规模集成电路。通常并不严格区分 VLSI 和 ULSI,而是统称为 VLSI。

中小规模集成电路一般以简单的门电路或者单级放大器为集成对象,大规模集成电路则是以功能部件、子系统为集成对象。现在 PC 机中使用的微处理器、芯片组、绘图处理器等都是超大规模和极大规模集成电路。

1.3.2 集成电路的制造

集成电路的制造工序繁多，从原料熔炼开始到最终产品包装大约需要400多道工序，工艺复杂且技术难度非常高，有一系列的关键技术。许多工序必须在恒温、恒湿、超洁净的无尘厂房内完成。

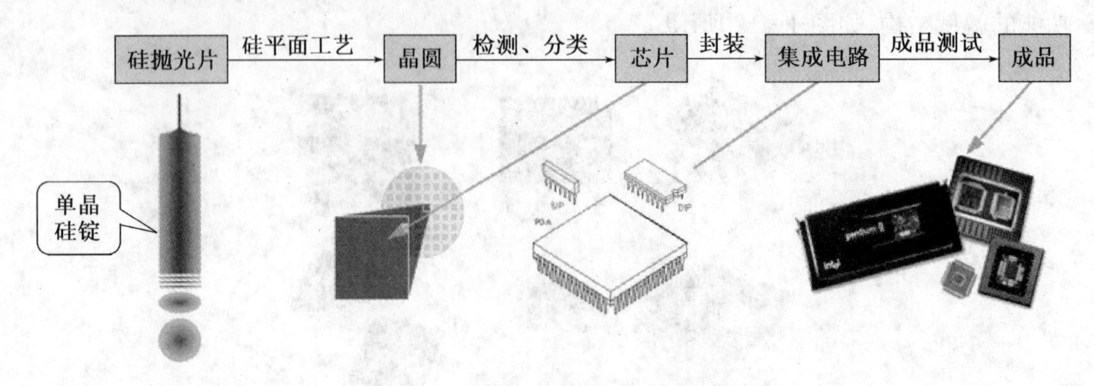

图1-13 集成电路的主要制造流程

如图1-13所示，在集成电路制造的过程中，首先将单晶硅锭切割、研磨和抛光后制成镜面一样光滑的硅抛光片。在硅片上，通过氧化、光刻、掺杂和互连等平面工艺的加工制造，可以制成包含多层电路及电子元件的集成电路芯片。通常每一硅抛光片上可制作成百上千个独立的集成电路芯片，这种整整齐齐排满了芯片的硅片称作“晶圆”。对晶圆上的每个电路进行检测，然后将晶圆切开成小片，把合格的电路分类，再封装成一个个独立的集成电路成品。最后，进行成品测试，按其性能参数分为不同等级，贴上规格型号及出厂日期等标签，成品即可出厂。

1.3.3 集成电路的发展趋势

集成电路的工作速度主要取决于组成逻辑门电路的晶体管的尺寸。晶体管的尺寸越小，其极限工作频率越高，门电路的开关速度就越快。所以从集成电路问世以来，人们就一直在缩小晶体管、电阻、电容、连接线的尺寸上下功夫。芯片上电路元件的尺寸越小，相同面积的芯片可容纳的晶体管数目就越多，功能就越强，速度就越快。

集成电路的技术进步日新月异。当前，世界上集成电路批量生产的主流技术已经达到12～14英寸晶圆、32 nm(纳米)或22 nm甚至14 nm的工艺水平，并还在进一步提高。随着纳米量级的微细加工技术的采用和硅抛光片面积的增大，集成电路的规模越来越大。关于集成电路中元件规模的发展速度，Intel公司的创始人之一摩尔(G,E. Moore)1965年在美国《电子学》杂志上曾发表论文预测，单块集成电路的集成度平均每18～24个月翻一番，这就是著名的Moore定律。

1.3.4 集成电路的应用——IC卡

几乎每个人每天都与IC卡打交道，例如我们的身份证、手机SIM卡、交通卡、饭卡等等，什么是IC卡？它有哪些类型和用途？工作原理大致是怎样的？

IC卡(Chip Card、Smart Card),又称为"集成电路卡"或"芯片卡",它是把集成电路芯片密封在塑料卡基片内,使其成为能存储信息、处理和传递数据的载体。它能长期可靠地存储数据,可以有控制地反复读出数据。IC卡采用的是集成电路芯片记录信息,它不同于磁卡,不受一般的磁场、电场破坏,没有退磁之忧,无需维护,只要在正常环境下使用与保存,寿命很长。IC卡的成本一般比磁卡高,但安全性更好。

IC卡的分类有两种方式,下面分别介绍。

(1) 按照卡中所镶嵌的集成电路芯片不同,可分为存储器卡和CPU卡。

存储器卡封装的集成电路为存储器芯片,信息可长期保存,也可通过读卡器改写。结构简单,使用方便。这种IC卡除了存储器外,还专设有写入保护和加密电路,因此安全性强,主要用于电话卡、水电费卡、公交卡、医疗卡等。

CPU卡,也叫智能卡,卡中封装的集成电路为中央处理器(CPU)和存储器,还配有芯片操作系统(Chip Operating System),处理能力强,保密性更好,常用作证件和信用卡使用。手机中使用的SIM卡就是一种特殊的CPU卡。

(2) 按照卡片的使用方式不同,可分为接触式IC卡和非接触式IC卡。

接触式IC卡(如电话IC卡),如图1-14所示,表面有方型镀金接口,共8个或6个镀金触点。使用时必须将IC卡插入读卡机,通过金属触点传输数据。常用于信息量大、读写操作比较复杂的场合,但易磨损、怕脏、寿命短。

图1-14　接触式IC卡

非接触式IC卡(也称为射频卡、感应卡),采用电磁感应方式无线传输数据。使用时,IC卡只要在读卡器有效区内,无需接触,均可与读卡器交换数据。操作方便、快捷,采用全密封胶固化,防水、防污,使用寿命长。我国第二代身份证就是这类IC卡的典型应用,如图1-15所示。

第二代居民身份证

身份证读卡器

图1-15　第二代身份证及读卡器

射频卡的工作原理:射频读卡器向IC卡发出一组固定频率的电磁波,卡内的LC串联谐振电路的频率与读卡器发射的频率相同,产生电磁共振,从而使卡中的电容充电,当所积累的电荷达到2 V时，此电容可作为电源为卡内其他电路提供工作电压，将卡内数据发射出去或者接收数据。

自测题3

一、判断题

1. 非接触式IC卡利用电磁感应方式给芯片供电，实现无线传输数据。（　　）

2. 接触式IC卡必须将IC卡插入读卡机卡口中，通过金属触点传输数据。（　　）

3. 目前，PC机中的CPU、芯片组、图形处理芯片等都是集成度超过百万甚至千万晶体管的超大规模和极大规模集成电路。（　　）

4. 集成电路按用途可以分为通用型与专用型，存储器芯片属于专用集成电路。（　　）

5. 集成电路是计算机的核心。它的特点是体积小，重量轻，可靠性高，但功耗很大。（　　）

6. 集成电路根据它所包含的晶体管等元器件的数目可以分为小规模、中规模、大规模、超大规模和极大规模集成电路，现在PC机中使用的微处理器属于大规模集成电路。（　　）

7. 现在广泛使用的公交IC卡和身份证都是非接触式IC卡。（　　）

8. 江苏高速公路上使用的ETC苏通卡是接触式IC卡的一种典型应用，使用这种服务的车辆在通过收费站时无需停车即可自动扣费。（　　）

二、选择题

1. 根据摩尔(Moore)定律，单块集成电路的集成度平均每________翻一番。

   A. 8～14个月　　B. 18～24个月　　C. 28～34个月　　D. 38～44个月

2. 下列关于IC卡的描述中，错误的是________。

   A. IC卡是“集成电路卡”的简称
   B. IC卡又称为Chip Card或Smart Card
   C. IC卡不仅可以存储数据，还可以通过加密逻辑对数据进行加密
   D. 非接触式IC卡依靠自带电池供电

3. 第四代计算机使用的主要元器件主要是________。

   A. 电子管电路
   B. 中小规模集成电路
   C. 大规模或超大规模集成电路
   D. 光电路

4. 集成电路的主要制造流程是________。

   A. 硅抛光片——晶圆——芯片——成品测试——集成电路成品
   B. 晶圆——硅抛光片——成品测试——芯片——集成电路成品
   C. 硅抛光片——芯片——晶圆——成品测试——集成电路成品
   D. 硅片——芯片——成品测试——晶圆——集成电路成品

5. 计算机的CPU采用的超大规模集成电路，其英文缩写是________。

A. SSI　　B. MSI　　C. LSI　　D. VLSI

6. 关于集成电路(IC),下列说法中正确的是________。

A. 集成电路的发展导致了晶体管的发明

B. 中小规模集成电路通常以功能部件、子系统为集成对象

C. IC芯片是个人计算机的核心器件

D. 数字集成电路都是大规模集成电路

7. 下列关于集成电路的说法中错误的是________。

A. 集成电路是现代信息产业的基础之一

B. 集成电路大多在硅(Si)衬底上制作而成

C. 集成电路的特点是体积小、重量轻、可靠性高

D. 集成电路的工作速度与组成逻辑门电路的晶体管尺寸无关

8. 下列关于IC卡的叙述中,错误的是________。

A. IC卡按卡中镶嵌的集成电路芯片不同可分为存储器卡和CPU卡

B. IC卡按使用方式不同可分为接触式IC卡和非接触式IC卡

C. 手机中使用的SIM卡是一种特殊的CPU卡

D. 只有CPU卡才具有数据加密的能力

三、填空题

1. 集成电路按功能可分为数字集成电路和模拟集成电路,CPU属于________集成电路。

2. 除了一些化合物半导体外,现代集成电路使用的半导体材料主要是________。

3. Moore定律指出,单块集成电路的________平均每18～24个月翻一番。

4. 按使用的主要元器件分,电子技术的发展经历了四代。它们所使用的元器件分别是________、晶体管、中小规模集成电路、大规模超大规模集成电路。

5. 集成电路的工作速度主要取决于组成逻辑门电路的晶体管的________。

第2章 计算机组成原理

2.1 计算机的发展、分类与组成

2.1.1 计算机的发展与影响

1. 计算机的发展

图 2-1 “埃尼阿克”(ENIAC)

1946 年 2 月 14 日，世界上第一台真正意义上的通用数字电子计算机“埃尼阿克”（ENIAC，Electronic Numerical Integrator and Computer 电子数字积分计算机）诞生于美国宾夕法尼亚大学，并于次日正式对外公布，如图 2-1 所示。“埃尼阿克”的问世是计算机发展史上的一座里程碑，标志着人类计算工具发生了历史性的变革，从此进入了电子计算机的新时代。

“埃尼阿克”共使用 18000 个电子管，另外还包含继电器、电阻器、电容器等电子器件，长 30.48 米，占地面积约 170 平方米，重达 30 吨，耗电量 140 千瓦，每秒执行 5000 次加法或 400 次乘法，其运算速度是机械式继电器计算机的 1000 倍、手工计算的 20 万倍。“埃尼阿克”最初是为了进行弹道计算而设计的专用计算机，后来通过改变插入控制板里的接线方式对其进行优化，使其成为了一台通用计算机。

“埃尼阿克”的问世深刻地影响着世界的政治、军事、经济格局，影响着人类的工作与

生活方式，到1955年10月最后切断电源，服役9年多。英国无线电工程师协会的蒙巴顿将军把“埃尼阿克”的出现誉为“诞生了一个电子的大脑”，“电脑”的名称由此流传开来。

电子计算机从诞生到现在，已经走过了60多年的历程，其发展取得了令人瞩目的成就。在这期间，计算机系统结构不断发生变化。人们根据计算机使用的主要电子元器件将计算机的发展划分为以下几个阶段：

(1) 第一代电子计算机(大约为1946年～1958年)

第一代电子计算机称为电子管计算机，采用电子管作为主要逻辑元件，用阴极射线管或汞延迟线作为主存储器，容量仅几KB，用机器语言或汇编语言编写程序，此阶段计算机的特点是体积大、耗电多、运算速度慢、存储容量小、故障率较高而且价格昂贵，主要应用于军事研究和科学计算。

图2-2　“埃迪萨克”(EDSAC)

1949年5月英国剑桥大学数学实验室研制成功第一台真正带有存储程序结构的电子计算机“埃迪萨克”(EDSAC, Electronic Delay Storage Automatic Calculator 电子延迟存储自动计算机)，如图2-2所示。

1951年“埃迪瓦克”(EDVAC, Electronic Discrete Variable Automatic Computer 离散变量自动电子计算机)开始运行。与ENIAC一样，EDVAC也是为美国陆军阿伯丁试验场的弹道研究实验室研制，由宾夕法尼亚大学的电气工程师约翰·莫奇利和普雷斯波·艾克特建造。

1953年IBM公司开始批量生产应用于科研的大型计算机系列，从此电子计算机进入了工业生产阶段。

1958年，中科院计算所研制成功中国第一台小型电子管通用计算机“103机”(八一型)如图2-3所示，每秒运算1800次，“103”机的出现标志着中国第一台电子计算机的诞生。

图2-3　“103”机

图2-4　“催迪克”

(2) 第二代电子计算机(大约为1958年～1964年)

第二代电子计算机称为晶体管计算机，其基本特征是主要逻辑元件逐步由晶体管取代电子管，内存所使用的器件大都使用铁氧磁性材料制成的磁芯存储器。外存储器有了磁盘、磁带，外设种类也有所增加。运算速度大到每秒几十万次，内存容量扩大到几十KB。与此同时，计算机软件也有了较大的发展，出现了FORTRAN、COBOL、ALGOL等高级语言。与第一代计算机相比，晶体管计算机具有体积小、速度快、功耗低、性能更稳定的特点。除了科学计算外，还用于数据处理和事务处理，并逐渐用于工业控制。

1954年，美国贝尔实验室研制成功第一台使用晶体管线路的计算机，取名"催迪克"(TRADIC)，如图2-4所示。

1955年，美国在阿塔拉斯洲际导弹上装备了以晶体管为主要元件的小型计算机。

1958年，美国的IBM公司制成了第一台全部使用晶体管的计算机RCA501型。

1959年，IBM公司又生产出全部晶体管化的电子计算机IBM7090。

1961年，世界上最大的晶体管电子计算机ATLAS安装完毕。

1965年，中国制成了第一台全晶体管电子计算机441-B型，生产40多台。

提示：

用晶体管取代电子管使第二代电子计算机的体积大大减少，寿命延长，成本降低，为电子计算机的发展创造了优越的条件。

(3) 第三代电子计算机(大约为1964年～1970年)

第三代电子计算机称为集成电路计算机，其基本特征是主要逻辑元件采用小规模集成电路(SSI，Small Scale Integration)和中规模集成电路(MSI，Middle Scale Integration)，主存储器采用集成度很高的半导体存储器，运算速度可达每秒几百万次甚至几千万次。高级程序设计语言在这个时期有了很大发展，出现了数据库系统、分布式操作系统等。这一时期，计算机同时向标准化、多样化、通用化、机种系列化发展，计算机不仅用于科学计算，还用于文字处理、企业管理和自动控制等领域，出现了管理信息系统(MIS，Management Information System)，形成了机种多样化、生产系列化、使用系统化的特点，"小型计算机"开始出现。

1964年，IBM公司研制出世界上第一个采用集成电路的通用计算机系列IBM360系统，该系列有大、中、小型计算机，如图2-5所示。IBM360开创了民用计算机使用集成电路的先例，成为第三代计算机的里程碑。

1973年，北京大学与北京有线电厂等单位合作研制成功运算速度每秒100万次的大型通用计算机，1974年清华大学等单位联合设计，研制成功DJS-130小型计算机，以后又推DJS-140小型计算机，形成了100系列产品。

(4) 第四代电子计算机(大约为1971年～至今)

进入20世纪70年代以来，计算机逻辑元件采用大规模集成电路(LSI，Large Scale Integration)和超大规模集成电路(VLSI，Very large Scale Integration)，主存储器采用集成度更高的半导体存储器，运算速度可达每秒几百万次到几十亿次甚至更高。由几片大规模集成电路组成的"微型计算机"开始出现，并进入家庭。操作系统不断完善，应用软件已成为现代工业的一部分，计算机的发展进入了以计算机网络为特征的时代。

1973年，美国ILLIAC-IV计算机，是第一台全面使用大规模集成电路作为逻辑元

件和存储器的计算机,它标志着计算机的发展已到了第四代。1975年,美国阿姆尔公司研制成470V/6型计算机,随后日本富士通公司生产出M-190机,是比较有代表性的第四代计算机。英国曼彻斯特大学1968年开始研制第四代计算机,1974年研制成功ICL2900计算机,1976年研制成功DAP系列机。1973年,德国西门子公司、法国国际信息公司与荷兰飞利浦公司联合成立了统一数据公司,共同研制出Unidata7710系列机。

我国第四代计算机研制是从微机开始的。1980年初我国不少单位也开始采用Z80,X86和6502芯片研制微机,1983年12电子部六所研制成功与IBM PC机兼容的DJS-0520微机。

1983年,国防科技大学研制成功运算速度每秒上亿次的"银河-I"巨型机,这是我国高速计算机研制的一座重要的里程碑,如图2-6所示。

图2-5　IBM System/360

图2-6　"银河-I"巨型机

从第一台计算机产生至今的半个多世纪里,计算机的应用得到不断拓展,计算机类型不断分化,计算机技术正朝着巨型化、微型化、网络化、多媒体化和智能化方向发展。目前计算机技术的发展都是以电子技术的发展为基础的,集成电路芯片是计算机的核心部件。随着高新技术的研究和发展,未来计算机将有可能在光子计算机、量子计算机、生物计算机、神经网络计算机等研究领域上取得重大的突破。

2. 计算机的巨大作用

计算机是20世纪最先进的科学技术发明之一,对人类的生产活动和社会活动产生了极其重要的影响,并以强大的生命力飞速发展。它的应用领域从最初的军事科研应用扩展到社会的各个领域,已形成了规模巨大的计算机产业,带动了全球范围的技术进步,由此引发了深刻的社会变革,计算机已遍及学校、企事业单位,进入寻常百姓家,成为信息社会中必不可少的工具。

计算机作为一种通用的信息处理工具,在进行信息处理时具备以下特点:通用性强、运算速度快;计算精度高、自动化程度高;具有庞大的信息存储能力;提供友善的人机交互和多种多样的信息输出形式。

计算机开拓了人类认识自然、改造自然的新资源;增添了人类发展科学技术的新手段;提供了人类创造文化的新工具;引起了人类的工作与生活方式的变化,推动了社会的发展。计算机主要在以下领域发挥着重要的作用:

(1) 科学计算(或称为数值计算)

早期的计算机主要用于科学计算。目前,科学计算仍然是计算机应用的一个重要领

域。随着现代科学技术的发展，数值计算在现代科学中的地位不断提高，在尖端科学领域中显得尤为重要，如高能物理、工程设计、地震预测、气象预报、航天技术等。由于计算机具有高运算速度和精度以及逻辑判断能力，因此出现了计算力学、计算物理、计算化学、生物控制论等新的学科。

(2) 过程控制

过程控制也称为实时控制，利用计算机对工业生产过程中的某些信号自动进行检测，并把检测到的数据存入计算机，再根据需要对这些数据进行处理，这样的系统称为计算机检测系统。主要包括智能化仪器仪表、工农业生产过程自动化控制、卫星飞行方向控制等。

(3) 信息管理(数据处理)

信息管理是目前计算机应用最广泛的一个领域。利用计算机来加工、管理与操作任何形式的数据资料，如企业管理、物资管理、报表统计、账目计算、信息情报检索等。近年来，国内许多机构纷纷建设自己的管理信息系统(MIS)；生产企业也开始采用制造资源规划软件(MRP)，商业流通领域则逐步使用电子信息交换系统(EDI)，即所谓无纸化贸易。

(4) 计算机辅助系统

计算机辅助设计(CAD)是指利用计算机来帮助设计人员进行工程设计，以提高设计工作的自动化程度，节省人力和物力。目前，此技术已经在电路、机械、土木建筑、服装等设计中得到了广泛的应用。

计算机辅助制造(CAM)是指利用计算机进行生产设备的管理、控制与操作，从而提高产品质量、降低生产成本、缩短生产周期，并且还大大改善了制造人员的工作条件。

计算机辅助测试(CAT)是指利用计算机进行复杂而大量的测试工作。

计算机辅助教育(CAI)是指利用计算机帮助教师讲授和帮助学生学习的自动化系统，使学生能够轻松自如地从中学到所需要的知识。

(5) 人工智能

人工智能(AI, Artificial Intelligence)是用计算机模拟人类某些智力行为的理论、技术和应用，如模拟人脑学习、推理、判断、理解、问题求解等过程。人工智能是计算机科学研究领域最前沿的学科，其研究和应用正处于发展阶段，在医疗诊断、定理证明、语言翻译、机器人等方面，已有了显著的成效。主要包括模式识别、模糊处理、机器人、医疗诊断、神经网络等。

(6) 网络应用

计算机技术与现代通信技术相结合构成了计算机网络。计算机网络是指将位置分散、功能单一的多个个体信息处理系统连接起来，形成覆盖面更广、功能强大的信息处理系统，跨越了时间和空间的障碍实现了信息的双向交流、各种数据及软硬件资源的共享。基于计算机网络的电子商务已成为新新人类日常生活中不可或缺的组成部分，而“云计算”(Cloud Computing)技术的出现也标志着计算机网络应用已经进入了成熟阶段。

(7) 数字媒体应用

随着计算机技术的发展，人们已经把文本、音频、视频、动画、图形和图像等各种媒体综合起来，构成一种全新概念的“数字媒体”。目前，数字媒体的应用已经扩展到医疗、

教育、商业、银行、保险、行政管理、军事、工业、广播和出版等各个领域中。

3. 计算机的负面影响

任何事物的产生都具有双面性，计算机也不例外。它的发展给人们的工作、生活带来了便利，足不出户即可遨游知识的海洋、乐趣无穷的世界，同时也引发了一系列的社会问题及潜在的危机。

(1) 计算机犯罪中比较普遍和严重的是知识产权的侵犯、隐私权的侵犯、黄毒的泛滥及各种诈骗盗窃，与传统的犯罪相比，计算机犯罪所造成的损失都是极其惨重的。

(2) 沉迷于网络、沉迷于游戏等给青少年身心造成严重的危害。

(3) 网络使现实的社会道德关系日趋松散，使人际关系淡漠、情感疏远。

(4) 大量的电子垃圾污染环境、破坏了生态系统。

(5) 过于依赖计算机，一旦系统崩溃将会给社会带来不可预测的后果。

2.1.2 计算机的逻辑组成

一个完整的计算机系统是由硬件系统和软件系统两部分组成，两者相辅相成，缺一不可，如图 2－7 所示。

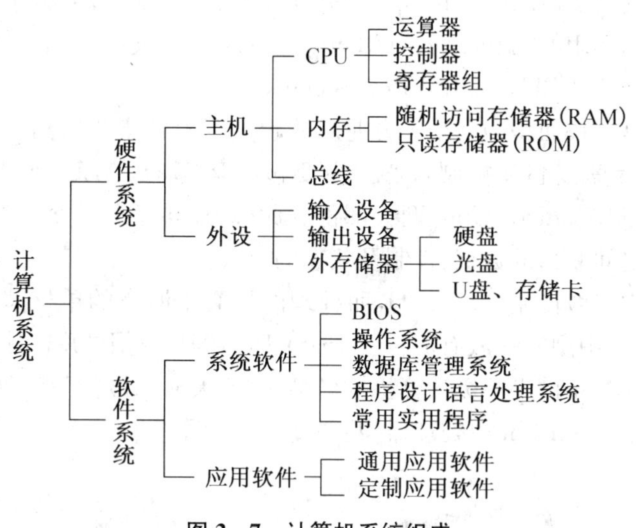

图 2－7 计算机系统组成

计算机硬件系统是指组成计算机系统的各种电子、机械和光电元件等物理装置的总称，如 CPU、主板、内存条、显卡、硬盘、显示器等，其基本功能是接受计算机程序的控制来实现数据输入、运算、数据输出等一系列操作。计算机软件系统是指为计算机进行信息处理而编写的程序、数据及相关的文档。人们把没有安装任何计算机软件的计算机系统称为裸机，裸机几乎无法完成工作。

虽然目前计算机的种类很多，其制造技术发生了极大的变化，但在基本的硬件结构方面，一直沿袭着美籍匈牙利数学家冯·诺依曼提出的计算机体系结构，从功能上可将计算机划分为运算器、控制器、存储器、输入设备和输出设备五个部分，它们通过总线连接，如图 2－8 所示。其中运算器和控制器代表中计算机的核心部件中央处理器，它与内存储器、总线等构成了计算机的“主机”部分，而输入设备、输出设备和外存储器被称为外部设备，简称“外设”。

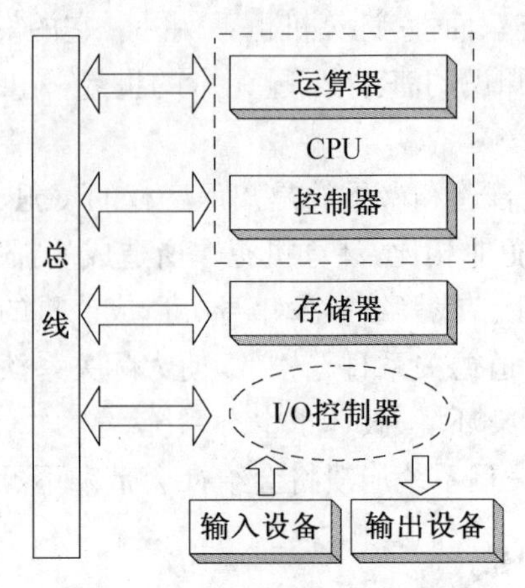

图 2－8　计算机硬件逻辑组成

1. 中央处理器

计算机根据其功能需求一般包含了中央处理器、绘图处理器、数字信号处理器、通信处理器等多个不同作用的“微处理器”(Microprocessor)。其中承担计算机软件运行的处理器称为中央处理器(CPU，Central Processing Unit)。

中央处理器是一块面积为几个平方厘米的超大规模的集成电路，如图 2－9 所示，它是一台计算机的运算核心和控制核心。主要包括运算器(ALU，Arithmetic and Logic Unit)和控制器(CU，Control Unit)两大部件。此外，还包括若干个寄存器和高速缓冲存储器及实现它们之间联系的数据、控制及状态的总线。

个人计算机中一般使用一个 CPU，而处理的核心由原来的单核演变为双核、四核甚至更多。巨型机、大中型机一般有成百上千个 CPU 组成，采用“并行处理”技术实现更快速的运算，例如 2013 年世界超级计算机排名第一的“天河二号”拥有 32000 颗 Xeon E5 主处理器和 48000 个 Xeon Phi 协处理器，共 312 万个计算核心。

图 2－9　CPU 正面和反面

2. 存储器

存储器是计算机系统的记忆和存储部件，它采用具有两种稳定状态的物理器件来存储计算机的程序和数据。现代计算机系统数据交换是以存储器为中心，计算机若要开始

工作，必须先把有关程序和数据装到存储器中，程序才能开始运行。在程序执行过程中，CPU所需的指令要从存储器中取出，运算器所需的原始数据要从存储器中取出，运算结果必须在程序执行完毕之前全部写到存储器中，各种输入输出设备也直接与存储器交换数据。因此，在计算机运行过程中，存储器是各种信息存储和交换的中心。对存储器而言，容量越大、运算速度越快，则性能越好。

存储器按存储介质可分为半导体存储器和磁性材料存储器；按访问方式可分为随机访问存储器（RAM）和只读存储器（ROM）；按存储特性可分为易失性存储和非易失性存储；按用途可分为主存储器（内存）和辅助存储器（外存），如表2-1所示。

表2-1　内外存特点对比

主存储器（内存）	辅助存储器（外存）
速度较快	速度较慢
容量较小	容量大
单位价格较高	单位价格低
易失性：断电后信息丢失	非易失性：断电仍能保存信息
直接与CPU交换数据	将数据送入内存，供CPU使用

3. 总线

总线（Bus）是计算机的CPU、内存、输入设备、输出设备等功能部件之间传送信息的高速通道。主机的各个部件通过总线相连接，外部设备通过相应的接口电路再与总线相连接，从而形成了计算机硬件系统。按照总线所连接的部件可以划分为前端总线（也称为CPU总线）、存储器总线和I/O总线。用于连接CPU与北桥芯片的总线称为前端总线；用于连接主存储器与北桥芯片之间的总线称为存储器总线；用于连接各个I/O控制器与主存储器之间的总线称为I/O总线。

4. 输入设备

输入设备的任务是将各种程序、数据等信息输入到计算机的存储器中供计算机使用。由于数据信息形态的多样化，输入设备也相应地出现了字符输入设备、图形图像输入设备、声音输入设备等。常见的输入设备主要包括键盘、鼠标、扫描仪、麦克风等，大多数输入设备都具有相同的共性，就是将人的感觉器官可识别的信息转换成计算机可识别的二进制信息。

5. 输出设备

输出设备的任务就是将计算机中的二进制信息转换成人们可识别的信息形态，常见的输出设备主要包括显示器、打印机、音响、绘图仪等。例如在计算机中播放音视频文件或者将计算机中的电子文档输出为纸质文档等。

2.1.3　计算机分类

计算机发展到今天，已是琳琅满目、种类繁多，并表现出各自不同的特点。可以从不同的角度对计算机进行分类。

按计算机信息的表示形式和对信息的处理方式不同分为数字计算机(Digital Computer)、模拟计算机(Analogue Computer)和混合计算机;按计算机的用途不同分为通用计算机(General Purpose Computer)和专用计算机(Special Purpose Computer);按计算机内部逻辑结构进行划分8位、16位、32位、64位计算机;计算机按其性能和规模不同又分为巨型机、大型机、小型机、个人计算机、嵌入式计算机等。

1. 巨型机(Giant computer)

巨型机又称超级计算机(Super Computer),其运算速度可达到每秒千万亿次甚至更高,它是目前功能最强、速度最快、价格昂贵的计算机,主要用于解决诸如气象、太空、能源、医药等尖端科学研究和战略武器研制中的复杂计算。如我国国防科学技术大学研制的"天河二号"超级计算机系统,持续计算速度达到每秒3.39亿亿次,如图2-10所示;美国克雷(Cray)公司承建的超级计算机"泰坦"(Titan),持续计算速度达到每秒1.76亿亿次;美国IBM研制的超级计算机"红杉"(Sequoia),持续计算速度达到每秒1.72亿亿次;日本富士通的"K计算机",持续计算速度达到每秒1.05亿亿次。巨型机的研制水平标志着一个国家的科学技术和工业发展的程度,体现着国家经济发展的实力。

图2-10 "天河二号"超级计算机

2. 大中型计算机(Large-Scale Computer and Medium-Scale Computer)

这种计算机也有很高的运算速度和很大的存储量并允许相当多的用户同时使用,在各种硬件配置及性能方面不及巨型计算机,结构上也较巨型机简单些,价格相对巨型机来得便宜,因此使用的范围较巨型机普遍,是事务处理、商业处理、信息管理、大型数据库和数据通信的主要支柱。大中型机通常都像一个家族一样形成系列,如IBM370系列、DEC公司生产的VAX8000系列、日本富士通公司的M-780系列。目前生产大型主机的企业有IBM和UNISYS,IBM生产的大型机在其服务器产品线中被列为Z系列,2008年IBM宣布推出的System Z10大型计算机,如图2-11所示。

3. 小型机(Minicomputer)

小型机是指采用8-32颗处理器,性能和价格介于PC服务器和大型主机之间的一种高性能64位计算机。相对于大中型机而言,这种计算机的规模较小、运算速度较慢,但仍能支持十几个用户同时使用。小型机具有体积小、价格低、性能价格比高等优点,适合中小企业、事业单位用于工业控制、数据采集、分析计算、企业管理以及科学计算等。典型

的小型机是美国DEC公司的PDP系列计算机、IBM公司的AS/400系列计算机，IBM最新推出Power7小型机Power 770，如图2-12所示。

图2-11 IBM System Z10大型计算机

图2-12 IBM Power 770小型机

4. 个人计算机(PC，Personal Computer)

供单个用户使用的微型机一般称为个人计算机或PC。20世纪70年代后期，微型机的出现引发了计算机时代的又一次革命，它的迅猛发展，极大地推动了计算机的应用，已普及到社会的各个领域乃至家庭。个人计算机的特点是体积小巧、功能丰富、使用方便、价格便宜等，个人计算机泛指台式机、笔记本、一体机、超极本、平板电脑等智能设备，如图2-13所示。

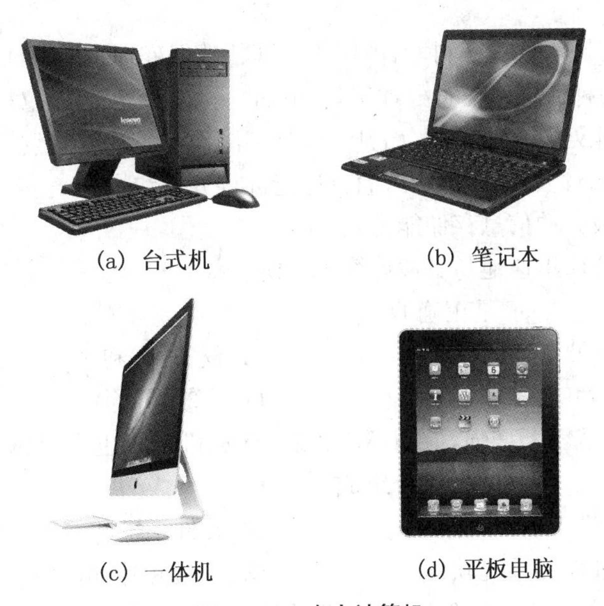

(a) 台式机　(b) 笔记本

(c) 一体机　(d) 平板电脑

图2-13 个人计算机

5. 嵌入式计算机

嵌入式计算机也称为嵌入式系统(Embedded Systems)，是一种以应用为中心、以微处理器为基础，软硬件可裁剪的，适应应用系统对功能、可靠性、成本、体积、功耗等综合性严格要求的专用计算机系统。它一般由嵌入式微处理器、外围硬件设备、嵌入式操作系统

以及用户的应用程序等四个部分组成。它是计算机市场中增长最快的领域，也是种类繁多，形态多种多样的计算机系统。嵌入式系统几乎包括了生活中的所有电器设备，如平板电脑、计算器、电视机顶盒、手机、数字电视、多媒体播放器、汽车、微波炉、数码相机、智能家居、电梯、空调、安全系统、自动售货机、蜂窝式移动电话、消费类电子设备、工业自动化仪表与医疗仪器等。

自测题 1

一、判断题

1. 第一台电子计算机诞生于上世纪 40 年代。发展至今，计算机已成为信息处理系统中最重要的工具之一。（　　）

2. PC 机常用的输入设备有键盘、鼠标器等，常用的输出设备有显示器、打印机等。（　　）

3. 硬件是有形的物理实体，而软件是无形的，它不能被人们直接观察和触摸。（　　）

二、选择题

1. 20 世纪四、五十年代的第一代计算机主要应用于________领域。

A. 数据处理　　B. 工业控制　　C. 人工智能　　D. 科学计算

2. 银行使用计算机和网络实现个人存款业务的通存通兑，这属于计算机在________方面的应用。

A. 辅助设计　　B. 科学计算　　C. 数据处理　　D. 自动控制

3. 计算机是一种通用的信息处理工具，下面是关于计算机信息处理能力的叙述：

① 它不但能处理数值数据，而且还能处理图像和声音等非数值数据

② 它不仅能对数据进行计算，而且还能进行分析和推理

③ 它具有极大的信息存储能力

④ 它能方便而迅速地与其他计算机交换信息

上面这些叙述________是正确的。

A. 仅①、②和④　　B. 仅①、③和④

C. ①、②、③和④　　D. 仅②、③、④

4. 计算机的功能不断增强，应用不断扩展，计算机系统也变得越来越复杂。一个完整的计算机系统由________两大部分组成。

A. 硬件系统和操作系统　　B. 硬件系统和软件系统

C. 中央处理器和系统软件　　D. 主机和外部设备

5. 下列关于计算机组成的叙述中，正确的是________。

A. 一台计算机内只有一个微处理器

B. 外存储器中的数据是直接传送给 CPU 处理的

C. 输出设备能将计算机中用"0"和"1"表示的信息转换成人们可识别的形式

D. 前端总线用来连接 CPU、内存、外存及各种 I/O 设备

6. 以下每组部件中，全部属于计算机外设的是________。

A. 键盘、主存储器　　B. 硬盘、显示器

C. ROM、打印机　　D. 主板、音箱

7. 计算机有很多分类方法，按其字长和内部逻辑结构目前可分为________。

A. 服务器/工作站　　B. 16位/32位/64位计算机

C. 小型机/大型机/巨型　　D. 专用机/通用机

8. 计算机硬件往往分为主机与外设两大部分，下列存储器设备中________属于主机部分。

A. 硬盘存储器　　B. 软盘存储器　　C. 内存储器　　D. 光盘存储器

9. 下列各组设备中，全部属于输入设备的一组是________。

A. 键盘、磁盘和打印机　　B. 键盘、触摸屏和鼠标

C. 键盘、鼠标和显示器　　D. 硬盘、打印机和键盘

10. 天气预报往往需要采用________计算机来分析和处理气象数据，这种计算机的CPU由数以百计、千计、万计的处理器组成，有极强的运算处理能力。

A. 巨型　　B. 微型　　C. 小型　　D. 个人

三、填空题

1. 世界上第一台计算机诞生于________年。

2. 第四代数字电子计算机所使用的电子元器件________________。

3. 计算机存储器分为内存储器和外存储器，它们中存取速度快而容量相对较小的是________。

4. 巨型机、大中型机一般有成百上千个CPU组成，采用________技术实现更快速的运算。

四、简答题

1. 计算机从逻辑功能上划分主要包括哪些部分？
2. 使用计算机进行信息处理有哪些特点？
3. 目前计算机主要应用于哪些领域？
4. 计算机给社会带来的负面影响有哪些？
5. 内存储器与外存储器的特点有何不同？
6. 计算机根据其性能和规模主要分为哪些？

2.2 CPU的结构和原理

2.2.1 CPU的组成

现代计算机的工作原理是“存储程序控制”，这一原理是美籍匈牙利数学家冯·诺依曼于1946年提出的，其基本思想如下：

(1) 计算机硬件系统由存储器、运算器、控制器、输入设备和输出设备5部分组成，通过控制器协调完成程序所描述的处理工作，如图2-14所示；

(2) 计算机的工作由程序控制，程序是一个指令序列，指令是能被计算机理解和执行的操作命令；

(3) 程序和数据均以二进制编码的形式存放在存储器中(存储程序)；

(4) 存储器中存放的指令和数据按地址进行存取；

(5) 程序运行时，指令是由 CPU 一条一条取出并顺序执行的，直到程序执行完毕。

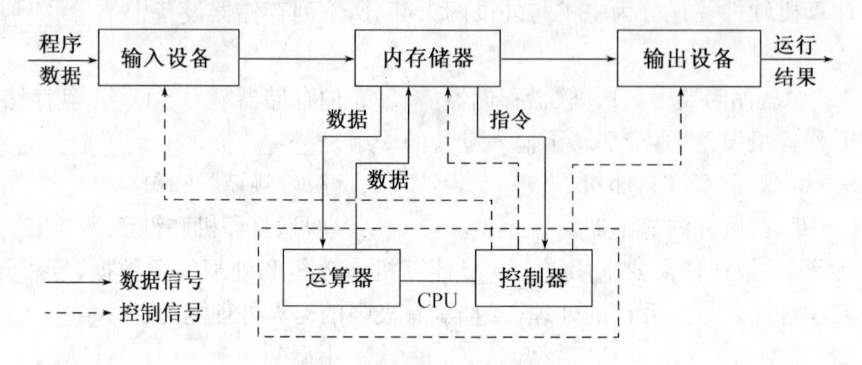

图 2-14 “存储程序控制”原理图

CPU 是计算机任务的执行部件。从原理上看，它主要包含三大部分，即运算器、控制器和寄存器组，三者通过 CPU 的内部总线连接，协调稳定的工作，如图 2-15 所示。

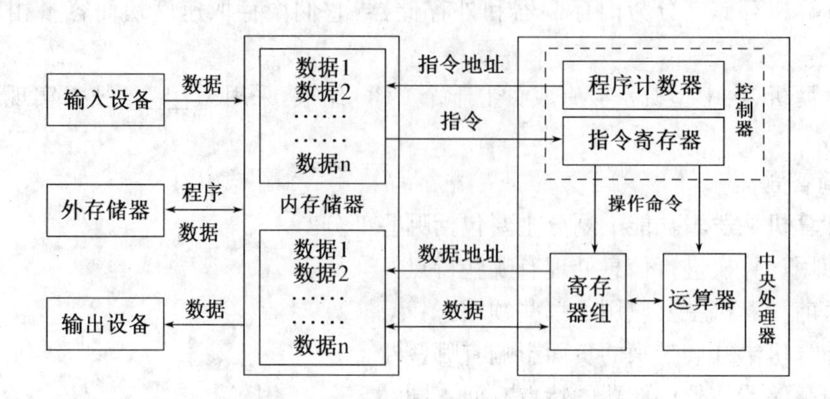

图 2-15 CPU 内部组成及工作原理

1. 控制器

控制器是整个 CPU 的指挥控制中心，控制着计算机的各个部件有条不紊的自动工作。它由指令寄存器(IR，Instruction Register)、程序计数器(PC，Program Counter)等主要部件组成，另外还包括指令译码器(ID，Instruction Decoder)、时序控制器和操作控制器(OC，Operation Controller)等其他部件。程序运行时，程序计数器用来存放 CPU 正在执行的指令地址，CPU 根据此地址从主存储器中读取相应的指令，然后程序计数器更新地址指向下一条指令，顺序执行直到程序执行完毕；指令寄存器用来保存 CPU 读取的指令，并通过指令译码器解释该指令的含义，控制运算器和寄存器组完成相应的操作，并控制数据的流向。

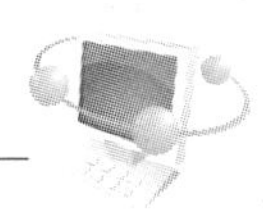

2. **运算器**

顾名思义就是执行运算的部件，用于执行加、减、乘、除等算术运算，与、或、非、异或等逻辑操作，以及移位、比较和传送等操作，亦称算术逻辑部件（ALU，Arithmetic Logic Unit）。相对控制器而言，运算器接受控制器的命令而进行动作，即运算器所进行的全部操作都是由控制器发出的控制信号来指挥的，所以它是执行部件。运算器由算术逻辑部件（ALU）、累加寄存器（AC）、数据寄存器（DR）和程序状态字寄存器（PSW）组成。运算器处理的数据来自内存储器，处理后的结果数据通常送回内存储器。为了提高运算速度和处理能力，运算器中通常包含多个 ALU，有的负责实现定点数运算，有的负责实现浮点数运算。

3. **寄存器组**

寄存器组是由十几个甚至几十个寄存器组成，用于临时存放指令、数据和地址等。其特点是容量小、速度快。根据其用途可分为通用寄存器、专用寄存器和控制寄存器。通用寄存器是中央处理器的重要组成部分，大多数指令都要访问到通用寄存器，它们用来保存指令执行过程中临时存放的寄存器操作数和中间（或最终）的操作结果；专用寄存器是为了执行一些特殊操作所需用的寄存器，例如累加器、程序计数器等；控制寄存器用于控制和确定处理器的操作模式以及当前执行任务的特性。

随着集成电路技术的不断发展和进步，CPU 纷纷集成了一些原先置于 CPU 之外的分立功能部件，如浮点处理器、高速缓存（Cache）等，在大大提高 CPU 性能指标的同时，也使得 CPU 的内部组成日益复杂化。

2.2.2　指令与指令系统

1. **指令**

指令就是指挥计算机工作的指示和命令，程序就是一系列按一定顺序排列的指令，执行程序的过程就是计算机执行指令的工作过程。计算机中的指令采用二进制编码表示，通常一条指令由操作码和操作数地址两部分组成，如图 2－16 所示。操作码决定计算机要完成何种操作，例如加、减、乘、除、与、或、非、异或等操作；操作数地址指参加运算的数据本身或数据所在的单元地址，根据指令功能的不同，一条指令中可以有一个、两个或者多个操作数地址，也可以没有操作数地址，如图 2－17 所示。

操作码	操作数地址

图 2－16　指令的组成

零地址指令	操作码			
单地址指令	操作码	A		
双地址指令	操作码	A1	A2	
三地址指令	操作码	A1	A2	A3
多地址指令	操作码	A1	……	An

图 2－17　指令格式

2. 指令的执行过程

计算机执行某一个任务，需要将该任务对应的程序和相关的数据加载到主存储器中，CPU 按照顺序执行指令，指令的执行过程大致如下：

(1) 取指令：CPU 的控制器根据程序计数器中的指令地址，从主存储器中读出指令存储到指令寄存器中。

(2) 指令译码：指令译码器对指令寄存器中的指令进行译码，分析指令的操作性质，由控制电路向存储器、运算器等部件发出指令所需要的微命令。

(3) 取操作数：控制器根据指令的操作数地址部分，从主存储器中读出数据暂存寄存器中供运算器使用。

(4) 执行运算：运算器根据操作码的要求，完成相应的运算。

(5) 结果写回：指令阶段的运行结果数据"写回"到某种存储器中。结果数据经常被写到 CPU 的内部寄存器中，以便被后续的指令快速地存取；在有些情况下，结果数据也可被写入主存储器。

其中步骤(3)(4)(5)均属于执行指令阶段。在一条指令执行完毕、结果数据写回之后，若无意外事件(如结果溢出等)发生，通常控制器将程序计数器中的内容加上一个数值，形成下一条指令的地址，但在遇到"转移"指令时，控制器则把"转移地址"送入程序计数器，开始新一轮的指令周期。控制器重复执行上述步骤，周而复始，直到程序执行完毕，如图 2－18 所示。

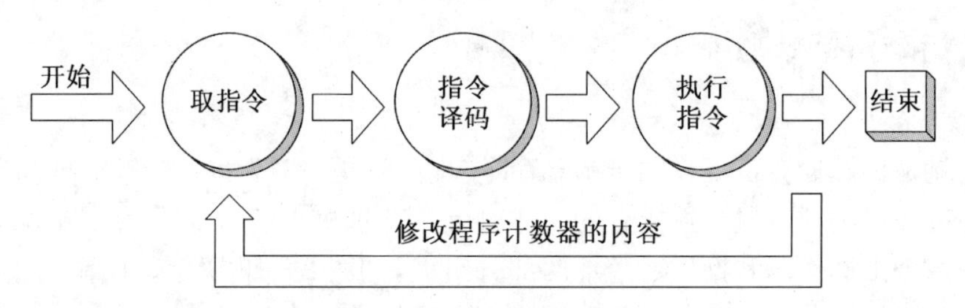

图 2－18　指令的执行过程

3. 指令系统

指令是计算机硬件能够识别并直接执行操作的命令，一台计算机所能执行的各种不同指令的集合，称为指令系统，也称为该计算机的机器语言。指令系统的格式与功能不仅直接影响到机器的硬件结构，也直接影响到系统软件，影响到机器的适用范围。因此，设计一个合理有效、功能齐全、通用性强的指令系统是至关重要的。

不同机器的指令系统是各不相同的。从指令的操作码功能来考虑，一个较为完善的指令系统中常见的指令类型包括数据传送指令、算术运算指令、逻辑运算指令、程序控制指令、输入输出指令、字符串处理指令、系统控制指令等七大类。

4. 指令系统的兼容性

当计算机之间具有相同的基本结构、数据表示和共同的基本指令集合，即同一个软件可以不加修改就在其他系统结构相同的机器上使用，则这些计算机的指令系统是兼容的。

目前，对于同一厂家同一系列的 CPU，新推出 CPU 的指令系统通常包含旧 CPU 的

全部指令，同时扩充了一些功能更强的新指令，实现了“向下兼容”，即在旧机种上运行的软件不需任何修改便可在新机种上运行。

不同厂家生产的CPU的指令系统“未必兼容”。例如，PC市场的Intel和AMD两家公司生产的CPU指令系统基本一致，可运行相同的软件，因此这些指令系统相互兼容；而服务器厂商IBM、嵌入式厂商ARM等公司生产的CPU指令系统有着很大的差别，支持运行的软件也不同，因此这些指令系统不兼容。

2.2.3　CPU的性能指标

CPU的性能大致上反映出了它所配置的计算机的性能，因此CPU的性能指标十分重要。CPU性能主要由以下指标决定：

(1) 字长

字长指的是CPU在单位时间内一次能并行处理的二进制位数，它标志着计算机处理数据的精度。在其他指标相同时，字长越长，精度越高，计算机处理数据的能力越强、速度越快。早期的计算机机字长一般是8位和16位，386以及更高的处理器大多是32位，目前市面上的计算机的处理器大部分已达到64位。

现在CPU大多是64位的，但大多都以32位字长运行，都没能展示它的字长的优越性，真正的64位计算机还需要配备64位的软件(如64位的操作系统及应用软件等)。

(2) 主频

主频也称为CPU的时钟频率，单位是GHz。一般说来，一个时钟周期完成的指令数是固定的，所以对于同一种类的CPU主频越高，CPU的速度也就越快了。当CPU的内部结构不同时，不能片面地认为主频越高，速度越快。目前大多是PC机的主频在1GHZ～4GHZ之间。

(3) 外频与前端总线(FSB)频率

外频是CPU与主板之间同步运行的速度，即系统总线的工作频率。如果外频越高，CPU就可以接收更多来自外围设备的数据，从而使整个系统的速度相应的提高。前端总线(FSB)频率指的是CPU与北桥芯片之间的总线速率，它更直接影响CPU与内存直接数据交换速度，前端总线频率越高，代表着CPU与内存之间的数据传输越快，更能充分发挥出CPU的功能。

外频与前端总线频率这两个概念容易被混淆，主要的原因是在以前的很长一段时间里(主要是在Pentium 4出现之前)，前端总线频率与外频是相同的，因此往往直接称前端总线频率为外频，最终造成这样的误会。随着计算机技术的发展，人们发现前端总线频率需要高于外频，因此采用了QDR(Quad Date Rate)技术，或者其他类似的技术实现这个目的。这些技术的原理类似于AGP的2X或者4X，它们使得前端总线的频率成为外频的2倍、4倍甚至更高。

(4) 倍频

早期CPU主频和系统总线速度是一样的，随着CPU的速度越来越快，计算机的一些其他部件因制造工艺的限制跟不上CPU的工作频率，人们引入了倍频技术。系统总线工作在相对较低的频率上，而CPU速度可以通过倍频来无限提升。那么CPU主频的

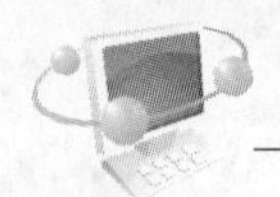

计算方式变为:主频=外频＊倍频。也就是倍频是指 CPU 和系统总线之间相差的倍数,当外频不变时,提高倍频,CPU 主频也就越高。

一个 CPU 默认的倍频只有一个,主板必须能支持这个倍频,因此在选购主板和 CPU 时必须注意这点,如果两者不匹配,系统就无法工作。此外,现在 CPU 的倍频很多已经被锁定,所谓的超频技术实际上是通过提高外频的方式来提高 CPU 的主频。

(5) 高速缓存(Cache)

Cache 是存在于主存与 CPU 之间的高速存储器,采用速度极快的 SRAM 芯片制作,直接制作在 CPU 内部,用于存储 CPU 运算时的最近的访问的部分指令和数据。容量比较小,一般以 KB 或 MB 为单位,但速度比主存高得多,接近于 CPU 的速度。

通常,Cache 的容量越大,级数越多,CPU 的性能发挥越好。当 CPU 处理数据时,它会先到 Cache 中去寻找,如果数据因之前的操作已经读取而被暂存其中,就不需要再从主存储器中读取,从而可以提高 CPU 的工作效率。目前大多数 CPU 上集成了一级缓存(L1 Cache)、二级缓存(L2 Cache)以及三级缓存(L3 Cache)。其中,L1 Cache 包括指令缓存(Instruction Cache)和数据缓存(Data Cache)两种。

(6) 指令系统

CPU 依靠指令来运算和控制,每款 CPU 在设计时就规定了一系列与其硬件电路相配合的指令系统。因此,指令系统的设计是计算机系统设计的一个核心问题,它不仅关系到计算机的硬件结构,还决定了计算机的基本功能。指令系统的强弱是 CPU 的重要性能指标,它是提高 CPU 处理效率最有效的因素之一。

(7) 逻辑结构

CPU 的逻辑结构是指其硬件体系结构,例如内核的数量、运算器的数目、有无指令及数据预测功能、流水线结构等都是 CPU 性能评测的重要指标。

自测题 2

一、判断题

1. 当前正被 CPU 执行的程序代码必须全部保存在高速缓冲存储器(Cache)中。 (　　)
2. CPU 与内存的工作速度几乎差不多,增加 Cache 只是为了扩大内存的容量。 (　　)
3. 采用不同厂家生产的 CPU 的计算机一定互相不兼容。 (　　)
4. 计算机运行程序的过程,也就是 CPU 高速执行指令的过程。 (　　)
5. CPU 主要由运算器、控制器和寄存器组三部分组成。 (　　)
6. 购买 PC 机时,销售商所讲的 CPU 主频就是 CPU 的总线频率。 (　　)
7. CPU 在很大程度上决定了计算机的性能,CPU 的运算速度又与 CPU 的工作频率密切相关。因此,在其他配置相同时,使用主频为 1.5 GHz 的 Pentium 4 作为 CPU 的 PC 机,比使用主频为 2 GHz Pentium 4 作为 CPU 的 PC 机速度快。
8. CPU 前端总线是 CPU 与内存之间传输信息的干道,它的传输速度直接影响着系统的性能。 (　　)
9. CPU 的运算速度与 CPU 的工作频率、Cache 容量、指令系统、运算器的逻辑结构等都有关系。 (　　)

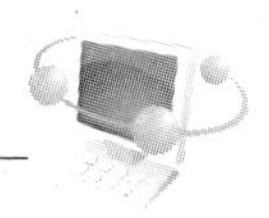

10. PC机与iPad平板电脑分别采用不同的微处理器作为CPU,这两类微处理器结构不同,指令系统也有很大差别,所以这两款机器互相不兼容。　(　　)

二、选择题

1. 在PC机中,CPU芯片是通过________安装在主板上的。

A. AT总线槽　　B. PCI(PCI－E)总线槽

C. CPU插座　　D. I/O接口

2. CPU中包含了一组________,用于临时存放参加运算的数据和得到的中间结果。

A. 控制器　　B. 寄存器　　C. 整数ALU　　D. ROM

3. 下列关于CPU结构的说法错误的是________。

A. 控制器是用来解释指令含义、控制运算器操作、记录内部状态的部件

B. 运算器用来对数据进行各种算术运算和逻辑运算

C. CPU中仅仅包含运算器和控制器两部分

D. 运算器可以有多个,如整数运算器和浮点运算器等

4. 在下列存储器中,CPU能从其中直接读出所需操作数的存储器是________。

A. CD-ROM　　B. 优盘　　C. DRAM　　D. 硬盘

5. 计算机硬件系统中指挥、控制计算机工作的核心部件是________。

A. 输入设备　　B. 输出设备　　C. 存储器　　D. CPU

6. 使用Pentium 4作为CPU的PC机中,CPU访问主存储器是通过________进行的。

A. USB总线　　B. PCI总线

C. I/O总线　　D. CPU总线(前端总线)

7. 近30年来微处理器的发展非常迅速,下面关于微处理器发展的叙述不准确的是________。

A. 微处理器中包含的晶体管越来越多,功能越来越强大

B. 微处理器中Cache的容量越来越大

C. 微处理器的指令系统越来越标准化

D. 微处理器的性能价格比越来越高

8. 根据"存储程序控制"的工作原理,计算机执行的程序连同它所处理的数据都使用二进位表示,并预先存放在________中。

A. 运算器　　B. 存储器　　C. 控制器　　D. 总线

三、填空题

1. Intel开发的新处理器,采用逐步扩充指令系统的方法,目的是对旧处理器保持________。

2. 一台计算机所能执行的各种不同指令的集合,称为________。

3. 计算机功能不断增强、结构越来越复杂,但基本原理大体相同,都遵循美籍匈牙利数学家冯·诺依曼提出的________原理。

4. 计算机中的指令采用二进制编码表示,通常一条指令由________和操作数地址两部分组成。

5. CPU 中用于分析指令、解释指令含义的部件称为________。

四、简答题

1. 简述“存储程序控制”的基本思想。
2. 什么是指令系统？简述指令系统的兼容性。
3. 执行程序时，CPU 的各组成部分有何作用？
4. 简述指令的执行过程。
5. CPU 有哪些主要的性能指标？

2.3 PC 主机的组成

2.3.1 主板、芯片组与 BIOS

1. 主板

主板又叫主机板(Main Board)、系统板(System Board)或母板(Mother Board)，是微型计算机的主体，也是用来承载 CPU、内存、扩展卡等计算机部件的基础平台，担负着计算机各部件之间的通信、控制和传输任务。它对于整个计算机硬件系统的稳定性、兼容性及性能的影响举足轻重。

主板一般为矩形电路板，常见的板型为 ATX 标准板，扩展插槽较多，还有一种小型化的 MicroATX 结构板是 ATX 标准板的简化版，俗称“小板”。

主板主要由 CPU 插槽、内存插槽、PCI-E 扩展插槽、PCI 插槽、芯片组、电源接口、BIOS 芯片、SATA 接口、指示灯插接件、USB 等外部接口、功能芯片(声卡、网卡、硬件侦测、时钟发生器)等组成，如图 2-19 所示。

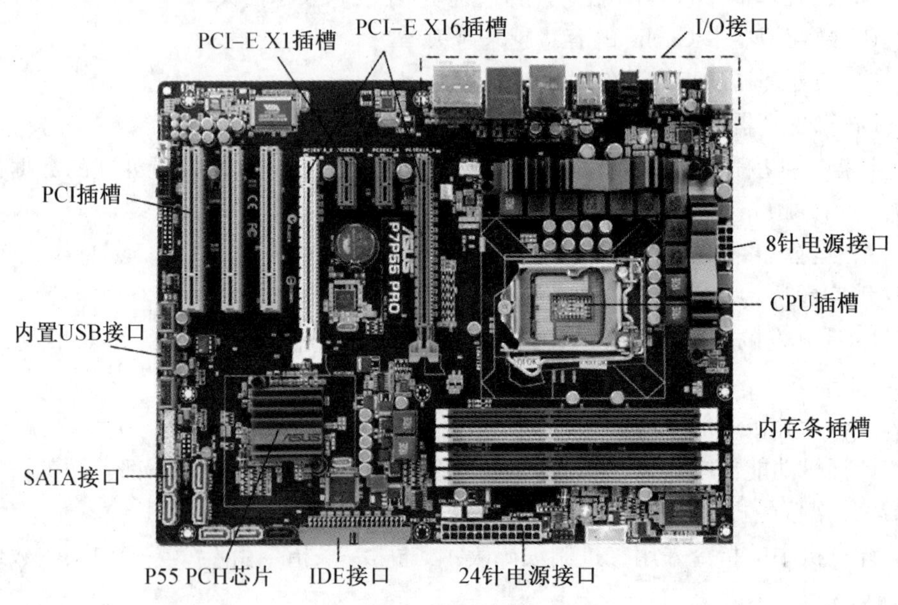

图 2-19 主板

2. 芯片组

芯片组(Chipset)是构成主板电路的核心,联系CPU和其他周边设备的运作,它几乎决定着主板的全部功能,其中CPU的类型、主板的系统总线频率,内存类型、容量和性能,显卡插槽规格是由芯片组中的北桥芯片决定的;而扩展槽的种类与数量、扩展接口的类型和数量等,是由芯片组的南桥决定的,如图2-20所示。还有些芯片组由于纳入了3D加速显示(集成显示芯片)、AC'97声音解码等功能,还决定着计算机系统的显示性能和音频播放性能等。

北桥芯片(North Bridge)又称为存储控制中心,是主板芯片组中最重要的组成部分,它对主板的性能起到主导作用。北桥芯片负责与CPU联系,并控制内存、显卡等数据的传输,整合型芯片组的北桥芯片中还集成了显示功能。北桥芯片就是主板上离CPU最近的芯片,这主要是考虑到北桥芯片与处理器之间的通信最密切,为了提高通信性能而缩短传输距离,另外考虑到它的功能强劲、发热量大,一般会在其上方安装散热片。

南桥芯片(South Bridge)又称为I/O控制中心,负责I/O总线之间的通信。南桥芯片位于主板上离CPU插槽较远的下方,位于PCI或PCI-E插槽附近,它与北桥芯片相连,而不直接与CPU相连,相对于北桥芯片而言,其数据处理量并不算大,所以南桥芯片一般都没有覆盖散热片。

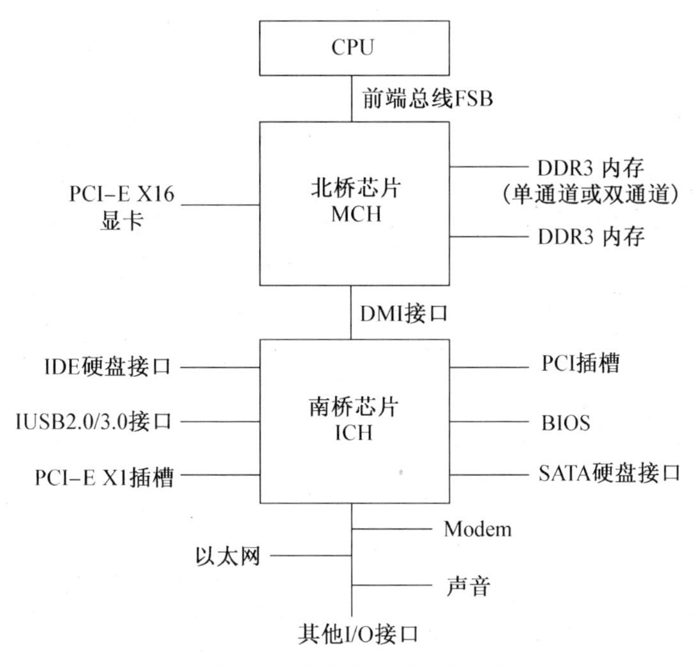

图2-20　芯片组及其连接部件

随着PC架构的发展,北桥的功能逐渐被CPU所包含,自身结构不断简化,其实早在几年前,NVIDIA为AMD K8平台设计的nForce3芯片组便取消了物理南北桥的思路,而使用了单芯片的解决方案。Intel公司推出的P55主板中,我们更是发现"北桥"的逻辑在芯片组中已不复存在,而是被CPU所整合。目前Intel主流的主板上只有一个芯片组"平台控制器中枢"(PCH,Platform Controller Hub,),它重新分配各项I/O功能,把内存控制器及 PCI－E 控制器整合至 CPU，PCH 负责原来南桥及北桥的一些功能集，CPU 和 PCH 由直接媒体接口(DMI，Direct Media Interface)连接，即原来北桥和南桥的连接方法，如图 2－21 所示。

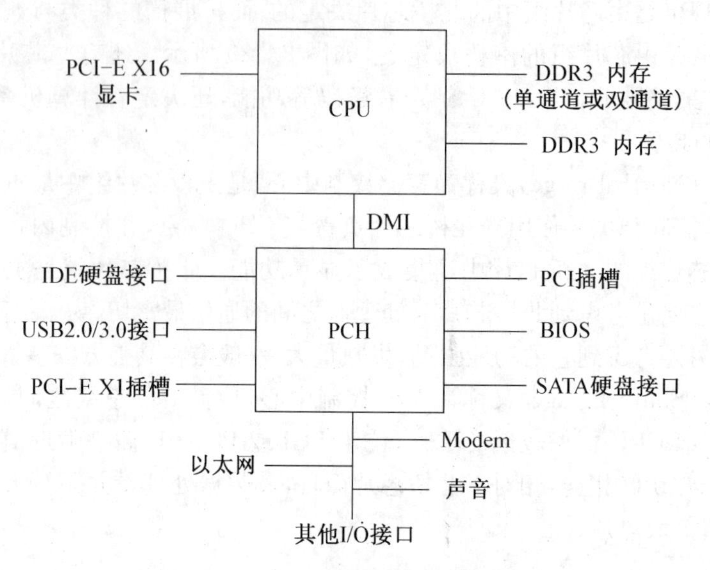

图 2－21　PCH 单芯片及其连接部件

3. BIOS

BIOS 是英文"Basic Input Output System"的缩写，中文名称就是基本输入输出系统。它是一组固化到计算机主板上一个 ROM 芯片(如图 2－22 所示)中的机器语言程序，其主要功能是计算机加电后诊断计算机故障，并启动计算机，控制基本外设的输入输出操作(键盘、鼠标、磁盘读写、屏幕显示等)。其中包含四大程序：

(1) 加电自检程序(POST，Power On Self Test)，用于检测计算机硬件故障。

(2) 系统自举程序(Boot)，启动计算机工作，加载并进入操作系统运行状态。

(3) CMOS 设置程序，计算机开机后立即按下键盘上的 Del、F2 等按键(具体按键因机型而异)进入 CMOS 设置程序，设置系统日期、时间、口令、硬件配置参数等。

(4) 常用外部设备的驱动程序(Driver)，实现对键盘、显示器、硬盘等常用外部设备输入输出操作的控制。

图 2－22　BIOS ROM 芯片

图 2－23　CMOS 电池

4. CMOS

CMOS(Complementary Metal Oxide Semiconductor)，互补金属氧化物半导体，电压控制的一种放大器件，是组成 CMOS 数字集成电路的基本单元。有时人们会把 CMOS 和 BIOS 混称，其实 CMOS 是主板上的一块可读写的 RAM 芯片，是用来保存 BIOS 的硬件配置和用户对某些参数的设定，例如日期时间，用户口令，硬盘、光驱的类型及数目，系统引导顺序等参数信息。这些信息非常重要，一旦丢失可能会造成计算机无法正常启动，因此主板上配备了一块纽扣电池，以保证 CMOS RAM 中信息不丢失，如图 2-23 所示。

2.3.2 内存储器

1. 概述

存储器的性能通常用速度、容量、价格三个主要指标来衡量。计算机对存储器的要求是容量大、速度快、成本低，需要尽可能地同时兼顾这三方面的要求，但是一般来讲，存储器速度越快，价格也越高，因而也越难满足大容量的要求。目前个人计算机中通常采用多级存储器体系结构，各存储器相互取长补短，协调工作，使得计算机的性能价格比得到最大限度的优化，如图 2-24 所示。

CPU 能直接访问的存储器称为内存储器(简称内存)，包括寄存器组、高速缓冲存储器和主存储器。CPU 不能直接访问的存储器称为外存储器(简称外存，也叫辅助存储器)，外存的信息必须调入内存才能被 CPU 使用。

高速缓冲存储器(Cache)是计算机系统中的一个高速、小容量的半导体存储器，它位于高速的 CPU 和低速的主存之间，用于匹配两者的速度，达到高速存取指令和数据的目的。和主存相比，Cache 的存取速度快，但存储容量小。

主存储器，简称主存，是计算机系统的主要存储器，用来存放计算机正在执行的大量程序和数据，主要由 MOS 半导体存储器组成。

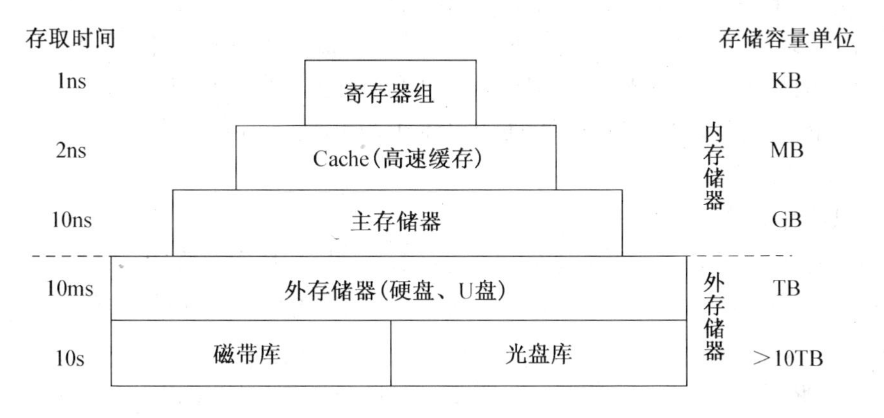

图 2-24 计算机存储体系结构

外存储器，简称外存，是计算机系统的大容量辅助存储器，用于长期存放系统中的程序、数据文件及数据库等。与主存相比，外存的特点是存储容量大，单位成本低，但访问速度慢。目前，外存储器主要有磁盘存储器、半导体存储器、光盘存储器和磁带存储器等。

2. 半导体存储器

半导体存储器芯片按照读写功能可分为随机读写存储器(RAM,Random Access Memory)和只读存储器(ROM,Read Only Memory)两大类。RAM 可读可写,断电时信息会丢失;ROM 中的信息可永久保存,不会因为断电而丢失。

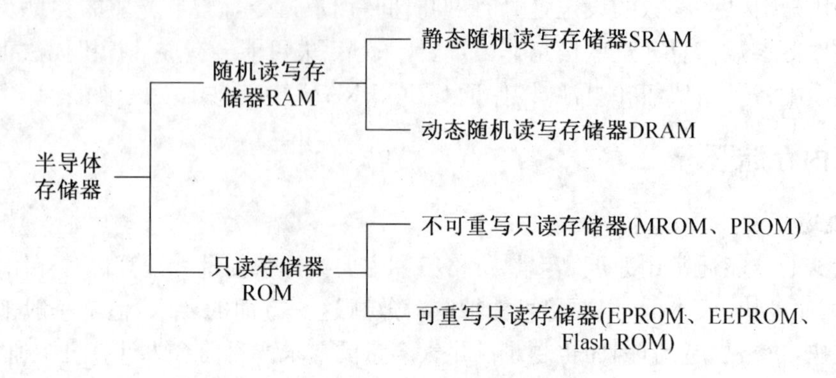

图 2－25　半导体存储器分类

(1) 随机读写存储器

目前广泛使用的半导体随机读写存储器是 MOS 半导体存储器,按保存数据的机理分为静态存储器(SRAM,Static RAM)和动态存储器(DRAM,Dynamic RAM),如图 2－25 所示。

SRAM 利用双稳态触发器来保存信息,只要不断电信息就不会丢失。SRAM 的集成度低、成本高、功耗大、速度快,通常作为 Cache 的存储体。

DRAM 利用 MOS 电容存储电荷来保存信息,使用时需要不断给电容充电才能保持信息。DRAM 电路简单、集成度高、成本低、功耗小,但需要反复进行刷新(Refresh)操作,工作速度较慢,适合作为主存储器的主体部分。

增强型 DRAM(EDRAM)是在 DRAM 芯片上集成一个高速小容量的 SRAM 芯片而构成的,这个小容量的 SRAM 芯片起到高速缓存的作用,从而使 DRAM 芯片的性能得到显著改进。将由若干 EDRAM 芯片组成的存储模块做成小电路插件板形式,就是目前普遍使用的内存条。

(2) 只读存储器

只读存储器 ROM 是一种存储固定信息的存储器,其特点是在正常工作状态下只能读取数据,不能即时修改或重新写入数据。只读存储器电路结构简单,且存放的数据在断电后不会丢失。

只读存储器有不可重写只读存储器(MROM、PROM)和可重写只读存储器(EPROM、EEPROM、Flash ROM 等)两大类。

掩模只读存储器 MROM,又称固定 ROM。这种 ROM 在制造时,生产厂家利用掩模(Mask)技术把信息写入存储器中,使用时用户无法更改,适宜大批量生产。

可编程只读存储器 PROM,是可由用户一次性写入信息的只读存储器,是在 MROM 的基础上发展而来的。PROM 的缺点是用户只能写入一次数据,一经写入就不能再

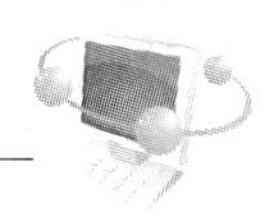

更改。

光擦可编程只读存储器 EPROM 一般是将芯片置于紫外线下照射 15～20 分钟左右，以擦除其中的内容，然后用专用的设备(EPROM 写入器)将信息重新写入，一旦写入则相对固定。在闪速存储器大量应用之前，EPROM 常用于软件开发过程中。

电擦可编程只读存储器 EEPROM 可以用电气方法将芯片中的存储内容擦除，擦除时间较快，甚至可以在联机状态下操作。

Flash ROM 是目前使用最广泛的存储器，它是 20 世纪 80 年代中期出现的一种块擦写型存储器，是一种高密度、非易失性的读/写半导体存储器，它突破了传统的存储器体系，改善了现有存储器的特性。Flash ROM 中的内容或数据不像 RAM 一样需要电源支持才能保存，但又像 RAM 一样具有可重写性。在某种低电压下，其内部信息可读不可写，类似于 ROM，而在较高的电压下，其内部信息可以更改和删除，类似于 RAM。因此，Flash ROM 除了可用于存储主板的 BIOS 程序，还常用于存储卡、U 盘及固态硬盘。

3. 主存储器的性能指标

主存储器是计算机的数据交换中心，它是 CPU 能直接访问的存储器，由随机读写存储器 RAM 和只读存储器 ROM 组成，能快速地进行读或写操作。衡量一个主存储器性能的技术指标主要有存储容量、存取时间、工作频率和存储器带宽等。

(1) 存储容量

在一个存储器中可以容纳的存储单元的总数称为存储容量(Memory Capacity)。存储器其中包含大量的存储单元，目前大多数计算机采用字节为单位表示存储容量，即每个单元可以存放 1 个字节(8 个二进制位)。在按字节寻址的计算机中，存储容量的最大字节数可由地址码的位数来确定。例如，一台计算机的地址线宽度为 n 位，则可产生 2^n 个不同的地址码，如果地址码被全部利用，则其最大容量为 2^n 个字节，如图 2－26 所示。

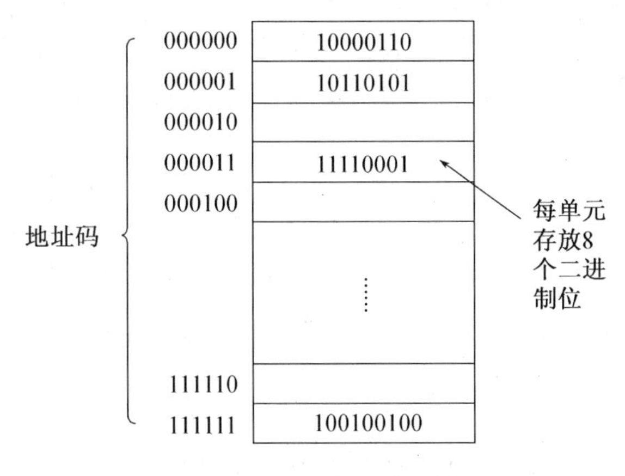

图 2－26　主存储器结构

例 2－1：地址线宽度为 32 位的 CPU 可访问的主存最大容量为多少 GB?

解答：地址线宽度为 32 位，可产生 2^{32} 个不同的地址码，则可访问的主存最大容量为 2^{32} 个字节。$2^{32}B=2^2*2^{30}B=2^2GB=4$ GB，可访问的主存最大容量为 4 GB。

一台计算机的主存储器总容量，是主板内存条插槽中所有单根内存条容量之和。内存条的类型有很多种，早期主要有FPM RAM、EDO RAM、SDRAM，近几年主要是DDR SDRAM、DDR2 SDRAM，目前PC机使用的内存条类型大多数是DDR3 SDRAM，如图2-27所示，插入主板相应插槽中才可以正常使用，主板一般配备2个或4个双列直插式(DIMM，Dual Inline Memory Module)的插槽，如图2-28所示。

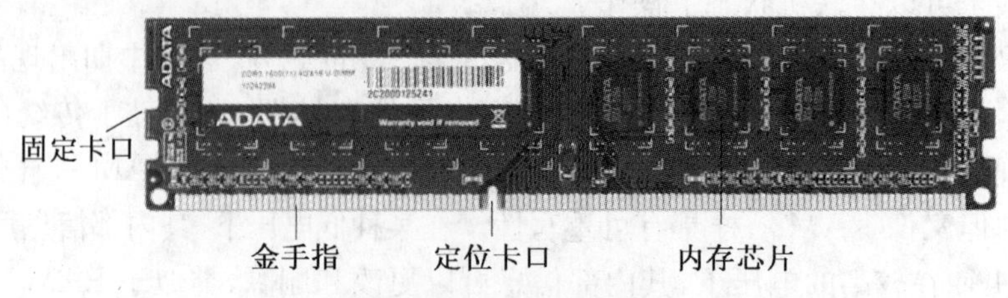

图2-27 DDR3内存条

图2-28 DDR3 DIMM内存条插槽

(2) 存取时间

存取时间即存储器访问时间(Memory Access Time)，是指启动一次存储器操作到完成该操作所需的时间。

具体地说，读出时为取数时间，写入时为存数时间。取数时间就是指存储器从接受读命令到信息被读出并稳定在存储器数据寄存器中所需的时间；存数时间就是指存储器从接受写命令到把数据从存储器数据寄存器的输出端传送到存储单元所需的时间。存取时间的单位是ns($1ns=10^{-9}s$)

(3) 工作频率

主存的工作频率与CPU的主频一样，习惯上被用来表示主存的速度，它是衡量主存性能较简单而又直接的指标，一般使用MHz作单位。主存的工作频率越高，在一定程度上代表着主存所能达到的速度越快。目前市场上推出的主存工作频率主要为1600 MHz甚至更高。

(4) 存储器带宽

从功能上理解，我们可以将内存看作是内存控制器(一般位于北桥芯片中)与CPU之间的桥梁与仓库。显然，内存的容量决定“仓库”的大小，而主存的带宽决定“桥梁”的宽窄，两者缺一不可。

存储器带宽取决于存储器的工作频率和总线位数，实际指存储器可达到的最高数据传输速率，其计算公式如下：

存储器带宽(MB/s)=工作频率*内存总线位数/8

例 2－2：某 DDR3 2000 MHz 的主存储器，其存储器带宽可达到多少 GBps？

解答：存储器带宽＝2000 MHz＊(64b/8)/1000＝16 GBps

2.3.3　I/O 总线与 I/O 接口

1. I/O 操作

计算机中的 I/O 操作也就是输入/输出操作。输入操作是指 I/O 设备通过 I/O 总线将信息送入内存，输出操作是指内存中的信息通过 I/O 总线传送到 I/O 设备上。

I/O 操作的特点：

(1) I/O 操作与 CPU 的数据处理可同时进行。

(2) 多个 I/O 设备的操作也可同时进行。

(3) 每类 I/O 设备都有各自的控制器，它们按照 CPU 的 I/O 操作命令，独立地控制 I/O 操作的全过程。

随着主板芯片组的集成度越来越高，原来使用扩展卡的 I/O 控制器(如声卡、网卡)逐渐集成到主板芯片组中，有部分显示性能要求不高的计算机也将显卡的功能集成到芯片组中了。这样既缩小了计算机的体积，又提高的可靠性，同时降低了计算机的成本。

2. 总线

总线则是构成计算机硬件系统的互连机构，是多个系统功能部件之间进行数据传送的公共通路，由系统中各个功能部件所共享。总线可同时挂接多个部件或设备，借助于总线连接，计算机在各系统功能部件之间实现地址、数据和控制信息的交换，并在争用资源的基础上进行工作。

(1) 总线的分类

根据总线所传输的信号种类，计算机的总线可以划分为数据总线、地址总线和控制总线，分别用来传输数据信号、地址信号和控制信号，如图 2－29 所示。

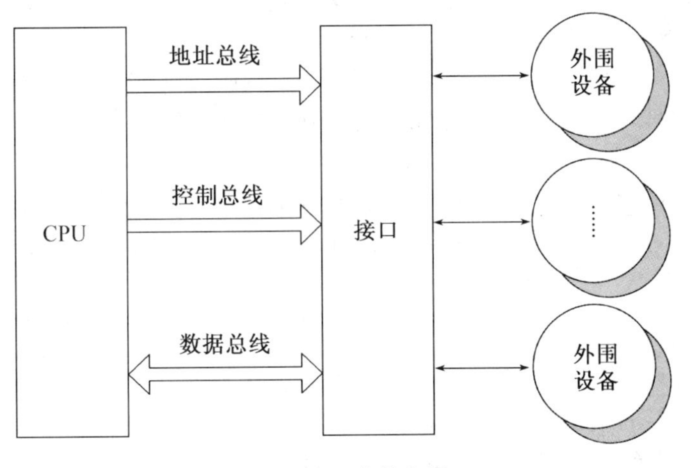

图 2－29　总线分类

数据总线(Data Bus，DB)是在计算机系统各个部件之间传输数据信息的信号线。数据总线是双向的。通常，数据总线由 8 根、16 根、32 根或 64 根数据线组成，数据线的根数称为数据总线的宽度。由于每一根数据线每次传送1位二进制数，所以数据线的根数决定了每一次能同时传送的二进制的位数，由此可见，数据总线的宽度是表现系统总体性能的关键因素之一。例如，如果数据总线的宽度为8位，而每条指令的长度为16位，那么在每个指令周期中需要两次访问存储器才能取回完整的16位指令。

地址总线(Address Bus,AB)是在计算机系统各个部件之间传输地址信息的信号线，用来规定数据总线上的数据来自何处或将被送往何处，地址总线是单向的。如果CPU要从存储器中读取一个信息，那么，首先必须将要读取的信息的存储器地址放到地址总线上，然后才可以从给定的存储器地址中取出所需要的信息。地址总线的宽度决定了计算机系统能够使用的最大的存储器容量。

控制总线(Control Bus,CB)是在计算机系统各个部件之间传输控制信息的信号线，其作用是对数据总线、地址总线的访问及使用情况实施控制。控制线中每一根线都是单向的，用来指明数据传送的方向、中断请求和定时控制等。由于计算机中的所有部件都要使用数据总线和地址总线，所以用控制总线对它们实施控制既是必要的，也是必须的。控制总线上传输的控制信息，其作用就是在计算机系统各个部件之间发送操作命令和定时信息，命令信息规定了要执行的具体操作，而定时信息则规定了数据信息和地址信息的时效性。

根据总线的位置和功能不同，一个单处理器系统中的总线，大致可分为三类：

内部总线：CPU内部连接各寄存器及运算部件的总线。

系统总线：CPU同计算机系统的其他功能部件(如存储器、通道等)连接的总线。系统总线有多种标准接口，从16位的ISA，到32/64位的PCI、AGP乃至PCI Express。

外部总线：又称为I/O接口，是用来连接外部设备或其他计算机的总线，如用于连接并行打印机的Centronics总线，用于串行通信的RS-232总线、通用串行总线USB和IEEE-1394，用于硬磁盘接口的SATA、SCSI总线等。

(2) 总线的性能指标

a. 总线宽度

总线宽度，指的是总线能同时传送的数据的二进制位(bit)数。如16位总线、32位总线指的就是总线具有16位或32位的数据传输能力。

b. 总线频率

作为总线工作速度的一个重要参数，总线频率是总线一秒钟传输数据的次数，工作频率越高，速度越快。总线频率通常用MHz表示，如33 MHz、100 MHz、400 MHz、800 MHz等。

c. 总线带宽

总线带宽指的是总线本身所能达到的最高数据传输速率，单位是兆字节每秒(MB/s)，这是衡量总线性能的重要指标，总线带宽越宽，传输效率也就越高。总线根据其数据传输方式可分为并行总线和串行总线，它们的带宽计算方法略有不同。

并行总线带宽(MB/s)＝总线宽度(bit)/8 * 总线频率(MHz) * 每周期传输的次数

例2-3：某PCI总线的位宽是32位，总线频率33 MHz，每时钟传输1组数据，则该总线的带宽是多少MB/s。

解答：该总线的带宽=32/8 * 33 MHz * 1=132 MB/s

串行总线带宽(MB/s)=串行总线时钟频率(MHz) * 串行总线位宽(b/8=B) * 串行总线管线 * 编码方式 * 每周期传输的次数

例2-4：某PCI Express x1(2.0版)总线位宽是1位，总线频率2500 MHz，串行总线管线是1条，每时钟传输2组数据，编码方式为8b/10b，则该总线的带宽是多少MB/s。

解答：该总线的带宽=2500 MHz * (1/8) * 1 * (8b/10b) * 2=500 MB/s

(3) 常见总线介绍

随着计算机技术的进步，总线技术的标准也在不断发展。例如，微型计算机总线经历了PC/XT总线(1981年)、PC/AT或ISA总线(1984年)、EISA总线(1988年)、VESA总线(1989年)、PCI总线(1991年)、AGP总线(1997年)、PCI-X总线(1998年)和PCI Express(2004年)等发展阶段，如图2-30所示。

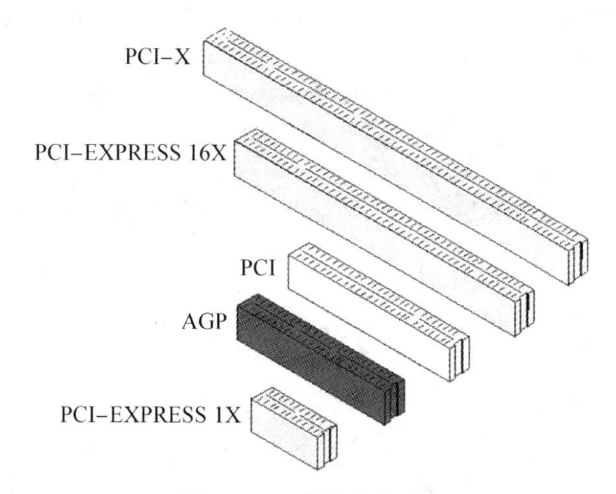

图2-30 常见总线对比

随着Pentium 4前端总线频率的迅速提高(高达1 GHz以上)，原有的PCI总线标准已难以适应新的需求，因此，统一总线标准、提高总线带宽成为业界的普遍呼声，这时，PCI Express就应运而生了。PCI Express是一种基于串行技术、高带宽连接点、芯片到芯片连接的新型总线技术。有别于PCI并行技术，PCI Express采用4根信号线，两根差分信号线用于接收，另外两根差分信号线用于发送；信号频率2.5 GHz，采用8/10位编码；定义了用于多种通道的连接方式，如×1、×4、×8、×16以及×32通道的连接器，分别对应于500 MB/s、2 GB/s、4 GB/s、8 GB/s和16 GB/s的带宽。

PCI Express卡支持热插拔和热交换，采用的三个电压是+3.3 V、+3.3 Vaux和+12 V。用于取代AGP插槽的接口是PCI Express×16的，带宽为5 GB/s，有效带宽4 GB/s。

采用PCI Express总线标准的最大意义在于其通用性和兼容性，通过与PCI软件模块的完全兼容，可以确保现有设备和驱动程序不用修改仍能正常工作。PCI Express不仅可以与其他设备连接，延伸到芯片组之间的连接，还可以用于图形芯片的连接，这样就将整个I/O系统统一起来，进一步优化微机系统的设计，增加计算机的可移植性和模块化。

3. I/O接口

大多数输入输出设备是一个独立的物理实体,相对于主机机箱而言,它们均属于外围设备。因此,它们要通过一些插头/插座与主机实现连接。主机上用于连接输入输出设备的插头/插座,统称为I/O接口。

PC可连接许多不同种类的I/O设备,主机与设备之间I/O接口也可分成多种不同的类型,如图2-31所示。根据I/O接口的数据传输方式可分为串行接口和并行接口。串行接口一位一位的传输数据,数据排成一串,一次只传输一位;并行接口一次可传输8位、16位、32位或更多。根据I/O接口可连接的设备数目可分为总线式接口和独占式接口。1个总线式接口可连接多个设备同时工作,被多个设备共享;1个独占式接口只能连接1个设备。根据I/O接口的用途可分为通用接口和专用接口。

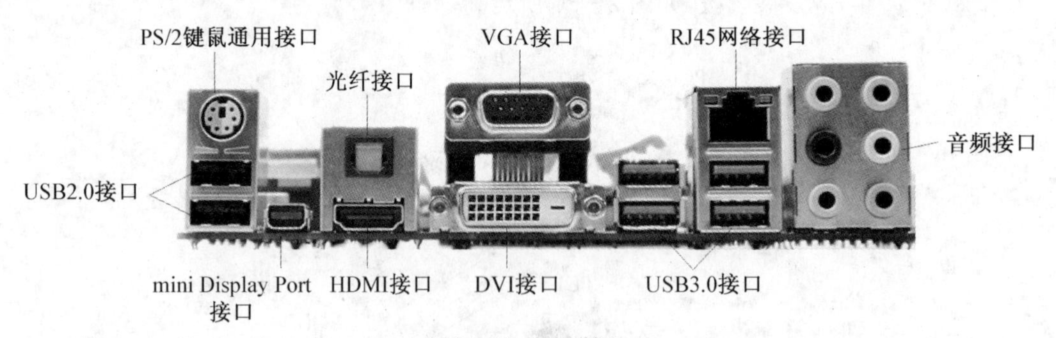

图2-31 I/O接口

(1) RS-232接口

RS-232接口是一种常用的串行通信接口,它是在1970年由美国电子工业协会(EIA)制定的串行通信标准,其全名是"数据终端设备(DTE)和数据通信设备(DCE)之间串行二进制数据交换接口技术标准"。最初是为了在DTE与DCE之间进行远程连接而制定的,后来则用于在计算机与其外围设备或终端之间建立近距离的连接。由于这个接口在诸如信号功能、电器特性和机械特性上都进行了明确细致的规定,加上通信接口与设备制造厂商生产的通信设备均与RS-232兼容,因此,RS-232接口在计算机系统中成为一种用来实现与打印机、CRT终端、鼠标、调制解调器等外围设备进行异步串行数据通信的标准硬件接口。

(2) IDE接口

IDE接口是一种用于在PC机中连接硬盘驱动器的接口,其英文全称为"Integrated Drive Electronics",即"电子集成驱动器",其本意是指把"硬盘控制器"与"盘体"集成在一起的硬盘驱动器,代表着硬盘的一种类型。IDE接口技术一直在不断发展,其性能也在不断地提高,拥有价格低廉、兼容性强的特点,主要用于连接硬盘和光驱。近几年来,随着硬盘接口技术的发展,IDE接口已经慢慢趋于淘汰,取而代之的是SATA接口。

(3) SATA接口

SATA(Serial ATA,串行ATA)是一种连接存储设备(大多为硬盘)的串行接口。2001年,由Intel、APT、Dell、IBM、希捷、迈拓这几大厂商组成的SATA委员会正式确立

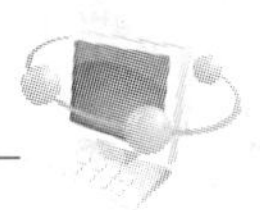

了 SATA 1.0 标准，2002 年又确立了 SATA 2.0 标准，目前广泛使用的是 2009 年推出的 SATA3.0 的标准，速度达到 6Gbps。SATA 接口使用嵌入式时钟信号，具备了更强的纠错能力，与以往相比，其最大的改进在于能对传输指令（不仅仅是数据）进行检查，并且在发现错误后可以自动矫正，这在很大程度上提高了数据传输的可靠性。SATA 接口还具有结构简单、支持热插拔等优点。

（4）USB 接口

USB（Universal Serial Bus，通用串行总线）接口是近几年推出的一种全新的外部设备接口，它是由 Compaq、DEC、IBM、Intel、Microsoft、NEC 等公司为简化 PC 与外设之间的互连而共同研究开发的一种标准化接口，支持各种 PC 与外设之间的连接，还可实现数字多媒体集成。

早期，USB 总线标准 1.0 版和 1.1 版用于连接中低速的设备，它们传输速率分别是 1.5 Mbps 和 12 Mbps，现在普遍使用的是 2.0 版（标志如图 2－32 所示）、3.0 版（标志如图 2－33 所示），传输速度分别为 480 Mbps 和 5 Gbps，连接距离也由原来的 5 米增加到近百米。USB 3.1 规范在 2013 年发布。新标准在接口方面没有什么改变，但它可以提供两倍于 USB 3.0 的传输速度（即 10 Gbps），同时还能向下兼容 USB 2.0。

USB 接口的主要特点是即插即用，允许热插拔。USB 连接器将各种各样的外设 I/O 端口合而为一，使之可以热插拔，并具有自动配置能力，用户只要简单地将外设插入到 USB 连接器上，PC 机就能自动识别和配置 USB 设备。除此之外，USB 接口的其他优点，如带宽更大、增加外设时无需添加接口卡、多个 USB 集线器可互传数据等，也使得 PC 机可以用全新的方式控制外设。

图 2－32　USB 2.0 标志

图 2－33　USB 3.0 标志

USB 接口用一个 4 针（USB 3.0 标准为 9 针）插头作为标准插头，采用菊花链形式可以把所有的外设连接起来，接口定义如图 2－34 所示。借助“USB 集线器”，1 个 USB 接口理论上最多可以连接 127 个外部设备，并且不会损失带宽，如图 2－35 所示。

引脚	信号	备注
1	VCC	+5V 电源
2	－D	数据－
3	＋D	数据＋
4	GND	地

图 2－34　USB 4 线接口定义

图 2－35　USB 集线器

通过 USB 接口，主机可以向外部设备提供＋5 V 的电源（电流 100～500 mA），例如我们经常利用 USB 接口给手机、平板电脑等移动智能设备或移动电源充电。

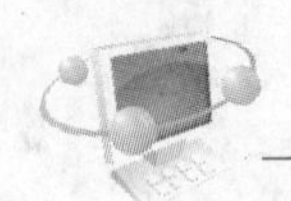

随着时间的推移，USB已成为PC机的标准配置，基于USB的外设也逐渐增多，包括调制解调器、键盘、鼠标、光驱、游戏手柄、摄像头、打印机、扫描仪、手机、移动存储器等，为适应多种不同设备的连接，USB接口的外观也有较大的区别，如图2-36所示。

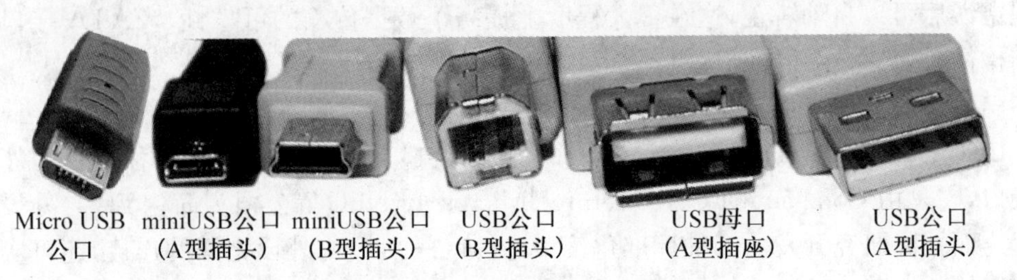

图2-36　各种USB接口

(5) SCSI接口

SCSI接口是小型计算机系统接口(Small Computer System Interface)的简称，是一种并行I/O标准接口，其设计思想来源于IBM大型机系统的I/O通道结构，目的是使CPU摆脱对各种设备的繁杂控制。它是一个高速智能接口，可以混接各种磁盘、光盘、磁带机、打印机、扫描仪、条码阅读器以及通信设备。它由SCSI控制器(又称为主机适配器)进行数据操作，SCSI控制器相当于一块小型的CPU，有自己的命令集和缓存。SCSI接口具有应用范围广、多任务、带宽大、CPU占用率低、热插拔等优点，主要应用于中、高端服务器和高档工作站中。

SCSI系统可以只有一个主机、一个主机适配器和一个外设控制器，也可以有多个主机以及多个主机适配器和外设控制器，主机适配器和外设控制器统称为SCSI设备。SCSI规定，系统至多可以有的SCSI设备的数目，是SCSI数据总线的位数，如采用32位数据总线，则至多可以有32个SCSI设备，其中有一个是主机适配器。

每个外设控制器可以带一个或多个设备。每台SCSI设备都有自己的识别ID，每台外设也都有自己的识别号。主机和主机适配器之间是系统总线，主机适配器和外设控制器之间是SCSI总线，外设控制器和外设之间是设备总线。这样的系统构成使总线并不直接与外设接口，不需要按照具体外设的物理性能给予特别的处理，而是用一组通用的高级命令通过外设控制器去控制各种设备，从而使得SCSI总线具有很好的通用性。

SCSI设备以菊花链连接成一个系统，使用50针A电缆和可选的68针B电缆，单端方式和差分方式在一个系统中不能同时存在。

SCSI是一种不断前进的技术，为了提高数据传输率、改善接口的兼容性，20世纪90年代又陆续推出了SCSI-2和SCSI-3标准。除此之外，串行SCSI也由并行SCSI接口演化而来，数据传输率最高可达到600 MB/s。

(6) IEEE-1394接口

IEEE-1394是IEEE制定的一项音视频数据传输能力的高速的串行接口标准，支持外接设备热插拔，同时可为外设提供电源，省去了外设自带的电源，支持同步数据传输。IEEE-1394接口的速度很快，而且相对于SCSI来讲又要小巧许多，所以逐渐被人们所接受，并日益普及。

IEEE-1394的性能特点与SCSI等并行接口相比，IEEE-1394串行接口具有如下三个显著特点：

(1) 数据传送的高速性：IEEE 1394-1995标准定义了三种传输速率：100 Mbps、200 Mbps和400 Mbps，IEEE1394b中更高的速率是800 Mbps到3.2 Gbps，这个速度完全可以用来传输未经压缩的动态画面信号。

(2) 数据传送的实时性：保证多媒体数据的实时传送，避免出现图像和声音时断时续的现象。

(3) 体积小易安装，连接方便：使用6针电缆，插座体积小，具有“热插拔”能力，即使在全速工作时也可以插入或拆除设备。

(7) PS/2接口

PS/2接口是一种PC兼容型计算机系统上的接口，可以用来链接键盘及鼠标。PS/2的命名来自于1987年时IBM所推出的个人计算机PS/2系列。PS/2鼠标连接通常用来取代旧式的串行鼠标接口(DB-9 RS-232)；而PS/2键盘连接则用来取代为IBM PC/AT所设计的大型5-pin DIN接口，一般情况下，PS/2接口带有颜色标识，紫色用于连接键盘，绿色用于连接鼠标，不能混用，如图2-37所示。最新的主板上一般会有一个PS/2接口，同时标有紫色和绿色，这样的接口既可连接键盘也可连接鼠标。

目前PS/2接口已经慢慢地被USB所取代，只有少部分的台式机仍然提供PS/2接口。有些鼠标可以使用转换器将接口由USB转成PS/2，如图2-38所示。

图2-37 PS/2接口

图2-38 PS/2 to USB转换器

(8) 显示器接口

VGA(Video Graphics Array)是IBM于1987年提出的一个使用模拟信号的电脑显示标准，也称为D-Sub接口。VGA接口是一种D型接口，共有15针，分成3排，每排5个孔，是显卡上应用最为广泛的接口类型，绝大多数显卡都带有此种接口。它传输红、绿、蓝模拟信号以及同步信号(水平和垂直信号)。对于模拟显示设备，如CRT显示器，信号被直接送到相应的处理电路，驱动控制显像管生成图像。而对于LCD等数字显示设备，需要配置相应的A/D转换器，将模拟信号转换为数字信号，从主机到显示器要经过D/A转换和A/D转换，不可避免的造成了一些图像细节的损失，使得显示效果略微下降，随着CRT显示器的淘汰，VGA接口也会逐渐被数字接口所取代。

DVI(Digital Visual Interface)，即数字视频接口。它是1999年由Silicon Image、Intel(英特尔)、Compaq(康柏)、IBM、HP(惠普)、NEC、Fujitsu(富士通)等公司共同组成DDWG(Digital Display Working Group，数字显示工作组)推出的接口标准。目前使用的

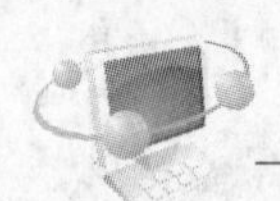

DVI接口主要有两种：一种是DVI-D接口，只能传输数字信号，接口上有3排8列共24个针脚，其中右上角的一个针脚为空，不兼容模拟信号；另外一种则是DVI-I接口，可同时兼容模拟和数字信号，兼容模拟信号并不意味着模拟信号的接口D-Sub接口可以连接在DVI-I接口上，而是必须通过一个转换接头才能使用。DVI接口传输数字信号，在数字设备之间传输无需经过任何转换，因此它的速度更快、显示质量更高，在PC、DVD、高清晰电视(HDTV)、高清晰投影仪等设备上有广泛的应用。

HDMI(High Definition Multimedia Interface)高清晰度多媒体接口，是针对新一代多媒体影音设备所开发的传输接口，可同时传送音频和视频信号，最高数据传输速度为5Gbps。该标准采用非压缩式的数字传输，可有效地降低信号进行数/模转换时造成的干扰和衰减。和传统的DVI接口相比，HDMI有以下几个优点：HDMI比DVI可支持更高的分辨率，可以满足1080P分辨率甚至更高品质的画质；DVI只是传送视频信号，而HDMI在传输高分辨率的视频信号的同时还可以传输高达8声道的音频信号。HDMI接口作为一种新型的连接方式已经得到广泛的普及和应用。

自测题3

一、判断题

1. 使用圆形插头的鼠标器接口是PS/2接口，使用长方形插头的鼠标器接口是USB接口。 (　　)

2. PC机的常用外围设备，如显示器、硬盘等，都通过PCI总线插槽连接到主板上。 (　　)

3. BIOS芯片和CMOS芯片实际上是同一块芯片的两种说法，是启动计算机工作的重要部件。 (　　)

4. I/O操作与CPU的数据处理往往是并行进行的。 (　　)

5. PC机的主存储器包含大量的存储单元，每个存储单元可存放8 Byte。 (　　)

6. PC机有许多的I/O接口，它们用于连接不同的I/O设备，同一种I/O接口只能连接同一种设备。 (　　)

二、选择题

1. PC机中的系统配置信息如硬盘的参数、当前时间、日期等，均保存在主板上的________存储器中。

A. Flash　　B. ROM　　C. Cache　　D. CMOS

2. 下列说法中，只有________是正确的。

A. ROM是只读存储器，其中的内容只能读一次

B. 外存中存储的数据必须先传送到内存，然后才能被CPU进行处理

C. 硬盘通常安装在主机箱内，所以硬盘属于内存

D. 任何存储器都有记忆能力，即其中的信息永远不会丢失

3. PC机主板上安装了多个插座和插槽，下列________不在PC机主板上。

A. CPU插座　　B. 内存条插槽

C. 芯片组插座　　D. PCI(PCI-E)总线扩展槽

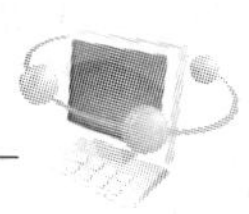

4. PC计算机中BIOS是________。

A. 一种操作系统　　B. 一种应用软件

C. 一种总线　　D. 基本输入输出系统

5. 计算机中负责各类I/O设备控制器与存储器之间相互交换信息、传输数据的一组公用信号线及相关控制电路称为________。

A. I/O总线　　B. CPU总线　　C. 存储器总线　　D. 前端总线

6. 下列选项中，________不包含在BIOS中。

A. 加电自检程序　　B. 扫描仪、打印机等设备的驱动程序

C. CMOS设置程序　　D. 系统主引导记录的装入程序

7. 总线的带宽指的是________。

A. 总线的最高数据传输速率　　B. 总线的频率

C. 总线的数据线宽度　　D. 总线上传输数据的位数

8. PC机主板上所能安装的主存储器最大容量、速度及可使用的内存条类型主要取决于________。

A. CPU主频　　B. 北桥芯片　　C. I/O总线　　D. 南桥芯片

9. 总线最重要的性能指标之一是它的带宽，若总线的数据线宽度为16位，总线的工作频率为133 MHz，每个总线周期传输一次数据，则其带宽为________。

A. 266 MB/s　　B. 2128 MB/s　　C. 133 MB/s　　D. 16 MB/s

10. 移动存储器有多种，目前已经不常使用的是________。

A. U盘　　B. 存储卡　　C. 移动硬盘　　D. 磁带

11. 关于PC机主板的叙述中错误的是________。

A. CPU和内存条均通过相应的插座槽安装在主板上

B. 芯片组是主板的重要组成部分，所有存储控制和I/O控制功能大多集成在芯片组内

C. 为便于安装，主板的物理尺寸已标准化

D. 硬盘驱动器也安装在主板上

12. 插在PC机主板PCI或PCI-E插槽中的电路板通常称为________。

A. 芯片组　　B. 内存条

C. I/O接口　　D. 扩展板卡或扩充卡

13. PC机正在工作时，若按下主机箱上的Reset(复位)按钮，PC机将立即停止当前工作，转去重新启动计算机，首先是执行________程序。

A. 系统主引导记录的装入　　B. 加电自检

C. CMOS设置　　D. 基本外围设备的驱动

14. 有关计算机输入输出操作的叙述中，错误的是________。

A. 计算机输入/输出操作比CPU的速度慢得多

B. 两个或多个输入输出设备可以同时进行工作

C. 在进行输入/输出操作时，CPU必须停下来等候I/O操作的完成

D. 每个(类)I/O设备都有各自专用的控制器

15. 在PC机中,CPU的时钟信号由________提供。

A. 芯片组　　B. CPU芯片　　C. 主板电源　　D. 电池芯片

16. 键盘、显示器和硬盘等常用外围设备在操作系统启动时都需要参与工作,所以它们的基本驱动程序都必须预先存放在________中。

A. 硬盘　　B. BIOS ROM　　C. RAM　　D. CPU

17. 下面有关PC机I/O总线的叙述中,错误的是________。

A. 总线上有三类信号:数据信号、地址信号和控制信号

B. I/O总线可以支持多个设备同时传输数据

C. I/O总线用于连接PC机中的主存储器和cache存储器

D. 目前在PC机中广泛采用的I/O总线是PCI和PCI-E总线

18. PC机工作过程中断电或突然"死机",计算机重新启动后________存储器中的信息将会丢失。

A. CMOS　　B. ROM　　C. 硬盘　　D. RAM

19. 计算机信息系统中的绝大部分数据是持久的,它们不会随着程序运行结束而消失,而需要长期保留在________中。

A. 外存储器　　B. 内存储器　　C. cache存储器　　D. 主存储器

20. 下列关于USB接口的叙述,正确的是________。

A. USB接口是一种总线式串行接口　　B. USB接口是一种并行接口

C. USB接口是一种低速接口　　D. USB接口不是通用接口

21. U盘和存储卡都是采用________芯片做成的。

A. DRAM　　B. 闪烁存储器　　C. SRAM　　D. Cache

22. 外接的数字摄像头与计算机的连接,一般采用________接口。

A. USB或IEEE1394　　B. COM

C. VGA　　D. PS/2

23. 目前许多外部设备(如数码相机、打印机、扫描仪等)都采用USB接口,下面关于USB的叙述中,错误的是________。

A. 3.0版的USB接口数据传输速度要比2.0版快得多

B. 利用"USB集线器",一个USB接口能连接多个设备

C. USB属于一种串行接口

D. 主机不能通过USB连接器引脚向外设供电

24. 几年前许多显卡使用AGP接口,但目前越来越多的显卡开始采用性能更好的________接口。

A. PCI-E x16　　B. PCI　　C. PCI-E x1　　D. USB

25. PC机常用的I/O接口有多种类型,下列叙述错误的是________。

A. 显示器使用的VGA接口是一种通用接口,它也可以连接打印机

B. SATA接口可用来连接硬盘和光盘

C. PS/2键盘接口是一种低速接口

D. 使用"USB集线器",一个USB接口就可以连接多个I/O设备

三、填空题

1. USB 接口可以为连接的 I/O 设备提供+________ V、100～500 mA 的电源。

2. 现代计算机的存储层次结构由内存和外存构成，内存包括寄存器、________和主存储器，它们用半导体集成电路芯片作存储介质。

3. 目前广泛使用的移动存储器有优盘和移动硬盘两种，它们大多使用________接口，读写速度比较快。

4. 在 RAM、ROM、CD－ROM 三种存储器中，________是易失性存储器，断电后它不能保存信息。

5. USB(2.0)接口传输方式为串行、双向，传输速率最高可达 60 ________/s。

6. PC 机的主存储器是由若干 DRAM 芯片组成的，目前它完成一次完整的存取操作所用时间大约是几十个________ s。

7. MOS 型半导体存储器芯片可以分为 DRAM 和 SRAM 两种，它们之中________芯片的电路简单、集成度高、成本较低，但速度要相对慢很多。

8. 用户为了防止他人使用自己的 PC 机，可以通过 BIOS 中的________设置程序对系统设置一个开机密码。

9. CMOS 芯片存储了用户对计算机硬件所设置的系统配置信息，如系统日期时间和机器密码等。在机器电源关闭后，CMOS 芯片由________供电可保持芯片内存储的信息不丢失。

10. 目前用于连接主机与显示器的接口包括 VGA、________和 HDMI。

四、简答题

1. 主板主要由哪些部分组成？
2. 什么是芯片组？它有什么作用？
3. BIOS 中包含了哪些程序？这些程序分别有什么作用？
4. 半导体存储器芯片按照读写功能可分为哪些？它们在计算机中主要应用于何处？
5. 内存的主要性能指标有哪些？
6. 总线的作用是什么？按其传输的信号可分为哪些？

2.4 常用输入设备

输入设备(Input Device)是人或外部与计算机进行交互的一种装置，用于把原始数据和处理这些数的程序输入到计算机中。是用户和计算机系统之间进行信息交换的主要装置之一。键盘，鼠标，摄像头，扫描仪，手写输入板，游戏杆，语音输入装置等都属于输入设备。

2.4.1 键盘

键盘是计算机最常用也是最主要的输入设备。用户通过键盘可以将字母、数字、标点符号等输入到计算机中，从而向计算机发出命令，输入中西文字和数据。

计算机键盘是由一组印有不同符号标记的按键组成，包括数字键、字母键、符号键、功能键及控制键等。每一个按键在计算机中都有它的唯一代码。当按下某个键时，键盘接口将该键的二进制代码送入计算机主机中，并将按键字符显示在显示器上。表 2-2 中是 PC 机键盘中部分常用控制键的主要功能。

表 2-2 PC 机键盘中部分常用控制键的主要功能表

控制键名称	主 要 功 能
Alt	Alternate 的缩写，它与另一个(些)键一起按下时，将发出一个命令，其含义由应用程序决定
Break	经常用于终止或暂停一个 DOS 程序的执行
Ctrl	Control 的缩写，它与另一个(些)键一起按下时，将发出一个命令，其含义由应用程序决定
Delete	删除光标右面的一个字符，或者删除一个(些)已选择的对象
End	一般是把光标移动到行末
Esc	Escape 的缩写，经常用于退出一个程序或操作
F1～F12	共 12 个功能键，其功能由操作系统及运行的应用程序决定
Home	通常用于把光标移动到开始位置，如一个文档的起始位置或一行的开始处
Insert	输入字符时有覆盖方式和插入方式两种，Insert 键用于在两种方式之间进行切换
Num Lock	数字小键盘可用作计算器键盘，也可用作光标控制键，由本键进行切换
Page Up	使光标向上移动若干行(向上翻页)
Page Down	使光标向下移动若干行(向下翻页)
Pause	临时性地挂起一个程序或命令
Print Screen	记录当时的屏幕映像，将其复制到剪贴板中

PC 早期时代的键盘主要以 83 键为主并且延续了相当长的一段时间，但随着 Windows 系统近几年的流行，83 键键盘已经淘汰，取而代之的是 101 键和 104 键键盘，并占据市场的主流地位。近几年内紧接着 104 键键盘出现的是新兴多媒体键盘，它在传统的键盘基础上又增加了不少常用快捷键或音量调节装置，使 PC 操作进一步简化，对于收发电子邮件、打开浏览器软件、启动多媒体播放器等都只需要按一个特殊按键即可，同时在外形上也做了重大改善，着重体现了键盘的个性化。

PC 键盘有机械式按键和电容式按键两种。机械式键盘是最早被采用的结构，一般类似接触式开关的原理使触点导通或断开，具有工艺简单、维修方便、手感一般、噪声大、易磨损的特性，大部分廉价的机械键盘采用铜片弹簧作为弹性材料，铜片易折易失去弹性，使用时间一长故障率升高。电容式键盘它是基于电容式开关的键盘，理论上这种开关是无触点非接触式的，磨损率极小甚至可以忽略不计，也没有接触不良的隐患，具有噪音小，容易控制手感，可以制造出高质量的键盘，但工艺较机械结构复杂，目前市场上大部分都为电容式键盘。

目前流行的平板电脑和智能手机上使用的是“软键盘”(虚拟键盘)，这种软键盘并不

是在键盘上的，而是在“屏幕”上，软键盘是通过软件模拟键盘通过鼠标点击输入字符，是为了防止木马记录键盘输入的密码，一般在一些银行的网站上要求输入账号和密码的地方容易看到。

2.4.2　鼠标

“鼠标”的标准称呼应该是“鼠标器”，英文名“Mouse”。它的外形轻巧，操纵自如，尾部有一条连接计算机的电缆，形似老鼠，故得其名。鼠标的使用是为了使计算机的操作更加简便，来代替键盘那繁琐的指令。

表2-3　鼠标箭头的常见形状及含义

鼠标形状	含义	鼠标形状	含义
	标准选择		调整窗口垂直大小
	文字选择		调整窗口水平大小
	帮助选择		移动对象
	后台操作		不可执行
	忙		手写
	超链		裁剪

当用户移动鼠标器时，借助于机电或光学原理，鼠标移动的距离和方向(或X方向及Y方向的距离)将分别变换成脉冲信号输入计算机，计算机中运行的鼠标驱动程序把接收到的脉冲信号再转换成为鼠标器在水平方向和垂直方向的位移量，从而控制屏幕上鼠标箭头的运动。

鼠标按其工作原理的不同分为机械鼠标，光机鼠标，光电鼠标和光学鼠标，机械鼠标定位精度难如人意，目前市场已很少出现。

光机鼠标在桌面上移动时，滚球会带动X、Y转轴的两只光栅码盘转动，而X、Y发光二极管发出的光便会照射在光栅码盘上，由于光栅码盘存在栅缝，在恰当时机二极管发射出的光便可透过栅缝直接照射在两颗感光芯片组成的检测头上。如果接收到光信号，感光芯片便会产生“1”信号，若无接收到光信号，则将之定为信号“0”。接下来，这些信号被送入专门的控制芯片内运算生成对应的坐标偏移量，确定光标在屏幕上的位置。

随着使用时间的延长，光机鼠标底部的小球并不耐脏，在使用一段时间后，两个转轴就会因粘满污垢而影响光线通过，出现诸如移动不灵敏、光标阻滞之类的问题，无法保持原有的良好工作状态，反应灵敏度和定位精度都会有所下降，耐用性不如人意。

光电鼠标器是通过检测鼠标器的位移，将位移信号转换为电脉冲信号，再通过程序的处理和转换来控制屏幕上的光标箭头的移动。其主要部件为两个发光二极管、感光芯片、控制芯片和一个带有网格的反射板(相当于专用的鼠标垫)。工作时光电鼠标必须在反射板上移动，X发光二极管和Y发光二极管会分别发射出光线照射在反射板上，接着光线会被反射板反射回去，经过镜头组件传递后照射在感光芯片上。感光芯片将光信号转变为对应的数字信号后将之送到定位芯片中专门处理，进而产生X－Y坐标偏移数据。

由于光电鼠标必须依赖反射板，它的位置数据完全依据反射板中的网格信息来生成，倘若反射板有些弄脏或者磨损，光电鼠标便无法判断光标的位置所在。

近几年，市场流行一种光学鼠标如图2－39，光学鼠标的结构与上述所有产品都有很大的差异，它的底部没有滚轮，也不需要借助反射板来实现定位，其核心部件是发光二极管、微型摄像头、光学引擎和控制芯片。工作时发光二极管发射光线照亮鼠标底部的表面，同时微型摄像头以一定的时间间隔不断进行图像拍摄。鼠标在移动过程中产生的不同图像传送给光学引擎进行数字化处理，最后再由光学引擎中的定位DSP芯片对所产生的图像数字矩阵进行分析。由于相邻的两幅图像总会存在相同的特征，通过对比这些特征点的位置变化信息，便可以判断出鼠标的移动方向与距离，这个分析结果最终被转换为坐标偏移量实现光标的定位。由于光学鼠标的工作速度快，准确性和灵敏度高（分辨率可达800 dpi），几乎没有机械磨损，很少需要维护，也不需要专用鼠标垫。目前占市场大部分份额。

图2－39　光学鼠标

鼠标器与主机的接口主要有两种：PS/2接口和USB接口。现在，无线鼠标也已逐步流行，作用距离可达10m左右。

为了节省空间，笔记本上使用指点杆，轨迹球以及触摸板如图2－40等替代鼠标的功能。指点杆的外形像铅笔上的橡皮，当外力施加在指点杆上时，即刻导致指点杆下部的陶瓷片发生轻微形变，陶瓷片的电阻随之变化，因此产生不同的电信号，电路分析这些不同的电信号就可以判断鼠标指针不同的移动方向和移动速度。轨迹球外形看上去就像一个倒过来的机械鼠标，其内部原理也与机械鼠标有很多的类似之处。它的最大优点就在于使用时不用像机械鼠标那样到处乱窜，节省了空间，减少使用者手腕的疲劳。相对一般鼠标，轨迹球由于其设计上的特点，有定位精确，不易晃动等优点，适合图形设计，3D设计等。不过也由于这个设计上的特点，不太适合一般的游戏等应用。触摸板是一种在平滑的触控板上，利用手指的滑动操作来移动游标的输入装置。当使用者的手指接近触摸板时会使电容量改变，触摸板自身会检测出电容改变量，转换成坐标。触摸板是由电容感应来获知手指移动情况，对手指热量并不敏感。

轨迹球　　指点杆　　触摸板

图2－40　指点杆，轨迹球以及触摸板

与鼠标器作用类似的设备还有操纵杆(joystick)和触摸屏。操纵杆由基座和控制杆组成,它能将控制杆的物理运动转换成数字电子信号向主机输入,控制杆上的按钮则用于发出动作命令。操纵杆在飞行模拟、工业控制、技能培训和电子游戏等等应用领域中很受用户欢迎。

2.4.3 触摸屏

触摸屏(Touch Screen)又称为"触控屏"、"触控面板",如图2-41是一种可接收触头等输入讯号的感应式液晶显示装置,当接触了屏幕上的图形按钮时,屏幕上的触觉反馈系统可根据预先编程的程式驱动各种连结装置,可用以取代机械式的按钮面板,并借由液晶显示画面制造出生动的影音效果。触摸屏作为一种最新的输入设备,是目前最简单、方便、自然的一种人机交互方式。它赋予了多媒体以崭新的面貌,是极富吸引力的全新多媒体交互设备。主要应用于公共信息的查询、领导办公、工业控制、军事指挥、电子游戏、点歌点菜、多媒体教学等。

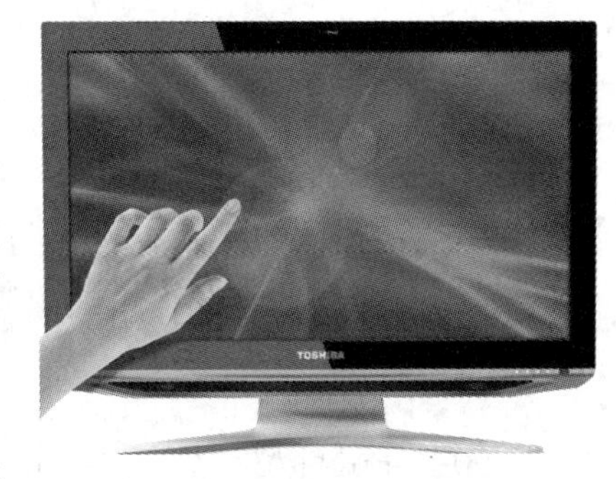

图2-41 触摸屏

为了操作上的方便,人们用触摸屏来代替鼠标或键盘。工作时,首先用手指或其他物体触摸安装在显示器前端的触摸屏,然后系统根据手指触摸的图标或菜单位置来定位选择信息输入。触摸屏由触摸检测部件和触摸屏控制器组成;触摸检测部件安装在显示器屏幕前面,用于检测用户触摸位置,接受后送触摸屏控制器;而触摸屏控制器的主要作用是从触摸点检测装置上接收触摸信息,并将它转换成触点坐标,再送给CPU,它同时能接收CPU发来的命令并加以执行。

但触摸屏本身具有一些缺点,点击时没有物理按键精准,触摸屏点击目标区域没有真正点击到目标区域,偏向目标正中心的下方。无论是单手和双手输入,触摸屏本身误点击的概率高。在虚拟键盘这样按键密集型的区域,每个按键的可点击区域有限,误点击的概率更高。

随着信息社会的发展,人们需要获得各种各样公共信息,以触摸屏技术为交互窗口的公共信息传输系统,通过采用先进的计算机技术,运用文字、图像、音乐、解说、动画、录像等多种形式,直观、形象地把各种信息介绍给人们,给人们带来极大的方便。随着技术的迅速发展,触摸屏对于计算机技术的普及利用将发挥重要的作用。

2.4.4 扫描仪

扫描仪(Scanner),是利用光电技术和数字处理技术,以扫描方式将图形或图像信息转换为数字信号的装置。扫描仪通常被用于计算机外部仪器设备,通过捕获图像并将之转换成计算机可以显示、编辑、存储和输出的数字化输入设备。扫描仪对照片、文本页面、图纸等对象都可作为扫描对象。

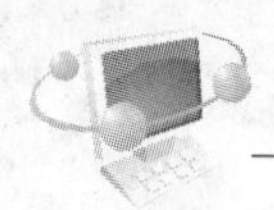

1. 扫描仪分类

扫描仪可分为三大类型:手持式、平板式、胶片专用和滚筒式扫描仪,近几年才有的笔式扫描仪、便携式扫描仪等。

(1) 手持式扫描仪,如图 2-42(a),外形很像超市收款员拿在手上使用的条码扫描仪一样,工作时操作人员用手拿着扫描仪在原稿上移动。它的扫描头比较窄,只适用于扫描较小的原稿。

(a) 手持式扫描仪

(b) 平板式扫描仪

(c) 滚筒式扫描仪

图 2-42 扫描仪

(2) 平板式扫描仪主要扫描反射式原稿,它的适用范围较广,单页纸可扫描,一本书也可逐页扫描。它的扫描速度、精度、质量比较好,已经在家用和办公自动化领域得到了广泛应用。如图 2-42(b)所示。

(3) 胶片扫描仪和滚筒式扫描仪,都是高分辨率的专业扫描仪,它们在光源、色彩捕捉等方面均具有较高的技术性能,光学分辨率很高,这种扫描仪多数都应用于专业印刷排版领域。如图 2-42(c)所示。

扫描仪是基于光电转换原理而设计的,常见的平板式扫描仪一般由光源、光学透镜、扫描模组、模拟数字转换电路加塑料外壳构成。它利用光电元件将检测到的光信号转换成电信号,再将电信号通过模拟数字转换器转化为数字信号传输到计算机中处理。当扫描一副图像的时候,光源照射到图像上后反射光穿过透镜会聚到扫描模组上,由扫描模组(CCD 电荷耦合器件)把光信号转换成模拟数字信号,这时候模拟-数字转换电路把模拟电压转换成数字讯号,传送到电脑,如图 2-43。颜色用 RGB 三色的 8、10、12 位来量化,既把信号处理成上述位数的图像输出。

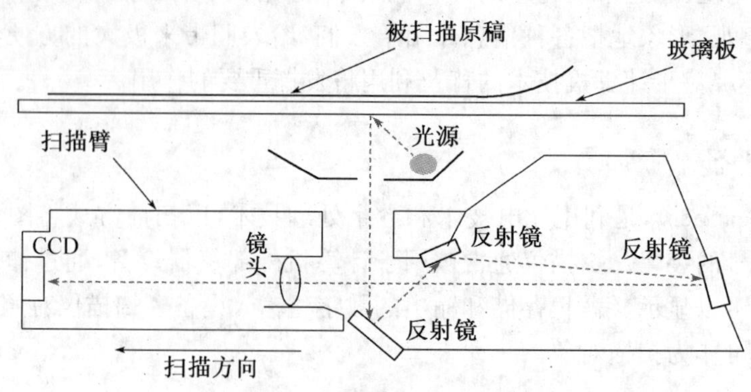

图 2-43 CCD 扫描仪工作原理

2. 扫描仪的主要性能指标包括

(1) 扫描光学分辨率。它是扫描仪的光学部件在每平方英寸面积内所能捕捉到的实际的光点数，是指扫描仪CCD(或者其他光电器件)的物理分辨率，用dpi来表示，它的数值是由光电元件所能捕捉的像素点除以扫描仪水平最大可扫尺寸得到的数值。在扫描图像时，扫描分辨率设得越高，生成的图像的效果就越精细，生成的图像文件也越大。

(2) 色彩位数。它反映了扫描仪对图像色彩的辨析能力，色彩位数越多，反映的色彩就越丰富，得到的数字图像效果也越真实。色彩位数可以是24位、36位、42位、48位等，分别可表示2^{24}、2^{36}、2^{42}、2^{48}种不同的颜色。使用时可根据应用需要选择黑白、灰度或彩色工作模式，并设置灰度级数或色彩的位数。

(3) 扫描幅面。指允许被扫描原稿的最大尺寸，例如A4、A3、A1、A0等。

(4) 与主机的接口。如USB接口或IEEE－1394接口等。

2.4.5　数码相机

数码相机(又名：数字式相机英文全称：Digital Camera简称DC)，是一种利用电子传感器把光学影像转换成电子数据的照相机。数码相机的镜头和快门与传统相机基本相同，不同之处是数码相机与普通照相机在胶卷上靠溴化银的化学变化来记录图像的原理不同，数字相机的传感器是一种光感应式的电荷耦合器件(CCD)或互补金属氧化物半导体(CMOS)。在图像传输到计算机以前，通常会先储存在数码存储设备中(通常是使用闪存)。然后可以输入电脑行存储、处理和显示，或通过打印机打印出来，或与电视机连接进行观看。如图2－44所示。

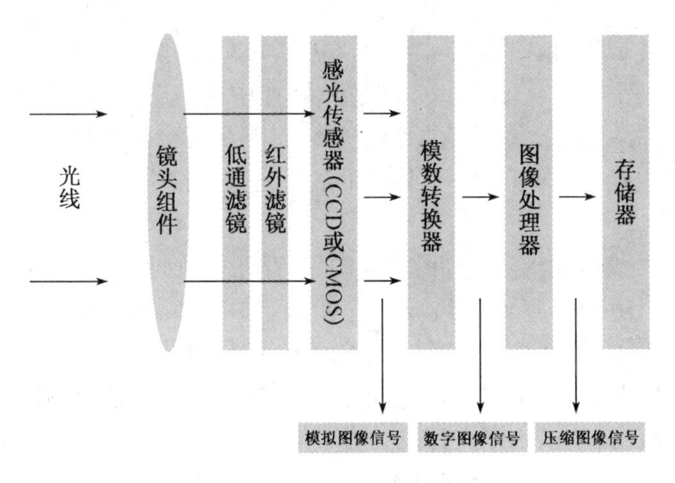

图2－44　数码相机的成像过程

1. 数码相机的分类

数码相机可分为：单反、微单、卡片机和长焦相机。

(1) 单反数码相机：如图2－45(a)。就是指单镜头反光数码相机，即digital数码、single单独、lens镜头、reflex反光的英文缩写dslr。此类相机一般体积较大，比较重。单反数码相机的一个很大的特点就是可以交换不同规格的镜头，这是单反相机天生的优点，是普通数码相机不能比拟的。

(a) 单反相机　　(b) 微单　　(c) 卡片机

图 2-45　照相机

(2) 微单包含两个意思:微,微型小巧,单,可更换式单镜头相机,也就是说这个词是表示了这种相机有小巧的体积和单反一般的画质,即微型小巧且具有单反性能的相机称之为微单相机。普通的卡片式数码相机很时尚,但受制于光圈和镜头尺寸,总有些美景无法拍摄;而专业的单反相机过于笨重。于是,博采两者之长,微单相机应运而生,如图2-45(b)。

(3) 卡片相机:指那些小巧的外形、相对较轻的机身以及超薄时尚的设计是衡量此类数码相机的主要标准。优点:时尚的外观、大屏幕液晶屏、小巧纤薄的机身,操作便捷。缺点:手动功能相对薄弱、超大的液晶显示屏耗电量较大、镜头性能较差。如图 2-45(c)所示。

2. 数码相机的性能指标

(1) CCD 像素数目

采用 CCD 芯片成像时,CCD 芯片中数以亿计的 CCD 像素排列成宽高比为 4∶3 或者 3∶2 的矩形成像区,每个 CCD 像素可感测影像中的一个点,将其光信号转换为电信号。显然,CCD 像素越多,影像分解的点就越多,最终所得到的影像的分辨率(清晰度)就越高,图像的质量也越好。所以,CCD 像素的数目是数码相机的一个重要的性能指标。

(2) 存储卡容量

经过 CCD 芯片成像并转换得到的数字图像,存储在数码相机的存储器中。数码相机的存储器大多采用由闪烁存储器组成的存储卡,如 MMC 卡、SD 卡、记忆棒(Memory Stick)等,即使关机也不会丢失信息。存储卡的容量是数码相机的另一项性能,在相片分辨率和质量要求相同的情况下,存储容量越大,可存储的数字相片就越多。

目前数码相机的结构已日趋完善,功能趋于多样化。一般使用的数码相机都配置有用于取景的彩色液晶显示屏、与计算机连接的 USB 接口和与电视机连接的模拟视频信号接口,具有自动聚焦、自动曝光、自动白平衡调整、数字变焦、影像浏览、影像删除等功能,大多还能拍摄视频(低分辨率)和进行录音,满足了人们多样化的需求。

自测题 4

一、判断题

1. 无线键盘和无线鼠标采用的是无线接口,通过无线电波将信息传送给计算机,需

要专用的接收器。　　　　(　　)

2. 光学分辨率是扫描仪重要的性能指标，分辨率越高，扫描出来的图像越清晰。　　　　(　　)

二、选择题

1. 关于键盘上的 Caps Lock 键，下列叙述中正确的是________。
   A. 它与 Alt+Del 键组合可以实现计算机热启动
   B. 当 Caps Lock 灯亮时，按主键盘的数字键可直接输入其上部的特殊字符
   C. 当 Caps Lock 灯亮时，按字母键可直接输入大写字母
   D. 当 Caps Lock 灯亮时，按字母键可直接输入小写字母
2. 下列关于数码相机的叙述，错误的是________。
   A. 数码相机是一种图像输入设备
   B. 数码相机的镜头和快门与传统相机基本相同
   C. 数码相机采用 CCD 或 CMOS 芯片成像
   D. 数码相机的存储容量越大，可存储的数字相片的数量就越多

三、简答题

1. 键盘和鼠标常用的接口有哪些？
2. 扫描仪的性能指标有哪些？
3. 数码相机有哪些主要的性能指标？

2.5　输出设备

输出设备(Output Device)是计算机的终端设备，是把各种计算结果数据或信息以数字、字符、图像、声音等形式表示出来。常见的有显示器、打印机、绘图仪设备等。

2.5.1　显示器与显卡

显示器是计算机必不可少的一种图文输出设备，是将一定的电子文件通过特定的传输设备显示到屏幕上再反射到人眼的一种显示工具。没有显示器，用户便无法了解计算机的处理结果和所处的工作状态，也无法进行操作。

计算机的显示系统通常有两部分组成：显示器和显卡(显示控制器)。显示器是一个独立的输出设备。显卡在计算机中可以是一个独立的扩展卡(独立显卡)，也可以是在 CPU 芯片或北桥芯片中集成了显卡的功能(集成显卡)。

1. 显示器的分类

计算机使用的显示器主要有四类：CRT 显示器、液晶显示器、3D 显示器和等离子显示器。

(1) CRT 显示器(阴极射线管显示器)如图 2-46(a)，具有技术成熟、图像色彩丰富、还原性好、全彩色、高清晰度、较低成本和丰富的几何失真调整能力等优点，但由于体积庞大笨重，耗电，辐射大等缺点，目前已被液晶显示器取代。

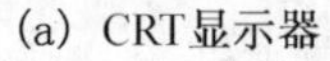

(a) CRT显示器

(b) LCD显示器

图 2 - 46　显示器

(2) 液晶显示器:液晶即液态晶体,是一种很特殊的物质。它是一种介于固体与液体之间,具有规则性分子排列的有机化合物。如图 2 - 46(b)所示。液晶显示器的工作原理:在显示器内部有很多液晶粒子,它们有规律地排列成一定的形状,并且它们的每一面的颜色都不同,分为:红色、绿色、蓝色。这三原色能还原成任意的其他颜色,当显示器收到电脑的显示数据的时候会控制每个液晶粒子转动到不同颜色的面,来组合成不同的颜色和图像。也因为这样液晶显示屏的缺点是色彩不够艳,可视角度不高等。但与 CRT 显示器相比,LCD 具有工作电压低,辐射危害小,功耗低,不闪烁,适于大规模集成电路驱动,体积轻薄,易于实现大画面显示等特点,现在已经广泛应用于计算机、手机、数码相机、数码摄像机、电视机等设备。液晶显示器按照它的背光源又可分为 LCD 显示器(背光源为荧光灯管)和 LED 显示器(背光源为发光二极管)。

(3) 3D 显示器一直被公认为显示技术发展的终极梦想,多年来有许多企业和研究机构从事这方面的研究。日本、欧美、韩国等发达国家和地区早于 20 世纪 80 年代就纷纷涉足立体显示技术的研发,于 90 年代开始陆续获得不同程度的研究成果,现已开发出需佩戴立体眼镜和不需佩戴立体眼镜的两大立体显示技术体系。传统的 3D 电影在荧幕上有两组图像(来源于在拍摄时的互成角度的两台摄影机),观众必须戴上偏光镜才能消除重影(让一只眼只受一组图像),形成视差(parallax),产生立体感。如图 2 - 47,为利用红蓝制作的 3D 图像。

图 2 - 47　3D 图像

(4) 等离子显示器(PDP, Plasma Display Panel)是采用了近几年来高速发展的等离子平面屏幕技术的新一代显示设备。如图 2-48 所示。

图 2-48　等离子显示器

等离子显示技术的成像原理是在显示屏上排列上千个密封的小低压气体室,通过电流激发使其发出肉眼看不见的紫外光,然后紫外光碰击后面玻璃上的红、绿、蓝 3 色荧光体发出肉眼能看到的可见光,以此成像。

等离子显示器具有厚度薄、分辨率高、占用空间少等优点,代表了未来电脑显示器的发展趋势。

2. 显示器主要性能参数

(1) 显示屏的尺寸。与电视机相同,计算机显示器屏幕大小也以显示屏的对角线长度来度量,目前常用的显示器有 15、17、19、22 英寸等。传统显示屏的宽度与高度之比一般为 4∶3,现在多数液晶显示器的宽高比为 16∶9 或 16∶10,它与人眼视野区域的形状更为相符。

(2) 分辨率。分辨率是指像素点与点之间的距离,像素数越多,其分辨率就越高,因此,分辨率通常是以像素数来计量的,如:640×480,其像素数为 307200。

(3) 刷新速度。显示器的刷新率指每秒钟出现新图像的数量,单位为 Hz(赫兹)。刷新率越高,图像的质量就越好,闪烁越不明显,人的感觉就越舒适。一般认为,70～72 Hz 的刷新率即可保证图像的稳定。

(4) 响应时间指的是液晶显示器对输入信号的反应速度,即液晶颗粒由暗转亮或由亮转暗的时间,目前市场上的主流 LCD 响应时间都已经达到 8 ms 以下,某些高端产品响应时间甚至为 5 ms,4 ms,2 ms 等等,数字越小代表速度越快。对于一般的用户来说,只要购买 8ms 的产品已经可以基本满足日常应用的要求,对于游戏玩家而言,5 ms 或更快的产品为较佳的选择。

(5) 背光源是位于液晶显示器背后的一种光源,它的发光效果将直接影响到液晶显示模块视觉效果。液晶显示器本身并不发光,它显示图形或字符是它对光线调制的结果。背光源主要有荧光灯管和白色发光二极管(LED)两种,后者在显示效果、节能、环保等方面均优于前者,显示屏幕也更为轻薄。

(6) 辐射和环保。显示器在工作时产生的辐射对人体有不良影响,也会产生信息泄漏,影响信息安全。因此,显示器必须达到国家显示器能效标准和通过 MPRⅡ和 TCO 认证(电磁辐射标准),以节约能源、保证人体安全和防止信息泄漏。

3. 显示控制器

显卡全称显示接口卡(Video Card,Graphics Card),如图 2-49 所示,又称为显示适配器(Video-Adapter)或显示器配置卡,作为电脑主机里的一个重要组成部分,承担输出显示图形的任务,是计算机最基本配置之一。

显卡的用途是将计算机系统所需要的显示信息进行转换,并向显示器提供扫描信号,控制显示器的正确显示,是连接显示器和个人电脑主板的重要元件,是"人机对话"的重要设备之一。一般可分为集成显卡和独立显卡。

显示卡的结构显示卡上主要的部件有显示芯片、显示内存、BIOS、显卡接口、总线接口等组成。

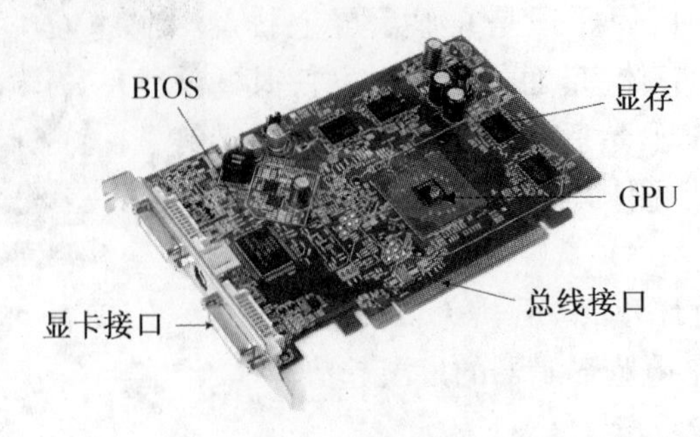

图 2-49　显卡

(1) 显示芯片

显示芯片(GPU)负责处理各种图形数据,是显卡的核心组成部分,它的工作能力直接影响显卡的性能,目前市场上有 NVIDIA 和 ATI 系列。

(2) 显存

显存(显示内存),是显卡的重要组成部分之一,其作用是存储等待处理的图形数据,一般由 DRAM 组成。

(3) 显卡 BIOS

显卡 BIOS 是固化在显卡上的一种特殊芯片,主要用于存放显示芯片和驱动程序间的控制程序、产品标识等信息。目前,主流显卡 BIOS 大多采用 Flash 芯片,因此可以通过专用的程序来对其进行改写,改善显卡的性能。

(4) 显卡接口

主要来接连显卡和显示器。目前主流有五种,如图 2-50。

a. VGA 插座,是一个 15 孔的模拟信号输出接口,主要用于连接 CRT 显示器及早期的液晶显示器。

b. DVI 接口(数字视频接口)用于输出数字信号,具有传输速度快、信号无损失以及画面清晰等特点。该接口是目前很多 LCD 显示器采用的接口类型。

c. S-Video(Separate Video,二分量视频接口),其主要功能是将视频信号分开传送。它能够在 AV 接口的基础上将色度信号和亮度信号进行分离,再分别以不同的通道进行传输。该接口一般用于实现 TV-OUT 功能,即连接电视。

d. HDMI(High Definition Multimedia Interface,高清晰多媒体接口)用于连接高清电视。HDMI 接口的最高数据传输速率能够达到 10.2 Gbps,完全可以满足海量数量的高速传输。此外,HDMI 技术规范允许在一条数据线缆上同时传输高清视频和多声道音频数据,因此又称为高清一线通。

e. DP 接口(Display Port 高清晰数字音视频流的传输接口)。它可提供的带宽就高达 10.8 Gb/s。即便最新发布的 HDMI 1.3 所提供的带宽(10.2Gb/s)也稍逊于它。作为 HDMI 的竞争对手和 DVI 的潜在继任者,Display Port 赢得了 AMD、Intel、NVIDIA、戴

尔、惠普、联想、飞利浦、三星等业界巨头的支持，而且它是免费使用的，不像HDMI那样需要高额授权费。不远的将来将替代HDMI接口。

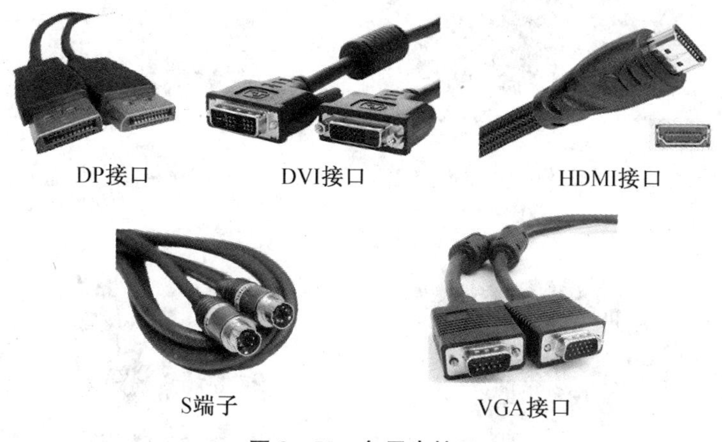

图2-50　各显卡接口

(5) 显示卡的主要性能指标：

a. 刷新频率：刷新频率是指图像在屏幕上更新的速度，即屏幕上每秒钟显示全画面的次数，刷新频率的单位是赫兹(Hz)。一般人眼不容易察觉75 Hz以上刷新频率带来的闪烁感，为了保护眼睛，最好将显示刷新频率调到85 Hz以上。

b. 位宽：位宽是指显示芯片内部数据总线的位宽，也就是显示芯片内部所采用的数据传输位数。目前主流的显示芯片基本都是256 bit位宽，采用更大的位宽意味着在数据传输速度不变的情况下，瞬间所能传输的数据量更大。

c. 显示分辨率：显示分辨率(Resolution)是指组成一幅图像(在显示屏上显示出图像)的水平像素和垂直像素的总和。显示分辨率越高，屏幕上显示的图像像素越多，图像像素本身就越小，图像也就越清晰。

2.5.2　打印机

打印机是计算机中常用的输出设备，它可以将信息输出到打印纸上，以便长期保存。

1. 打印机的分类

根据打印原理分类，可将打印机分为针式打印机、喷墨打印机、激光打印机、热敏式打印机等。

(1) 针式打印机

针式打印机也叫点阵式打印机如图2-51(a)，针式打印机主要有9针和24针两种，其中9针已经被淘汰，现在的针式打印机普遍是针数为24针的打印机。所谓针数是指打印头内打印针的排列和数量。针数越多，打印的质量就越好。

针式打印机在过去很长一段时间内广泛使用，但由于打印质量不高、工作噪声大，现已被淘汰出办公和家用打印机市场。但它使用的耗材成本低，能多层套打，特别是平推打印机，因其独特的平推式进纸技术，在打印存折和票据方面，具有其他种类打印机所不具有的优势，在银行、证券、邮电、商业等领域中还在继续使用。

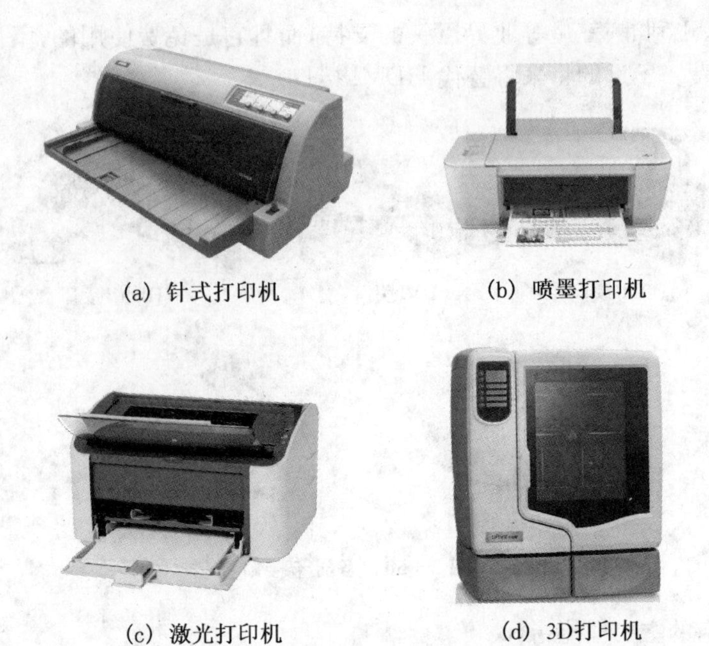

图 2-51 打印机

(2) 喷墨打印机

喷墨式打印机是将墨水通过精制的喷头喷到纸面上形成字符和图形的,如图 2-51(b)所示。喷墨式打印机能打印的详细程度依赖于喷头在打印机的墨点的密度和精确度。打印品质根据每英吋上的点数来量度,点越多,打印出来的文字或者图像就越清晰越精确。

喷墨式打印机在打印图像时,需要进行一系列的繁杂程序。当打印机喷头(一种包含数百个小喷嘴的设备,每一个喷嘴都装满了从可以拆卸的墨盒中流出的墨)快速扫过打印纸时,它上面的喷嘴就会喷出无数的小墨滴,从而组成图像中的像素。

在打印机头上,一般都有 48 个或以上的独立喷嘴喷出各种不同颜色的墨水。一般来说,喷嘴越多,打印速度越快。不同颜色的墨滴落于同一点上,形成不同的复色。打印出的基础颜色是在喷墨覆盖层中形成的,每一像素上都有 0 到 4 种墨滴覆盖于其上。

(3) 激光打印机

激光打印机是将激光技术和复印技术相结合的打印输出设备。其工作原理是由激光器发射出的激光束,经反射镜射入声光偏转调制器,与此同时,由计算机送来的二进制图文点阵信息,从接口送至字形发生器,形成所需字形的二进制脉冲信息,由同步器产生的信号控制高频振荡器,再经频率合成器及功率放大器加至声光调制器上,对由反射镜射入的激光束进行调制。调制后的光束射入多面转镜,再经广角聚焦镜把光束聚焦后射至光导鼓(硒鼓)表面上,使角速度扫描变成线速度扫描,完成整个扫描过程。如图 2-51(c)所示。

硒鼓表面先由充电极充电,使其获得一定电位,之后经载有图文映像信息的激光束的曝光,便在硒鼓的表面形成静电潜像,经过磁刷显影器显影,潜像即转变成可见的墨粉像,在经过转印区时,在转印电极的电场作用下,墨粉便转印到普通纸上,最后经预热板及高温热滚定影,即在纸上熔凝出文字及图像。在打印图文信息后,清洁棍把未转印走的墨粉清除,消

电灯把鼓上残余电荷清除，再经清洁纸系统作彻底的清洁，即可进入新的一轮工作周期。

较其他打印设备，激光打印机有打印速度快、成像质量高等优点；但使用成本相对高昂。

(4) 3D 打印机

3D 打印机，如图 2－51(d)所示，即快速成形技术的一种机器，它是一种数字模型文件为基础，运用粉末状金属或塑料等可黏合材料，通过逐层打印的方式来构造物体的技术。过去其常在模具制造、工业设计等领域被用于制造模型，现正逐渐用于一些产品的直接制造，意味着这项技术正在普及。

它的原理是：把数据和原料放进 3D 打印机中，机器会按照程序把产品一层一层造出来。打印出的产品，可以即时使用。

3D 打印机的应用对象可以是任何行业，只要这些行业需要模型和原型，包括政府、航天和国防、医疗设备、高科技、教育业以及制造业。

2. 打印机的性能指标

打印机的性能指标主要是打印精度、打印速度、色彩数目和打印成本等。

(1) 打印精度。打印精度也就是打印机的分辨率，它用 dpi(每英寸可打印的点数)来表示，是衡量图像清晰程度最重要的指标。300 dpi 是人眼分辨文本与图形边缘是否有锯齿的临界点，再考虑到其他一些因素，因此 360 dpi 以上的打印效果才能基本令人满意。针式打印机的分辨率一般只有 180 dpi，激光打印机的分辨率最低是 300 dpi，有的产品为 400 dpi、600 dpi、800 dpi，甚至达到 1200 dpi。喷墨打印机分辨率一般可达 300～360 dpi，高的能达到 1000 dpi 以上。

(2) 打印速度。针式打印机的打印速度通常使用每秒可打印的字符个数或行数来度量。激光打印机和喷墨打印机是一种页式打印机，它们的速度单位是每分钟打印多少页纸(PPM)，家庭用的低速打印机大约为 4 PPM，办公使用的高速激光打印机速度可达到 10 PPM 以上。

(3) 色彩表现能力。这是指打印机可打印的不同颜色的总数。对于喷墨打印机来说，最初只使用 3 色墨盒，色彩效果不佳。后来改用青、黄、洋红、黑 4 色墨盒，虽然有很大改善，但与专业要求相比还是不太理想。于是又加上了淡青和淡洋红两种颜色，以改善浅色区域的效果，从而使喷墨打印机的输出有着更细致入微的色彩表现能力。

(4) 其他

除了硬件的操作、扩充和维护工作外，软件的搭配也十分重要。打印机是否与用户最常用的软件兼容是非常重要。

自测题 5

一、判断题

1. 喷墨打印机属于非击打式打印机，它的优点是能输出彩色图像，噪音低，打印效果好。　　(　　)

2. 用于存储显示屏上像素颜色信息的是显示存储器。　　(　　)

3. 针式打印机的耗材是色带，喷墨打印机的耗材是墨水，激光打印机的耗材是碳粉。　　(　　)

4. 激光打印机是一种非击打式输出设备，它使用低电压不产生臭氧，在彩色图像输出设备中已占绝对优势。 (　　)

二、选择题

1. 刷新频率是图像在屏幕上更新的速度，为了保护眼睛，最好将刷新频率调到________。

A. 60 Hz　　B. 70 Hz　　C. 75 Hz　　D. 85 Hz

2. 以下哪些选项是选购显示卡时应考虑的因素________。

A. 显示质量　　B. 刷新率及分辨率

C. 稳定性　　D. 对专业软件的支持能力

3. 现在激光打印机与主机连接多半使用的是________接口，而以前则大多使用并行接口。

A. SATA　　B. USB　　C. PS/2　　D. IEEE-1394

4. 在计算机中的CRT是指________。

A. 打印机　　B. 扫描仪

C. 键盘　　D. 阴极射线显示器

5. 下列关于液晶显示器的叙述，错误的是________。

A. 它的工作电压低、功耗小

B. 它几乎没有辐射

C. 它的英文缩写是LCD

D. 它与CRT显示器不同，不需要使用显卡

三、填空题

1. 显示器屏幕的尺寸如17吋、19吋、22吋等，指的是显示器屏幕(水平、垂直、对角线)________方向的长度。

2. 用屏幕水平方向上显示的点数乘垂直方向上显示的点数来表示显示器清晰度，通常称为________。

3. 打印机通常连接在计算机的________口上。

四、简答题

1. 如何选购显示卡?

2. CRT显示器和LCD显示器的性能指标都有哪些?

3. 如何选购CRT显示器和LCD显示器?

4. 简述打印机的分类及其选购原则。

2.6 存储器

2.6.1 硬盘存储器

硬盘的英文全称是Hard Disk，硬盘是计算机中最重要的数据存储设备，计算机使用

的操作系统、应用软件、驱动程序、数据资料都保存在硬盘中，对计算机系统整体性能的影响具有举足轻重的作用。计算机发展初期的硬盘体积大、容量小、速度慢而且价格昂贵，进入 90 年代以来，硬盘技术有了长足的发展，随着新技术的不断应用和批量生产带来的成本降低，导致硬盘零售价大幅下降，而且体积减小、速度增快、容量越来越大，TB 容量的硬盘可以存储大量信息，用更快、更大、更强来形容硬盘的发展是无可非议的。

1. 硬盘的结构和工作原理

(1) 硬盘的外部结构：硬盘的外部结构包括接口、控制电路板和外壳。

硬盘接口：硬盘接口是硬盘与主机系统间的连接部件，其作用是在硬盘缓存和主机内存之间传输数据。硬盘接口包括电源接口插座和数据接口插座两部分，如图 2－52 所示。其中，电源接口与主机电源相连接，为硬盘正常工作提供电力保证；数据接口则是硬盘数据与主板控制芯片之间进行数据传输交换的通道，使用一根数据线即可将其与主板 SATA 接口或与其他控制适配器的接口相连接。不同的硬盘接口决定着硬盘与计算机之间的连接速度，在整个系统中，硬盘接口的优劣直接影响着程序运行的快慢和系统性能的好坏。从整体的角度上看，硬盘接口分为 IDE、SATA、SCSI 和 SAS 接口四种，如图 2－53，IDE 接口的硬盘多用于家用产品，部分也应用于服务器；SCSI 接口的硬盘则主要应用于服务器市场，而 SAS 接口接替 SCSI 接口用在服务器上；SATA 接口是新生的硬盘接口类型，在家用市场中有着广泛的前景。

图 2－52　外部结构图

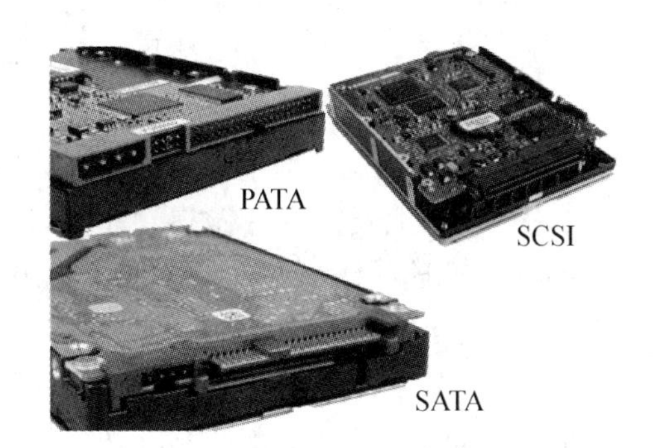

图 2－53　硬盘接口

控制电路板：大多数的控制电路板都采用贴片式焊接，包括主轴调速电路、磁头驱动与伺服定位电路、读写电路、高速缓存及控制与接口电路等。在电路板上还有一块 ROM 芯片，里面固化的程序可以进行硬盘的初始化，执行加电启动主轴电机，加电初始寻道、定位以及故障检测等。在电路板上还安装有容量不等的高速数据缓存芯片。其中，读写电路的作用就是控制磁头进行读写操作；磁头驱动电路连接控制寻道电机，使磁头定位；主轴调速电路是控制主轴电机带动盘体以恒定速率转动的电路；缓存(Cache，由 DRAM 组成)在读取零碎文件数据时对磁盘性能有很大影响，大缓存能带来非常大优势。

硬盘的外壳：硬盘的外壳与底板结合成一个密封的整体，正面的外壳保证了硬盘和机构的稳定运行，并在固定面板上贴有产品标签，上面印着产品型号、容量、品牌、接口类型、产品序列号、产地和生产日期等信息。此外，硬盘的外壳上还有一个透气孔，可使硬盘内部气压与大气气压保持一致。

(2) 硬盘的内部结构

拆下硬盘的控制电路板，再将外面的保护面拆下，就可以看到硬盘的内部结构，如图2-54所示。它由磁头、盘片、主轴、电机、接口及其他附件组成。其中，磁头、盘片组件是构成硬盘的核心，它们封装在硬盘的净化腔体内，包括有浮动磁头组件、磁头驱动机构、盘片、主轴驱动装置及前置读写控制电路几个部分。

a. 磁头组件：该组件是硬盘中最精密的部位之一，它由读写磁头、传动手臂及传动轴三部分组成。磁头的作用就类似于在硬盘体上进行读写的“笔尖”，通过全封闭式的磁阻感应读写，将信息记录在硬盘内部特殊的介质上。它采用了非接触式磁头、磁盘结构，加电后在高速旋转的磁盘表面移动，与盘片之间的间隙只有0.1～0.3 pm(1 pm=10^{-12} m)，这样可以获得很好的数据传输率。

b. 磁头驱动机构：磁头驱动机构由电磁线圈电机和磁头驱动小车组成，新型大容量硬盘还具有高效的防振动机构。硬盘的寻道是靠移动磁头，而移动磁头则需要该机构驱动才能实现。总之，磁头驱动机构由电磁线圈电机、磁头驱动小车和防振动装置构成。高精度的轻型磁头驱动机构能够对磁头进行正确地驱动和定位，并能在很短的时间内精确定位系统指令指定的磁道。

c. 盘片：盘片是硬盘存储数据的载体。硬盘的盘体由多个重叠在一起并由垫圈隔开的盘片组成，盘片是表面极为平整光滑且涂有磁性物质的金属圆片，它们通过表面的磁性物质结合在一起。这种特殊性质的金属磁盘具有更高的记录密度和更强的安全性能。目前市场上主流硬盘的盘片大都是由金属薄膜磁盘构成，这种金属薄膜磁盘较之普通的金属磁盘具有更高的剩磁，因此也被大多数硬盘厂商所普遍采用。除金属薄膜磁盘以外，目前已经有一些硬盘厂商开始尝试使用玻璃作为磁盘基片，与金属薄膜磁盘相比，用玻璃作为盘片有利于把硬盘盘片做得更平滑，单位磁盘密度也会更高，同时由于玻璃的坚固特性，新一代玻璃硬磁盘在性能方面也会更加稳定。

d. 主轴组件：主轴组件包括主轴部件，如轴承和马达等。硬盘在工作时，通过马达的转动将用户需要存取的资料所在的扇区带到磁头下方，马达的转速越快，用户存取数据的时间也就越短。从这个意义上讲，硬盘马达的转速在很大程度上决定了硬盘最终的速度。

(3) 硬盘的工作原理

硬盘驱动器加电正常工作后，利用控制电路中的单片机初始化模块进行初始化工作，此时磁头置于盘片中心位置，初始化完成后主轴电机将启动并高速旋转，装载磁头的传动臂移动，将浮动磁头置于盘片表面的0磁道，处于等待指令的启动状态。当接口电路接收到计算机系统传来的指令信号，先通过前置放大控制电路，驱动线圈电机发出磁信号，然后根据感应阻值变化的磁头对盘片数据信息进行正确定位，并将接收后的数据信息解码，通过放大控制电路传输到接口电路，最终反馈给主机系统完成指令操作。结束硬盘操作到断电状态时，在反力矩弹簧的作用下浮动磁头驻留到盘面中心。如图

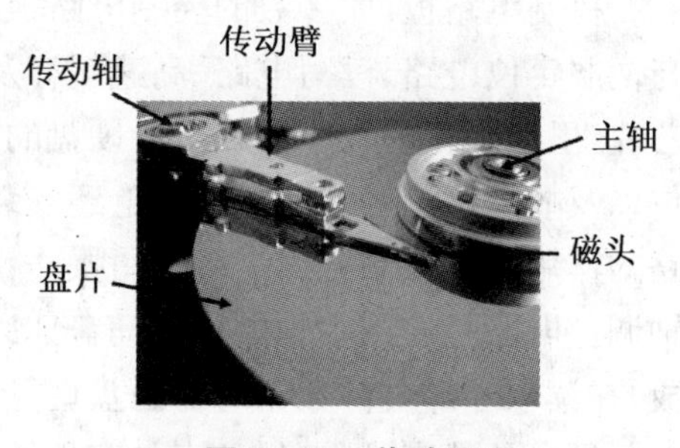

图2-54　传动图

2－54 所示。

2. 硬盘的主要参数

硬盘驱动器是计算机中的一个重要部件，在使用硬盘时，要注意硬盘的常用参数及其对硬盘性能的影响。

(1) 磁头数：硬盘的磁头数与硬盘体内的盘片数有关，每一盘片有两个磁面，每面有一个磁头，因此，磁头数为盘片数的两倍。

(2) 磁道：当磁盘旋转时，磁头若保持在一个位置上，则每个磁头都会在磁盘表面划出一个圆形轨迹，这些圆形轨迹就是磁道。磁盘上的信息沿着磁道存放，相邻磁道之间有一定距离，可以避免相邻磁道间的相互影响，同时也为磁头的读写带来方便。

(3) 扇区：磁盘上的每个磁道被等分为若干弧段，这些弧段便是磁盘的扇区，每个扇区可以存放 512 个字节的信息，磁盘驱动器在向磁盘读取和写入数据时，要以扇区为单位。如图 2－55。

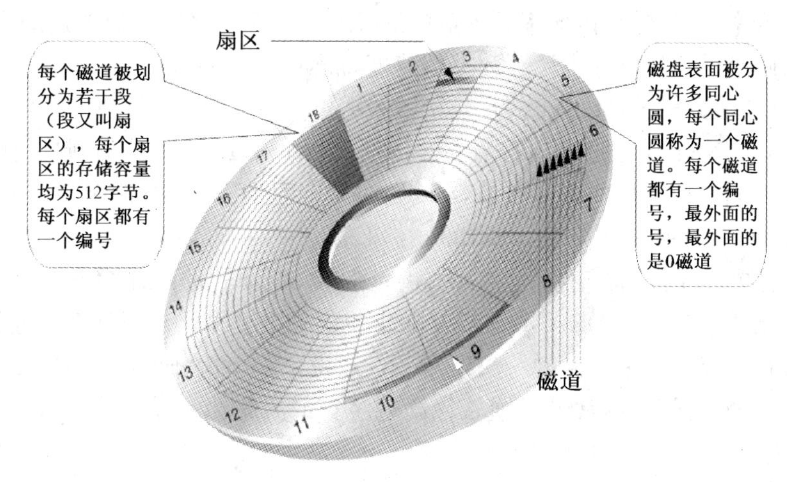

图 2－55　磁道和扇区

(4) 柱面：硬盘通常由重叠的一组盘片（盘片最多为 14 片，一般均在 2～10 片之间）构成，每个盘面都被划分为数目相等的磁道，并从外缘的 0 磁道开始编号。具有相同编号的磁道形成一个圆柱，称之为磁盘的柱面，如图 2－56 所示。磁盘的柱面数与盘片单面上的磁道数相等。由于每个盘面都有自己的磁头，因此盘面数等于总的磁头数。

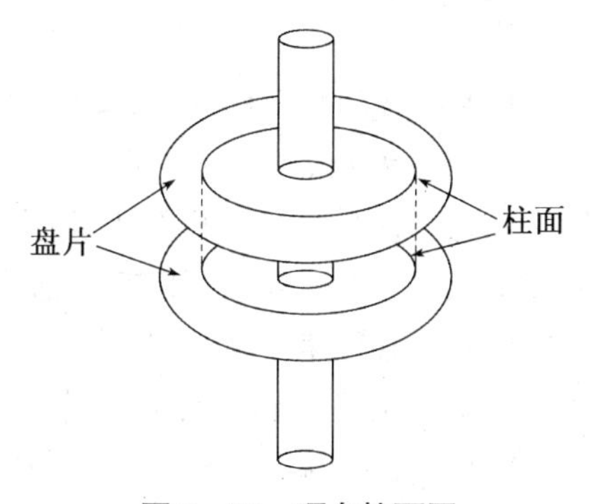

图 2－56　硬盘柱面图

(5) 簇：在磁盘上，DOS 操作系统是以“簇”为单位为文件分配磁盘空间的。硬盘的“簇”通常为多个扇区，这与磁盘的种类、DOS 版本及硬盘分区的大小有关。每个簇只能由一个文件占用，即使这个文件只有几个字节，这种以簇为最小分配单位的机制，使硬盘对数据的管理变得相对容易，但也造成了磁盘空间的浪费，尤其是在小文件数目较多的情况下，一个上千兆的大硬盘，其浪费的磁盘空间可达上百兆字节。

3. 硬盘的主要技术性能指标

(1) 硬盘容量:硬盘作为计算机最主要的外部(辅助)存储器,其容量是第一性能指标。硬盘的容量通常以GB(即千兆字节)为单位,大部分硬盘厂家在为其硬盘标容量时多取1000字节为1 KB,而在计算机中则以1024字节为1 KB,因此测试值往往小于其标称值。

(2) 硬盘速度:衡量硬盘速度的性能指标主要有平均寻道时间、平均访问时间和数据传输率。其中,平均寻道时间是指磁头从得到指令到寻找到数据所在磁道的时间,它描述硬盘读取数据的能力,以ms为单位,这个时间越短越好,一般要选择平均寻道时间在10 ms以下的产品;平均等待时间是指当磁头移动到数据所在的磁道后,等待所要的数据块继续转到磁头下的时间,单位为ms,平均等待时间为盘片旋转一周所需时间的一半;平均访问时间是指磁头找到指定数据的平均时间,单位为ms,通常是平均寻道时间和平均等待时间之和,硬盘的平均访问时间越短,表明其访问速度越快;数据传输分为外部传输率和内部传输率,外部数据传输率指硬盘的缓存与系统主存之间交换数据的速度,内部数据传输率指硬盘磁头从缓存中读写数据的速度,常使用MB/s为单位,硬盘的数据传输率越高,表明其传输数据的速度越快。

(3) 接口:不同类型的接口往往制约着硬盘的容量,更影响着硬盘速度的发挥。SATA接口是当前计算机的主流接口,SCSI接口广泛运用于网络服务器、图形工作站和小型计算机,另外还有SAS和IEEE-1394接口。

(4) 高速缓存:硬盘的高速缓存分为硬件高速缓存和软件高速缓存。硬件高速缓存是在磁盘控制器上安装的DRAM(也就是通常说的硬盘缓冲区),而软件高速缓存则是利用工具软件在系统主存中开辟的一块区域。一般说来,软件高速缓存的速度比硬件高速缓存快。为了增大缓存,通常可设置软件高速缓存的容量为系统主存的1/4。一般情况下,硬盘容量越大,缓冲区也就越大。

(5) 硬盘单碟容量:硬盘单碟容量是指单张盘片的容量。单碟容量越大,实现大容量硬盘也就越容易,寻找数据所需的时间也相对少一点。目前,单碟容量已高达100 GB和133 GB。

(6) 硬盘的主导扇区:硬盘的主导扇区即通常所说的硬盘主引导记录,由主引导程序和分区信息表两部分组成。硬盘主引导扇区内容由FDISK.COM创建,分区信息表就是用来保存分区信息的。硬盘的主引导程序在硬盘的第一扇区(物理扇区)中,它是各操作系统的共同部分,它的作用就是查看分区信息表中的四个分区引导标志。

(7) 硬盘转速:主轴马达带动盘片高速旋转,产生浮力使磁头悬浮在盘片上方,将要存取资料的扇区带到磁头下方,转速越快,等待时间也就越短。目前,7200 r/min的硬盘已成为市场的主流,而Seagate(希捷)新推出的硬盘已达12000 r/min。

2.6.2 移动硬盘

除了固定安装在机箱中的硬盘之外,还有一类硬盘产品,它们的体积小,重量轻,采用USB接口或者eSATA接口,可随时插上计算机或从计算机拔下,非常方便携带和使用,称为“移动硬盘”,如图2-57移动硬盘。

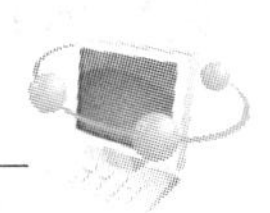

图2-57　移动硬盘

移动硬盘通常采用微型硬盘加上特制的配套硬盘盒构成。一些超薄型的移动硬盘，厚度仅1个多厘米，比手掌还小一些，重量只有200～300 g，存储容量可以达到1 TB甚至更高。硬盘盒中的微型硬盘噪音小，工作环境安静。

1. 移动硬盘的优点

(1) 容量大。非常适合携带大型图库、数据库、音像库、软件库的需要。

(2) 兼容性好，即插即用。由于采用了PC机的主流接口USB或IEEE-1394，因此移动硬盘可以与各种电脑连接。而且在Windows XP、Windows Vista、Windows 7下不用安装驱动程序，即插即用，并可以在其停止工作后进行热插拔。

(3) 速度快。eSATA接口的传输速率达150-300 MB/s，USB 3.0接口传输速率是400 MB/s，与主机交换数据时，读写一个GB数量级的大型文件只需要几分钟就可完成，特别适合于视频和音频数据的存储与交换。

(4) 体积小，重量轻。USB移动硬盘体积仅手掌般大小，重量轻，无论放在包中还是口袋内都十分轻巧方便。

(5) 安全可靠。具有防震性能，在剧烈震动的情况下盘片会自动停转，并将磁头复位到安全区，防止盘片损坏。

2. 使用移动硬盘的注意事项

硬盘的正确使用和日常维护非常重要，否则会出现故障或缩短使用寿命，甚至殃及所存储的信息，给工作带来不可挽回的损失。硬盘使用中应注意以下问题：

(1) 硬盘正在读写时不能关掉电源，因为当硬盘高速旋转时，断电将导致磁头与盘片猛烈摩擦，从而损坏硬盘。

(2) 保持使用环境的清洁卫生，注意防尘；控制环境温湿度，防止高温、潮湿和磁场对硬盘的影响。

(3) 防止硬盘受震动。硬盘在进行读写操作时，一旦发生较大的震动，就可能造成磁头与盘片相撞，导致盘片数据区损坏（划盘），丢失硬盘内的文件信息。因此在工作时严禁搬运硬盘。

(4) 及时对硬盘进行整理，包括目录的整理、文件的清理、磁盘碎片整理等。

(5) 防止计算机病毒对硬盘的破坏，对硬盘定期进行病毒检测和数据备份。

2.6.3　固态硬盘

固态硬盘(Solid State Drives)，简称固盘，是用固态电子存储芯片阵列而制成的硬盘，其芯片的工作温度范围0～70 ℃。虽然成本较高，但也正在逐渐普及到DIY市场。由于固态硬盘技术与传统硬盘技术不同，只需购买NAND存储器，再配合适当的控制芯片，就可以制造固态硬盘了。固态硬盘具有读写速度快，防震抗摔，低功耗，无噪音，工作温度范围大，轻便等优点，但固态硬盘容量小（只有几百G），售价高，而且读写有寿命限制是它致命缺点。如图2－58所示。

图2－58　固态硬盘

2.6.4　优盘

随着计算机数据存储技术的发展，各种类型的移动存储设备应运而生。在此期间，优盘以其体积小巧、使用方便等特点，成为目前最为普及的移动存储设备之一。如图2－59所示。

图2－59　优盘

事实上，优盘是一种采用闪存（Flash Memory）作为存储介质，使用USB接口与计算机进行连接的小型存储设备，其名称是惯用的一种称呼。目前市场上的优盘产品种类繁多，不同产品的性能、造型、颜色和功能都不相同，但从移动存储设备的方面来看，优盘具有以下特点：

（1）不需要驱动程序，无外接电源。

（2）容量大。

（3）体积小巧，有些产品仅大拇指般大小，重量也只有20克左右。

（4）使用简便，即插即用，可带电插拔。

（5）存取速度快。

（6）可靠性好，可擦写次数达100万次左右，数据至少可保存10年。

（7）抗震，防潮，耐高低温，携带十分方便。

（8）具备系统启动、杀毒、加密保护等功能。

在此基础上进行细分的话，还可以根据不同优盘的功能，将其分为启动型优盘、加密型优盘、杀毒优盘、多媒体优盘等不同类型。

2.6.5　存储卡

存储卡是用于手机、数码相机、笔记本计算机、MP3和其他数码产品上的独立存储介质，由于通常以卡片的形态出现，故统称为存储卡。与其他类型的存储设备相比，存储卡

具有体积小巧、携带方便、使用简单等优点。目前，市场上常见的存储卡主要分为CF卡、MMC卡、SD卡、MS记忆棒、XD卡等。

(1) CF卡

CF卡(Compact Flash)是如今市场上历史最为悠久的存储卡之一，如图2-60-a所示，最初由SanDisk在1994年率先推出。CF卡的重量只有14 g，仅火柴盒大小，是一种采用闪存技术的固态存储产品(工作时没有运动部件)，分为CF Ⅰ型卡和稍厚一些的CFⅡ 型卡两种规格。

(a) CF卡

(b) MMC卡

(c) SD卡

(d) MS记忆棒

(e) XD卡

图2-60　存储卡

CF卡同时支持3.3 V和5 V两种电压，其特殊之处还在于它把存储模块和控制器结合在一起，这使得CF卡的外部设备可以做得比较简单，而且在CF卡升级换代时也可以保证旧设备的兼容性。此外，CF卡在保存数据时的可靠性较传统磁盘驱动器要高5到10倍，但用电量仅为小型磁盘驱动器的5%，这些优异条件使其成为很多数码相机的首选存储介质。

不过，随着CF卡的发展，各种采用CF卡规格的非闪存卡也开始出现，这使得CF卡的范围扩展至非闪存领域，包括其他I/O设备和磁盘存储器。

(2) MMC卡

由于传统的CF卡体积较大，因此西门子公司和SanDisk公司在1997年共同推出一种全新的存储卡产品Multi Media Card卡(简称MMC卡)，如图2-60(b)所示。MMC卡是在东芝NAND快闪记忆技术的基础上研制而来，采用7针接口，没有读写保护开关。MMC卡具有体积小巧、重量轻、耐冲击和适用性强等优点，由于MMC卡将控制器和存储单元做在了一起，因此其兼容性和灵活性较好，被广泛应用于移动电话、数字音频播放机、数码相机和PDA等数码产品中。

(3) SD卡

SD卡(Secure Digital Memory Card，安全数码卡)是一种基于MMC技术的半导体快闪记忆设备，如图2-60(c)所示。SD卡比MMC卡略厚。SD卡的重量极轻，但却拥有高记忆容量、快速数据传输率、极大的移动灵活性和很好的安全性等特点，目前已被广泛应用于数码相机、个人数码助理（PDA）和多媒体播放器等便携式电子产品中。SD卡使用9针接口与设备进行连接，无需额外电源来保持其内部所记录的信息。重要的是，SD卡完全兼容MMC卡，也就是说MMC卡能够被较新的SD设备读取（兼容性取决于应用软件，这使得SD卡很快便取代MMC卡，并逐渐成为市场上的主流存储卡类型。

（4）MS记忆棒

记忆棒（Memory Stick）又称MS卡，是一种可擦除快闪记忆卡格式的存储设备，由SONY公司制造，并于1998年10月推出市场。除了外形小巧、稳定性高以及具备版权保护功能等特点外，记忆棒的优势还在于能够广泛应用于SONY公司利用该技术推出的大量产品，如DV摄影机、数码相机、VAIO个人计算机、彩色打印机等，而丰富的附件产品更是使得记忆棒能够轻松实现与计算机的连接，如图2-60(d)所示。

（5）XD图像卡

XD图像卡（xD Picture Card）：xD卡是由日本OLMPUS株式会社和富士有限公司联合推出的一种新型存储卡。xD卡采用单面18针接口，理论上存储容量最高可达8 GB。目前，市场上的xD卡分为标准卡、M型卡和H型卡3种类型，其外形尺寸完全相同，差别仅在于数据传输速率的不同。其中，早期的xD卡都属于标准型产品，其读/写速度分别为5 MBps和3 MBps；M型即低速卡，是一种利用MLC技术生产的xD卡产品，其读/写速度分别为4 MBps和2.5 MBps；H型则为高速版本，其速度大概是标准卡的2倍左右、M型低速卡的3倍左右。如图2-60(e)所示。

2.6.6 光存储设备

光存储设备即光驱，即所说的CD-ROM、DVD-ROM、刻录机等设备，其特点是能够以光的形式来读取光盘内的信息，或以光的形式将数据记录在空白的光盘上。

1. 光盘的发展历程

20世纪70年代，将激光聚焦获得了直径为1微米的激光束。利用这一发现，荷兰Philips公司的技术人员开始利用激光束记录信息的研究，并于1972年向新闻界展示了可以长时间播放电视节目的LV（Laser Vision，激光视盘系统）光盘系统。LV光盘系统于1978年正式投放市场，从此拉开利用激光来记录信息的序幕。

1982年，Philips公司和SONY公司成功地将记录有数字声音的光盘推向市场。由于这种由塑料和金属共同制成的圆盘很小巧，因此被命名为Compact Disc，又称CD-DA（Compact Disc-Digital Audio）盘，中文名称为数字激光唱盘，简称CD盘。

随后，Philips公司和SONY公司开始将CD-DA技术应用于计算机领域，并于1985年推出一种新型的计算机外部存储设备，即CD-ROM。在此之后，计算机产业内的部分巨头联合制定一套被称为High Sierra的技术标准，统一了光盘的文件存储结构。

1987年，国际标准化组织（ISO）在High Sierra标准的基础上经过少量修改后将其作为ISO 9660，成为CD-ROM的数据格式编码标准。在此后的几年间，CD-DA技术得到迅速发展，陆续推出CD-I（CD-Inter active）、Video CD（VCD）、CD-MO和CD-WD等多种类型的光盘。

1994年，DVD光盘(Digital Video Disc，数字视频光盘)被推向市场，这也是继CD光盘后出现的一种新型、大容量的光盘存储介质。在此后的发展过程中，DVD)光盘也出现了若干的系列，DVD-Video(又可分为电影格式及个人计算机格式)、DVD-ROM、DVD-R、DVD-RAM、DVD-Audio便是其中五种不同的DVD光盘数据格式。

在此之后的十几年中，光存储技术没有什么太大的发展，直到2006年蓝光光盘(Blue-ray Disc)的推出。蓝光光盘是在对多媒体品质要求日益严格的情况下，用以存储高画质的影音及海量资料而推出的新型光盘格式，属于DVD光盘的下一代产品。

2. 不同类型的光盘

按照不同的角度，可以将光盘划分为多种不同的类型，其中最常用的划分主要有按照物理格式划分、按照应用格式划分以及按照读写限制进行划分等。

(1) 按尺寸划分

一般可分为120 mm和80 mm光盘。

(2) 按照物理格式划分

所谓物理格式，是指光盘在记录数据时所采用的格式，大致可分为CD系列、DVD系列、蓝光光盘(Blue-Ray Disc，BD)和HD-DVD共四种不同类型。

其中，CD代表小型镭射盘，是一种用于所有CD媒体格式的术语。事实上包括有声频CD、CD-ROM、CD-ROM XA、照片CD、CD-I和视频CD等多种类型。

DVD系列则是目前最为常见的光盘类型，如今有DVD-VIDEO、DVD-ROM、DVD-R、DVD-RAM、DVD-AUDIO共五种不同的光盘数据格式，被广泛应用于高品质音、视频的存储以及数据存储等领域。

至于蓝光光盘，是一种利用波长较短(405 nm)的蓝色激光读取和写入数据的新型光盘格式，其最大的优点是容量大，非常适于高画质的影音及海量数据的存储。目前，一个单层蓝光光盘的容量已经可以达到22 GB或25 GB，能够存储一部长达4小时的高清电影。双层光盘更可以达到46 GB或54 GB的容量，足够存储8小时的高清电影。

HD-DVD是一种承袭标准DVD数据层的厚度，却采用蓝光激光技术，以较短的光波长度来实现高密度存储的新型光盘。与目前标准的DVD单层容量4.7 GB相比，单层HD-DVD光盘的容量可以达到15 GB，并且延续标准DVD的数据结构(架构、指数、ECC Blocks等)，唯一不同的是HD-DVD需要接收更多用于错误校对的ECC Blocks。

(3) 按照应用格式划分

按照光盘所存储数据内容的不同大致可分为音频光盘(如音频CD、DVD-Audio等)、视频光盘(如VCD、DVD-Video等)、数据光盘(主要指计算机数据文档及文本等内容)以及将音频、视频、数据文档等多种不同类型的数据混合存储在同一张光盘上的混合光盘。

(4) 按照读写限制划分

按照读写限制，光盘大致可分为只读式、一次写入多次读出式和可读写式三种类型。其中，只读式光盘的特点是只能读取光盘上已经记录的各种信息，但无法对其进行修改或写入新的信息。目前，常见的DVD-ROM、CD-ROM、VCD-ROM等都属于只读式光盘。

一次写入多次读出式光盘的特点是本身不含有任何数据，但可以通过专用设备和软件永久性来改变光盘的数据层，从而达到写入数据的目的，因此也称刻录光盘，相应的设备和软件则分别称为光盘刻录机(简称刻录机)和刻录软件。目前,常见的刻录光盘主要有CD-R和DVD-R两种类型,分别对应CD光盘系列和DVD光盘系列。

可读写式光盘是一种采用特殊材料和设计构造所制成的光盘类型,其特点是可以通过专用设备反复修改或清除光盘上的数据,因此也称可擦写光盘,以CD-RW和DVD-RW\RAM光盘为代表。

3. 光驱的类型

目前,光盘驱动器按其信息读写能力分成只读光驱和光盘刻录机两大类型,按其可处理的光盘片类型又进一步分成CD只读光驱和CD刻录机(使用红外激光)、DVD只读光驱和DVD刻录机(使用红色激光)、DVD只读光驱与CD刻录机组合在一起的组合光驱(所谓的"康宝")以及最新的大容量蓝色激光光驱BD。

自测题6

一、判断题

1. CD-ROM光盘上记录信息的光道和一般磁盘的磁道一样都是同心圆。 ( )

2. 在一台已感染病毒的计算机上读取一张CD-ROM光盘中的数据,该光盘也有可能被感染病毒。 ( )

3. CD-ROM驱动器可以读取DVD光盘上的数据。 ( )

4. 磁盘是计算机中一种重要的外部设备,没有磁盘,计算机就无法运行。 ( )

5. 硬盘中半径不同的两个磁道上所有扇区能存储的数据量相同。 ( )

二、选择题

1. U盘和存储卡都是采用________芯片做成的。

A. DRAM　　B. 闪烁存储器　　C. SRAM　　D. Cache

2. 下面关于光盘与磁盘的叙述中,________是正确的。

A. 磁盘表面可以触摸

B. 光盘用光与磁介质保存数据

C. 光盘的容量一定比磁盘容量大

D. 光盘只用激光读数据

3. 为了读取硬盘存储器上的信息,必须对硬盘盘片上的信息进行定位,在定位一个物理记录块时,以下参数中不需要的是________。

A. 柱面(磁道)号　　B. 盘片(磁头)号　　C. 簇号　　D. 扇区号

4. 某CD-ROM驱动器的速率标称为40X,表示其数据的传输速率为________。

A. 2000 KB/s　　B. 4000 KB/s　　C. 6000 KB/s　　D. 8000 KB/s

5. 目前使用的光盘存储器中,可对写入信息进行改写的是________。

A. CD-RW　　B. CD-R　　C. CD-ROM　　D. DVD-R

6. 硬盘的平均存取时间由________决定。

A. 数据所在扇区转到磁头下所需的时间

B. 磁头移动到数据所在磁道所需的平均时间

C. 硬盘的旋转速度、磁头的寻道时间和数据的传输速率

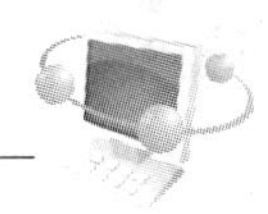

D. 硬盘转动一周所需的时间

三、填空题

1. 目前广泛使用的移动存储器有优盘和移动硬盘两种，它们大多使用________接口，读写速度比较快。

2. 一种可写入信息但不允许反复擦写的 CD 光盘，称为可记录式光盘，其英文缩写为________。

3. 格式化的操作过程中，按操作系统规定的格式要对每个磁道划分________。

4. 近些年开始流行一种________硬盘接口(写英文简称)，它以高速串行的方式传输数据，传输速率达到 150 MB/s～300 MB/s，可用来连接大容量高速硬盘，目前已被广泛使用。

四、简答题

1. 简述光盘可分为哪几类，各自有什么特点？

2. 目前市场上硬盘接口有哪几种？

3. U 盘可分为哪几种？

第3章 计算机软件

3.1 概述

我们目前所使用的计算机实际上是一个系统，称计算机系统(Computer System)，它由计算机硬件(Computer Hardware)与计算机软件(Computer Software)两部分组成。其中计算机硬件指的是系统中的物理设备，包括计算机的主机以及相应的外部设备(如打印机、显示器、键盘、鼠标等)以及接口(如数/模转换接口、网络接口等)，此外还包括由若干主机所组成的计算机网络。而计算机软件简称软件，是建立在硬件之上的一些程序与数据。只有硬件的计算机系统是无法正常运行的，因此软件是计算机系统中必不可少的部分，而且体现了计算机应用的能力与水平。

一般而言，在计算机系统中硬件是它的物理基础，只有硬件的计算机(系统)称"裸机"，在逻辑上必须加载软件后才构成一个能运行的计算机系统，并能为用户所使用。因此，也可以说软件是硬件与用户之间的应用接口。图3-1给出了计算机系统构成的示意图。

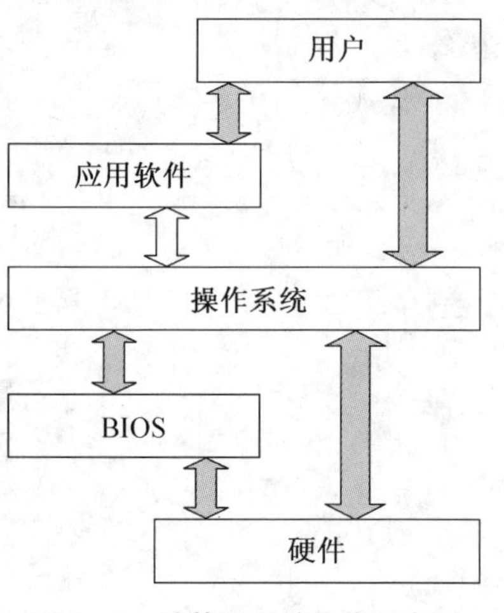

图3-1　计算机系统构成示意图

3.1.1　什么是计算机软件

软件是计算机学科中的一大门类，它是建立在计算机硬件上的一种运行实体以及有关它们的描述。软件一词来源于英文software，它由soft与ware两字组合而成，因此可翻译为"软制品"、"软件"或"软体"，现在我国统称为软件。在软件中，"件"表示一种实体，

而“软件”则是相对于“硬件”而言的。它是一种相对抽象的实体。目前一般认为，软件是程序、数据及相关文档所组成的完整集合。

(1) 程序(program)：程序是能指示计算机完成指定任务的命令序列，这些命令称为语句或指令，能被计算机理解并执行。

(2) 数据(data)：数据是程序操作(加工)的对象，同时也是操作(加工)的结果。

(3) 文档(document)：文档是软件开发、维护与使用的相关图文材料，它是对程序与数据的一种描述。

软件的这三个组成部分是相互依赖、缺一不可的有机组合体，它们共同组成了软件。在软件中这三个部分的地位与作用是不同的，具体如下：

(1) 在软件中程序与数据是主体，有了这个主体后，软件能在硬件支撑下运行；而文档则是对主体的必要说明，它在软件中起着辅助的但也是必不可少的作用，因此文档是软件的辅体。图3-2给出了软件中三者关系的示意图。

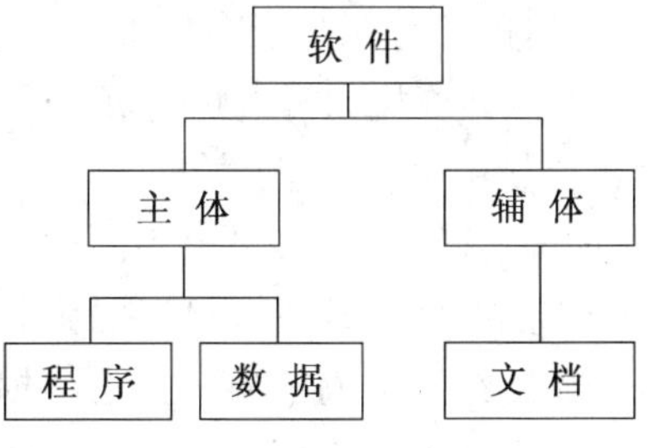

图3-2 软件三部分的关系

(2) 在主体中程序与数据间的关系目前有两种模式，一种是以程序为中心的模式，而另一种是以数据为中心的模式。

在以程序为中心的模式中，软件以程序为单位运行，而数据则依附于程序。根据程序不同的需要组织不同的数据。图3-3给出了此种模式的示意图。在科学计算类软件中一般使用此种模式。

在以数据为中心的模式中，软件以数据为中心组织运行，而程序则依附于数据。图3-4给出了此种模式的示意图。在数据处理类软件中均采用此种模式。

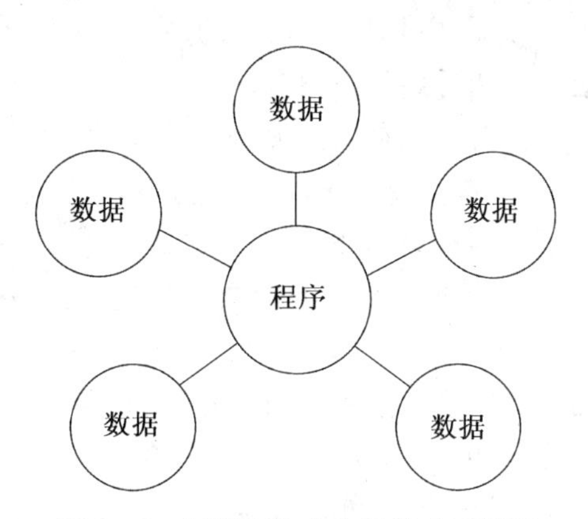

图3-3 以程序为中心的模式示意图

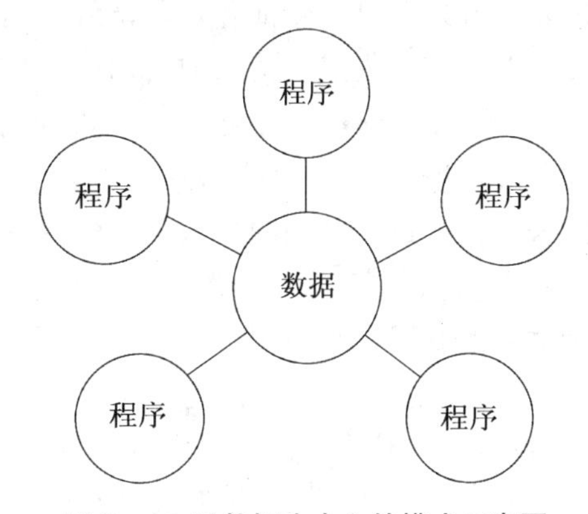

图3-4 以数据为中心的模式示意图

3.1.2 计算机软件的特性

在计算机学科中软件是一种很特殊的产物，它的个性非常独特，只有充分了解才能正确地把握与使用它。下面我们对软件的特性做一下介绍。

(1) 计算机软件是一种逻辑实体，而不是具体的物理实体。计算机软件具有抽象性，与计算机硬件和其他工程对象有着明显的差别。人们可以把它记录在纸面上或者保存在计算机的存储器内部，也可以保存在磁盘、磁带和光盘上，但却无法看到软件本身的形态，而必须通过专业人士的观察、分析、思考、判断，才能够了解其功能、性能和其他特性。

(2) 计算机软件的产生与硬件不同。计算机软件开发没有明显的制造过程，也不像硬件那样，一旦研制成功，可以重复制造，并在制造过程中进行质量控制。软件是通过人的智力活动，把知识与技术转化成信息产品。一旦某一软件项目研制成功，即可大量复制，所以对软件的质量控制，必须着重在软件开发方面下工夫。也正是由于软件的复制非常容易，因此才出现了对软件产品的保护问题。

(3) 计算机软件的运行和使用不会出现硬件的机械磨损、老化问题。任何机械、电子设备在使用过程中，其失效率大都遵循“浴盆曲线”：在刚投入使用时，各部件尚未做到配合良好、运转灵活，容易出现问题，经过一段时间的运行，即可稳定下来。而当设备经历了相当长的时间运转，就会出现磨损、老化，使失效率越来越大，当达到一定程度时，就达到了寿命的终点。而软件不存在磨损和老化问题，只存在退化问题。在软件的生命周期中，为了使它能够克服以前没有发现的问题，能够适应硬件、软件环境的变化以及用户的新的要求，必须多次修改(维护)软件，而每次修改又不可避免引入新的错误，导致软件失效率升高，从而使软件逐步退化。

(4) 计算机软件的开发和运行常常受到计算机系统的限制，很多软件对计算机系统都有着不同程度的依赖性。软件不能完全摆脱硬件而单独活动。有些软件依赖性大，常常为某个型号的计算机所专用，有些软件依赖于某个操作系统。

(5) 计算机软件的开发至今尚未摆脱手工艺的开发方式。软件产品大多是“定做”的，很少能做到利用现成的部件组装所需的软件。近年来，软件技术虽然取得了很大进展，提出很多新的开发方法，例如利用现成软件的复用技术、自动生成系统研制了一些有效的软件开发工具和软件开发环境，但在软件项目中采用的比率仍然很低。由于传统的手工艺开发方式仍然占统治地位，软件开发的效率自然受到很大限制。

(6) 软件本身是非常复杂的。软件的复杂性可能来自它所反映的实际问题的复杂性，例如，它所反映的自然规律，或是人类社会的事物，都具有一定的复杂性；另一方面，也可能来自程序逻辑结构的复杂性。软件开发，特别是应用软件的开发常常涉及到其他领域的专门知识，这对软件开发人员提出了很高的要求。软件的复杂性与软件技术的发展不相适应的状况越来越明显。

(7) 软件的开发成本相当昂贵。软件的研制工作需要投入大量的、复杂的、高强度的脑力劳动，因此其成本比较高，美国每年投入软件开发的费用要高达几百亿美元。

(8) 相当多的软件工作涉及社会因素。许多软件的开发和运行涉及机构、体制及管理方式等问题，甚至涉及到人的观念和心理。

3.1.3 计算机软件的分类

目前，世界上的软件很多，可以说是五花八门，因而分类的方式也很多。站在不同的角度，可以得到不同的类型。

1. 系统软件和应用软件

通常从应用的角度看，我们将软件划分为系统软件和应用软件两大类。

(1) 系统软件

系统软件泛指那些为整个计算机系统所配置的、不依赖于特定应用的通用软件。系统软件是为软件开发与运行提供支持，或者为用户管理与操作计算机提供支持的一类软件。例如操作系统(Windows、Unix、Linux 等)、基本输入/输出系统(BIOS)、系统实用程序(磁盘清理程序、备份程序)、系统扩充程序、网络系统软件及其他系统软件。系统软件还包括直接作用在操作系统上为应用软件提供各种必要支持的软件，如软件开发工具、软件评测工具、界面工具、转换工具、软件管理工具、语言处理程序(C 语言编译器)和数据库管理系统(FoxPro、Access、Oracle、Sybase、DB2 和 Informix)等。

(2) 应用软件

应用软件是指那些用于解决各种具体应用问题的专门软件。如科学和工程计算软件、文字处理软件、数据处理软件、图形软件、图像处理软件、应用数据库软件、事务管理软件、辅助类软件、控制类软件、智能软件、仿真软件、网络应用软件、安全与保密软件、社会公益服务软件和游戏软件等。

2. 通用应用软件和定制应用软件

按照应用软件的开发方式和适用范围，应用软件又分为通用应用软件和定制应用软件。

通用应用软件是可在许多行业和部门中广泛应用的软件。如表 3－1 所示为常用的一些通用应用软件。

表 3－1　常用的通用应用软件

类别	功能	常用软件举例
文字处理软件	文本编辑、文字处理、桌面排版等	Word、Adobe Acrobat、WPS 等
电子表格软件	表格、数值计算和统计、绘图等	Excel 等
图形图像软件	图像处理、几何图形绘制、动画制作等	AutoCAD、Photoshop、Flash、3DS MAX 等
媒体播放软件	播放各种数字音频和视频文件	暴风影音、KMPlayer、百度音乐播放器等
网络通信软件	电子邮件、聊天、IP 电话等	QQ、飞信、微信等
演示软件	幻灯片制作与播放	PowerPoint 等
浏览器	浏览网页	IE、360 浏览器、傲游浏览器等
杀毒软件	防毒杀毒软件、防火墙等	360 安全卫士、金山毒霸、瑞星等
输入法	输入文字信息	搜狗、百度、紫光、五笔、微软拼音等
阅读器	阅读特定规范格式的文档	Adobe Reader、CajViewer 等
游戏软件	游戏、教育和娱乐	棋类游戏、扑克游戏等

定制应用软件是针对具体应用问题而开发的，应用面较窄。定制应用软件是按照不同领域用户的不同需求而专门设计开发的软件，如大学的教学管理系统、医院门诊的挂号系统、机房的学生上机管理系统等。如图 3－5 所示，用于期末考试成绩查询的教务系统

就是一款定制应用软件。

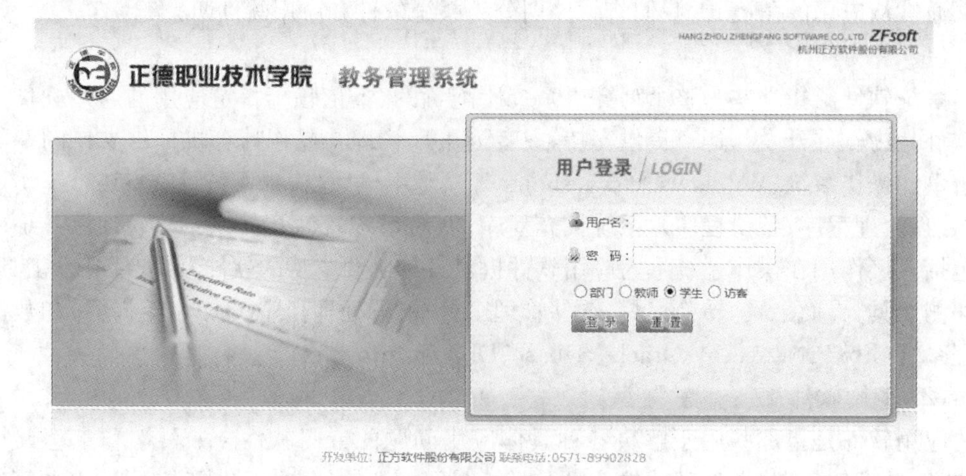

图 3-5 教务管理系统(定制应用软件)

3.1.4 计算机软件的版权

软件是智力活动的成果，受到知识产权(版权)法的保护。版权授予软件作者(版权所有者)唯一地享有下列权利：复制、发布、修改、署名、出售等权利。

保护知识产权的目的是：确保脑力劳动成果受到奖励。鼓励人们进行发明创造。只有保护了软件人员因创新带来的收益，才能充分挖掘发挥他们的创造力，不断开发优秀的软件产品，社会最终也能从他们的创新成果中受益。

购买一个软件，用户仅仅得到了该软件的使用权，并没有获得它的版权。随意进行软件复制和分发是一种违法行为。所以大家应该支持正版软件，不要使用盗版软件。

按照软件权益如何处置来分，软件可分为商品软件(Commercial Software)、共享软件(Shareware)和自由软件(Free Software)、免费软件(Freeware)。

(1) 商品软件

商品软件需要用户付费才能得到使用权。它除了受到版权保护，通常还受到软件许可证(License)的保护。所谓软件许可证，是一种法律合同，它确定了用户对软件的使用方式，扩大了版权法给予用户的权利。例如，版权法规定将一个软件复制到其他机器上使用是非法的。但是软件许可证允许用户购买的一份软件可以同时安装在本单位若干台计算机上使用或者允许所安装的一份软件同时被若干个用户使用。

(2) 共享软件

共享软件一般是软件的“免费试用版本”，它通常允许用户试用一段时间，也允许用户复制和散发，但过了试用期就要交注册费，成为注册用户后才能继续使用。这是目前软件市场营销有效的销售策略。

(3) 自由软件

自由软件的创始人是理查德·斯塔尔曼(Richard Stallman)，他于 1984 年启动开发了 Linux 系统的自由软件工程(GUN)。创建了自由软件基金会(FSF)，拟定了通用公共

许可证(GPL),倡导自由软件的非版权原则。用户可共享,并允许随意复制、修改其源代码。允许销售和自由传播。但是,对软件源代码的任何修改都必须向所有用户公开,还必须允许以后的用户享有进一步复制和修改的自由。自由软件有利于软件共享和技术创新,它的出现成就了 TCP/IP 协议、Apache 服务器软件和 Linux 操作系统等一大批精品软件。

(4) 免费软件

免费软件是无需付费即可获得的软件,源代码不一定公开。例如,360 杀毒软件、百度输入法、PDF 阅读器、Flash 播放器等。这种软件用户可以使用,但是不一定有修改、分发的权利。

提示:

自由软件很多是免费软件,免费软件不全是自由软件。

除了上述软件类别表述外,日常生活中还有开源软件、绿色软件等。

开源软件,即开放源代码软件,它被定义为源码可以被公众使用的软件,并且此软件的使用、修改和分发也不受许可证的限制。开源软件可以认为是自由软件的发展。

绿色软件,或称可携式软件(英文称为 Portable Application、Portable Software 或 Green Software),指一类小型软件,多数为免费软件,最大特点是软件无需安装便可使用,可存放于 U 盘中(因此称为可携式软件),移除后也不会将任何记录(注册表信息等)留在本机上。通俗讲,绿色软件就是指不用安装、下载,直接可以使用的软件。绿色软件不会在注册表中留下注册表键值,所以相对一般的软件来说。绿色软件对系统的影响几乎没有,所以是很好的一种软件类型。

按软件法律保护的角度分类,可以较为明确地将各种不同软件按其特征纳入不同的法律保护之下。

(1) 全部软件可分为常规性软件和功能性软件。

前者是一般水平编程人员可以程序化实现的产品,此种软件中凝聚的是编程人员的辛苦、汗水以及投资,而非创造新的智力成果。后者是指编制具有独创性的软件,这种软件与一般水平相比有明显的进步,软件中凝聚了作者的智力创造成果。

(2) 独创性软件分为作品性软件和功能性软件

前者是指软件中的作品性成分所占比重远远大于功能性的软件作品,如游戏软件、界面工具、智能软件等。后者指软件的价值凝聚点在于其作品的功能性之中,亦即在于其完成特定功能的具有创造性的方法步骤之中,如系统软件、各种工具软件、各种应用软件等。

(3) 功能性软件又可分为有专利软件和无专利软件

对于具有独创性的软件而言,其创造性有高低之分。其中一小部分软件可以达到“专利性”的要求而受到专利法的保护,其余绝大部分不能通过“专利性”的审查,是无专利性的软件。

(4) 专利性软件分为编辑性软件和原创性软件

其中编辑性软件也称为编辑作品性质的软件,其组成的各个子程序块均无独创性(如从公用程序库中取出的子程序),但在各个子程序块的编排上有独创性。原创性软件是指

编程人员自己编写全部代码的软件，随着软件规模的扩大，这种软件的数量会逐渐减少。

自测题 1

一、判断题

1. 计算机软件除了程序和数据之外也包括软件开发和使用所涉及的文档资料。 (　　)

2. 免费软件是一种不需付费就可取得并使用的软件，但用户并无修改和分发权，其源代码也不一定公开。360 杀毒软件就是一种免费软件。 (　　)

3. 自由软件不允许随意拷贝、修改其源代码，但允许自行销售。 (　　)

4. 计算机软件必须依附一定的硬件和软件环境，否则它可能无法正常运行。(　　)

5. 自由软件就是用户可以随意使用的软件，也就是免费软件。 (　　)

6. 软件产品是交付给用户使用的一整套程序、相关的文档和必要的数据。 (　　)

7. 应用软件分为通用应用软件和定制应用软件，学校教务管理软件属于定制应用软件。 (　　)

8. 硬件是有形的物理实体，而软件是无形的，它不能被人们直接观察和触摸。 (　　)

二、选择题

1. 针对特定领域的特定应用需求而开发的软件属于________。
   A. 系统软件　　B. 定制应用软件　　C. 通用应用软件　　D. 中间件

2. 关于计算机程序和数据的下列叙述中，错误的是________。
   A. 程序所处理的对象和处理后所得到的结果统称为数据
   B. 同一程序可以处理许多不同的数据
   C. 程序具有灵活性，即使输入数据不正确甚至不合理，也能得到正确的输出结果
   D. 程序和数据是相对的，一个程序也可以作为另一个程序的数据进行处理

3. 下列软件属于系统软件的是________。
   ① 金山词霸　② C 语言编译器　③ Linux　④ 银行会计软件　⑤ Access
   ⑥ 民航售票软件
   A. ①③④　　B. ②③⑤　　C. ①③⑤　　D. ②③④

4. 关于计算机程序的下列叙述中，错误的是________。
   A. 程序是告诉计算机做什么和如何做的一组指令(语句)
   B. 程序用于完成某一确定的信息处理任务
   C. 程序是使用某种计算机语言写成的
   D. 程序是常驻在内存中的

5. 软件可分为应用软件和系统软件两大类。下列软件中全部属于应用软件的是________。
   A. WPS、Windows、Word
   B. PowerPoint、QQ、UNIX
   C. BIOS、Photoshop、FORTRAN 编译器

D. PowerPoint、Excel、Word

6. Windows 操作系统属于________。

A. 系统软件　　B. 应用软件　　C. 工具软件　　D. 专用软件

7. 当 PowerPoint 程序运行时,它与 Windows 操作系统之间的关系是________。

A. 前者(PowerPoint)调用后者(Windows)的功能

B. 后者调用前者的功能

C. 两者互相调用

D. 不能互相调用,各自独立运行

8. 从应用的角度看软件可分为两类:管理系统资源、提供常用基本操作的软件称为________,为最终用户完成某项特定任务的软件称为应用软件。

A. 系统软件　　B. 通用软件　　C. 定制软件　　D. 普通软件

三、填空题

1. 计算机系统由硬件和软件组成,没有________的计算机被称为裸机,使用裸机难以完成信息处理任务。

2. 针对具体应用问题而开发的软件属于________。

四、简答题

1. 简述计算机软件的特性。

2. 叙述计算机软件的分类。

3.2 操作系统

操作系统是在计算机硬件上封装的第一层系统软件,从系统角度看,它起着软硬件接口的作用,操作系统的主要功能是管理计算机软、硬件资源,控制程序的执行,提供用户接口以及为用户提供操作服务等。

3.2.1 概述

1. 什么是操作系统

操作系统简称 OS(Operating System),是计算机的基本系统软件。所有计算机均配有操作系统,操作系统承担着系统资源的管理与控制,方便使用计算机等重要职能。

20 世纪 40 年代出现的第一代计算机,当时没有操作系统。程序装载、启动完全依靠手工操作完成。手工慢速操作与计算机高速运算之间的矛盾,迫切需要作业处理的自动化。20 世纪 50 年代末,出现利用监督程序(Monitor)的自动顺序处理作业的工作方式,称为批处理(Batch Processing),典型的批处理系统如 FMS(FORTRAN Monitor System)。早期的批处理主要是完成作业的自动调度,但在输入、输出方面,仍需要采用人工方式。20 世纪 60 年代末出现了通道和中断技术,通道是用于控制 I/O 设备与内存间的数据传输的专用设备。启动后可独立于 CPU 运行,实现 CPU 与 I/O 的并行。中断是指 CPU 在收到外部中断信号后,停止原来工作,转去处理该中断事件,完毕后回到原

来断点继续工作。通道和中断技术的出现,使得监督程序可以常驻内存,称为执行系统(Executive System),实现可控制的输入输出。这一阶段的批处理系统虽然具有作业自动调度和输入输出控制功能,但是计算机每次只能调度一个作业执行,因此也称为单道批处理系统,其主要缺点是CPU和I/O设备使用忙闲不均。为了能够进一步提高系统资源利用率,20世纪60年代中后期,人们将多道程序设计技术引入到批处理系统,形成多道批处理系统。多道批处理系统可同时处理多个作业,当一个作业因为输入输出等原因中断执行时系统自动调入其他作业执行,从而极大提高了CPU等关键资源的利用率。与此同时,从方便用户交互角度出发,采取分时技术,逐步形成了分时操作系统。分时技术的核心特征是将CPU运行时间划分成微小的时间片,将时间片分配给多个待执行的作业,多个作业轮流使用属于自己的时间片,相对于用户操作,这种时间片轮流使用的时间间隔很短,因此对于用户而言好像在独占计算机,极大地提高了交互能力。分时技术奠定了现代操作系统的基础,UNIX等操作系统就是典型的分时操作系统。

什么是操作系统?目前较为统一的观点是"操作系统是计算机系统中的一个系统软件,以有效方式管理和控制计算机的硬件资源,合理地控制程序的执行并向用户提供各种接口服务功能,使得用户能够灵活、方便、有效地使用计算机,使整个计算机系统能高效地运行"。

操作系统有三大主要作用:

(1) 有效管理资源:从硬件角度看,操作系统有效管理计算机的硬件及数据空间资源。

(2) 合理控制程序:从软件角度看,操作系统为软件配置资源并合理控制程序运行。

(3) 方便用户使用:从用户角度看,操作系统提供良好的、一致的用户接口,为用户提供多种服务。

2. 操作系统的分类

目前,对于操作系统有多种分类方法,比如从资源配置模式角度考虑,从应用特性或系统组织模式的角度考虑,从使用环境和对用户作业的处理方式角度考虑等。

(1) 批处理操作系统

用户提交的工作任务称为作业,若对多个用户提交的作业成批地进行处理,则称为批处理。

批处理操作系统是早期计算机使用的操作系统,现代操作系统如UNIX等也具有批处理功能。批处理操作系统一般分为单道批处理和多道批处理;也根据处理方式的不同分为联机批处理和脱机批处理。单道批处理系统依次处理用户作业,内存中只装载一个用户作业,资源被该作业独占,在该作业完成后才调入下一个用户作业。采用多道程序设计技术的批处理操作系统称为多道批处理操作系统。该系统允许多个作业同时装入内存,多个作业轮流交替使用CPU。多道批处理系统的优点是CPU和内存资源利用率高,作业吞吐量大;缺点是用户交互性差,整个作业完成后或中间出差错时,才与用户交互,不利于调试和修改,另外,作业平均周转时间长,短作业的周转时间显著增加。

(2) 分时操作系统

分时操作系统是多道程序设计技术与分时技术结合的产物,是一种联机、多用户、交

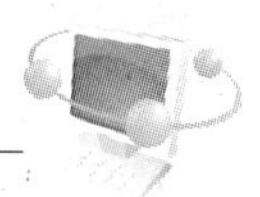

互式的操作系统。"分时"的含义主要指多个程序分时共享硬件和软件资源。利用分时技术可实现一台计算机与多个终端连接,各终端共享使用该计算机。在CPU管理上,采取"时间片"轮转的调度策略,系统依据"时间片"为单位将CPU资源分配给每一个联机终端,各终端在其时间片内使用CPU资源,终端请求的任务在一个时间片内未完成,则暂时被中断执行,等待下一轮循环再继续执行,而此期间的CPU资源分配给下一个终端。相对于用户的操作,时间片是微小的,因此用户好像是独占计算机资源。

(3) 实时操作系统

实时操作系统要求计算机对外来信息能以足够快的速度进行处理,并在被控对象允许的时间范围内做出快速响应。其中所谓"实时",是指能够及时响应随机发生的外部事件、并对事件做出快速处理的一种能力。而"外部事件",是指与计算机相连接的设备向计算机发出的各种服务请求。

(4) 通用操作系统

兼有批处理操作系统、分时操作系统、实时操作系统功能的操作系统称为通用操作系统。

(5) 个人操作系统

针对单用户使用的个人计算机进行优化的操作系统。使用方便、支持多种硬件和外部设备。还可以进一步分为单用户单任务操作系统、单用户多任务操作系统等。

(6) 网络操作系统

网络操作系统是在通常操作系统功能的基础上,提供网络通信和网络服务功能的操作系统。用于管理网络通信和共享资源,协调各计算机上任务的运行,并向用户提供统一的、有效方便的网络接口的程序集合。

(7) 分布式操作系统

分布式操作系统的所有系统任务可在系统中任何处理机上运行,自动实现全系统范围内的任务分配并自动调度各处理机的工作负载。

(8) 嵌入式操作系统

嵌入式操作系统是支持嵌入式系统应用的操作系统软件,它是嵌入式系统极为重要的组成部分,通常包括与硬件相关的底层驱动软件。嵌入式操作系统具有通用操作系统的基本特点,但更注重系统实时性,且对硬件的相关依赖性高。

3. 操作系统的功能

操作系统的核心作用是对计算机的硬件资源及数据资源的管理和提供用户接口。从大类上看,计算机硬件资源主要指处理机(主要指CPU)、存储器、外围设备、数据资源(主要指各类文件)。因此,从资源管理角度看,操作系统的功能主要被划分为处理器管理、存储管理、设备管理、文件管理这四个方面,此外,还包括用户的接口管理及服务方面的内容。

(1) 处理器管理

处理器是计算机的核心资源,对于采用多道程序设计技术和分时技术的操作系统,其重要任务是如何合理地组织管理处理器,实现多个用户程序共享使用CPU资源。处理器管理主要围绕如何分配资源,如何回收资源等环节。由于用户程序执行时的动态特性有别于程序本身，因此引入新的概念"进程"，简单说进程就是一段正在运行的程序，进程是操作系统动态执行的基本单元，在传统的操作系统中，进程既是基本的分配单元，也是基本的执行单元。处理器管理的基本对象就是进程，因此，处理器管理也称为进程管理，主要包括进程的控制方法、进程之间的同步与通信、进程的调度策略等。

(2) 存储管理

计算机中的存储设备包括内部存储器和外部存储器，存储管理主要管理内部存储器。任何程序和运行所需数据都必须占用一定的存储空间，因此，存储管理直接影响系统的性能，其管理目标主要是提高存储器的利用率、方便用户使用、提供足够的存储空间、方便进程并发运行等。其主要任务是存储器的分配与回收、地址重定位及虚拟存储管理等。

(3) 文件管理

文件管理主要针对"软件资源"，它主要指各类程序和数据。文件一般被存储在外部存储设备上，文件管理的任务包括以提高空间利用率和读写性能的文件存储空间管理，以提高检索能力的目录管理及以保障文件安全的读写管理和存取控制等。文件管理把存储、检索、共享和保护文件的手段提供给操作系统本身和用户，以达到方便用户和提高资源利用率的目的。

(4) 设备管理

设备管理主要针对计算机外围设备的管理，包括输入输出设备、外部存储器等。设备管理任务包括有效利用各类设备、设备的分配与回收、实现设备和 CPU 之间的并行工作，解决处理速度不同的设备之间的并行，给用户提供简单而易于使用的接口。

4. 操作系统的启动

计算机启动大致分为 BIOS 的运行和操作系统的启动。

计算机启动步骤，如图 3-6 所示。

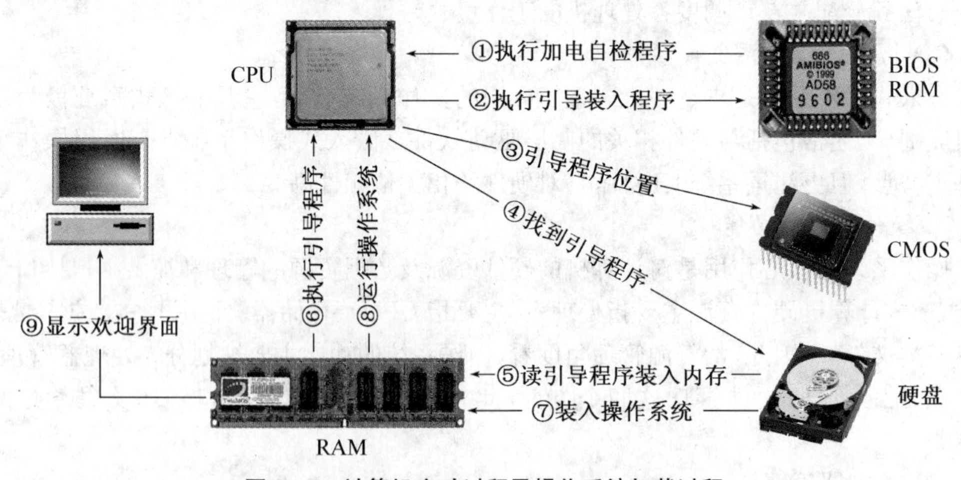

图 3-6 计算机启动过程及操作系统加载过程

(1) CPU 执行 BIOS 中的自检程序，测试计算机中各部件的工作状态是否正常；

(2) 执行 BIOS 中的引导装入程序；

(3) 根据CMOS的设置，选择启动盘(可以是硬盘、光盘或者U盘等，默认是硬盘)，在执行引导程序前，用户可以按下某一热键(如Del或F2、F12等，具体看主板BIOS的版本)，调整启动盘顺序；

(4) 找到启动盘的“引导程序”；

(5) 从启动盘的第1个扇区中读入“主引导记录”(MBR)；

(6) 执行MBR中的引导程序，从指定分区中再读入操作系统的装入程序(Loader)；

(7) 执行装入程序，将操作系统装入到内存；

(8) 运行操作系统；

(9) 成功加载操作系统，显示桌面，计算机处于操作系统的控制之下，等待用户操作。

3.2.2　多任务处理与处理器管理

1. 进程描述与进程控制

在单道批处理系统或简单单片机中，程序是顺序执行的，程序间没有资源竞争问题，系统资源被执行的程序独占。为了提高对计算机资源，尤其是CPU资源的利用率，引入了多道程序设计技术和分时技术，内存中可同时装载多个程序，于是出现程序的并发执行，所谓并发，是宏观上“并行”，微观上“串行”。并发执行的程序其特征是程序间断性地执行，系统资源在多个程序间共享。程序顺序执行的系统可以看作是封闭系统，具有过程的顺序性、执行状态的确定性，因此可以在相同初始条件下再现这一过程。然而在程序可并发执行的系统中，由于系统中资源被多个程序共享和竞争使用，使得逻辑上独立的程序之间产生了相互影响和制约。例如，对共享的内存数据区，若两个程序不加控制地独立读写，则极易造成错误。多道程序并发执行不再是封闭的系统，交替使用系统资源打破了程序执行过程的严格顺序使其具有间断性，尤其在多用户环境下更具有执行的随机性，其执行过程不再具有再现性。对于并发执行的程序，其执行时的特征没有办法从程序本身来完全刻画，于是人们引入新的概念——进程(Process)来加以描述。

(1) 进程及其特征

进程是操作系统的核心概念之一，作为系统资源分配和独立运行的基本单位。进程概念被引入到操作系统中，始见于20世纪60年代初，最初被称为任务(task)。随着不断研究，人们给出对进程的多种定义。较为公认的提法是“一个具有一定独立功能的程序在一个数据集合上的一次动态执行过程”。

进程与程序既有联系又有区别，程序是静态的，是一组有序指令的集合。进程是动态的，是程序在计算机中执行时发生的活动。进程与程序并非一一对应，进程是程序在某个数据集上的执行，因此一个程序由于数据集的差异可以形成多个不同的进程。同时由于执行时的调用关系，一个进程中可以包含多个不同程序。

一般来讲，进程具有如下特征：

a. 动态性。进程是程序一次执行，具有从产生到消亡的生命周期，由“创建”、“状态转化”、“撤销”等动作来描述其活动。

b. 独立性。各进程的运行地址空间相互独立，且独立执行，被视为一个独立的实体作为计算资源分配的单元。

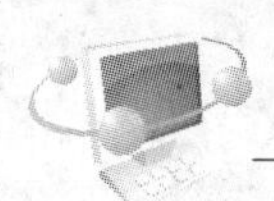

c. 并发性。依据调度策略，各进程宏观上并发执行，微观上交替执行，从而共享有限的系统资源。

d. 结构性。对于一个进程需要由特殊的数据结构来描述。

e. 制约性。进程之间的相互制约，主要表现在互斥地使用资源和相关进程之间必要的同步和通信。

(2) 进程的状态转换

进程间由于共同协作和共享资源，导致生命期中的状态不断发生变化。一般进程在其生命周期内可经历多个状态。其中，就绪状态、执行状态、阻塞状态这三个状态可描述其基本状态，如图 3－7 所示。

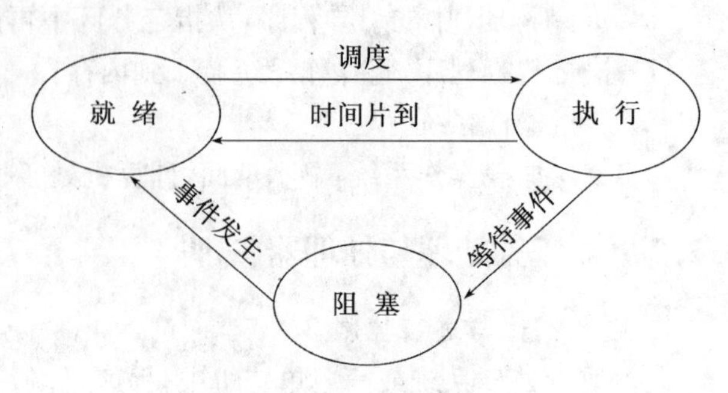

图 3－7 进程基本状态转换

a. 执行状态(也称为运行状态)。已经获得 CPU 的进程正在占用 CPU，进程对应的程序段正在依次执行，此种状态称为执行状态。

b. 阻塞状态。也称为等待状态、挂起状态、睡眠状态。进程为了等待某种外部事件的发生，暂时无法运行的状态。外部事件，如等待输入/输出操作的完成或等待另一个进程发来消息等。

c. 就绪状态。进程除了未获取 CPU 之外，其他运行所需的一切条件都已具备，而处于等待系统调度其执行的状态。

2. 线程

线程(Thread)是现代操作系统的重要概念。进程解决了多道程序设计中程序的并发问题，进程是资源的拥有者和 CPU 的调度单位。进程创建、撤销，以及进程不同状态之间的转换往往需要付出较大的时间代价，限制了并发执行的效率，为此，引入线程的概念。线程是属于进程中的执行实体，进程是资源的拥有者，而线程与资源分配无关，同一进程的多个线程共享进程的资源，并共同运行在同一进程的地址空间。因此，线程之间的切换不需要复杂的资源保护和地址变换等处理，从而提高了并发程序。在多线程系统中，CPU 调度以线程作为基本调度单位，而资源分配以进程作为基本单位。在多线程系统中，除了有进程控制块(PCB)之外，还需要线程控制表(TCB)，用于刻画线程的状态，记录程序计数器、堆栈指针以及寄存器等。

与进程类似，线程也具有三个基本状态：就绪、阻塞、执行。由于线程之间共享数据结构，因此线程之间的同步十分必要，方法与进程同步类似。

3. CPU 调度

CPU 是计算机中核心计算资源，对 CPU 的不同调度形成不同的操作系统。CPU 管理的工作主要就是对 CPU 资源进行合理的分配使用，以提高 CPU 利用率和实现各用户公平地得到 CPU 资源。CPU 调度首先明确其调度原因和方法，如已被调度的进程执行完毕或进程由于等待事件而阻塞，则需要从就绪队列中提取一个待执行的进程，而选择哪个进程可以考虑进程的优先级等。

解决方法是把CPU划分成若干时间片，并且按顺序赋给就绪队列中的每一个进程，进程轮流占有CPU，当时间片用完时，即使进程未执行完毕，系统也剥夺该进程的CPU，将该进程排在就绪队列末尾。同时系统选择另一个进程运行。一般情况下，每个进程在就绪队列中的等待时间与享受服务的时间成比例。

下面我们以Windows操作系统为例，介绍操作系统对于处理器的管理。操作系统成功启动之后，这时除了和操作系统相关的一些程序在运行外，用户还可以根据自己的需要启动多个应用程序，这些程序可以互不干扰的独立工作。我们可以通过Ctrl＋Alt＋Del组合键打开“Windows任务管理器”窗口，窗口中有“应用程序”、“进程”、“服务”、“性能”、“联网”、“用户”六个选项卡（以Windows 7为例）。我们可以通过“应用程序”选项卡看到当前运行的应用程序，如图3-8所示，通过“进程”选项卡可以看到系统中的进程对CPU和内存的使用情况。

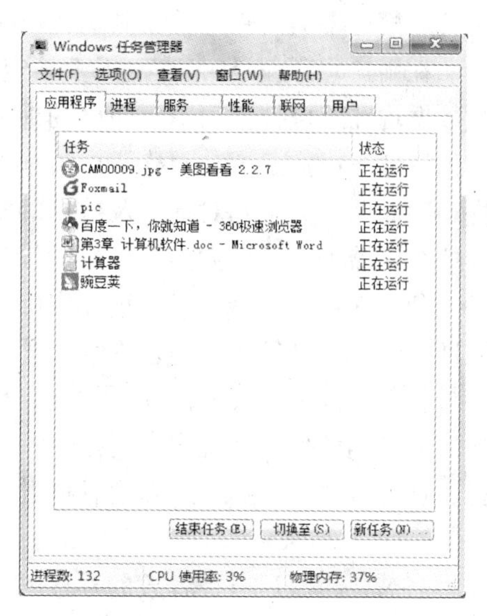

图3-8　任务管理器查看任务执行情况

3.2.3　存储管理

在计算机中有很多存储器，用它来存储程序与数据，它们构成了一个完整的存储空间，主要包括寄存器、高速缓冲存储器、内存储器、外存储器以及后援存储器等，而操作系统则主要管理起关键作用的内存储器和外存储器，其中存储管理主要就是管理内存储器，而外存储器的管理则在设备管理及文件管理中介绍。内存储器是计算机中主要的存储设备，它的特点是程序可以在其上直接运行，数据可以在其上直接被调用，因此内存资源是任何一个进程运行的必要条件。但是内存储器空间有限且不能作持久的保存，故而必须辅以外存储器的支撑才能使计算机的存储成为完整的。

在本节的存储管理中主要是对计算机中的内存储器的管理作介绍，其主要功能是内存分配及虚拟存储管理。

1. 内存分配

内存分配是存储管理首要解决的问题，一个程序在执行时必须占有内存资源，而存储管理的任务是为程序执行分配与回收内存资源。

在内存空间中可划分为两部分，一部分是系统工作区用于存放操作系统，另一部分是用户区，用于存放用户进程，进程在用户区中有各自的独立空间，它在进程创建时申请而在进程终止时归还，这就是内存的分配。目前有两种分配方式，一种是固定分配方式，另一种是动态分配方式。在固定分配方式中每个进程分配一个大小固定的内存分区，而在动态分配方式中则按进程实际需要分配内存空间，即分配一个位置、大小均可变的内存分区。这两种方式各存利弊，但目前以后者使用较多。

2. 虚拟存储器及虚拟存储管理

计算机的内存是有限的,而有些程序的规模可能是很大的,如何在有限的空间里装载比其规模还要大的程序并使其运行。解决该问题的技术称为虚拟存储器技术。

在用户程序编译时,在逻辑上给定一个存储空间,称为虚拟空间。程序中的每个指令和数据均在此虚拟空间中有明确的地址,该地址称为虚拟地址,其地址从0开始。由这些虚拟地址组成的虚拟空间称为虚拟存储器(Virtual Memory)。虚拟存储器不考虑实际的物理存储器的大小和对指令及数据的实际存放地址,而是描述了指令、数据的相对位置。虚拟存储器是一种扩大内存容量的设计技术。

利用虚拟存储器可以管理比实际内存规模还要大的程序。该技术允许把较大的逻辑地址空间映射到较小的物理内存上。当进程要求运行时,不是将它的全部信息装入内存,而是将其一部分先装入内存,另一部分暂时留在外存(通常是磁盘)。进程在运行过程中,如果要访问的信息不是内存时,发中断由操作系统将它们调入内存,以保证进程的正常运行。这种方式极大提高了多道程序并发执行的程序,增加了CPU的利用率。

3. Windows的虚拟内存查看与设置

当需要再次运行被释放的程序时,Windows会到pagefile. sys(虚拟内存是系统盘根目录下的一个名为pagefile. sys的文件,用户可设置其大小和位置)中查找内存页面的交换文件,同时释放其他程序的内存页面,再完成当前程序的载入过程。这种互换内存页面的过程被称之为"交换"(switch),而用于暂存内存页面的pagefile. sys文件则被称为"交换文件"(Switch File),如图3-9所示。

项目	值
OS 名称	Microsoft Windows 7 旗舰版
版本	6.1.7601 Service Pack 1 内部版本 7601
其他 OS 描述	不可用
OS 制造商	Microsoft Corporation
系统名称	HUHU611-T420
系统制造商	LENOVO
系统模式	4180NK6
系统类型	x64-based PC
处理器	Intel(R) Core(TM) i5-2430M CPU @ 2.40GHz，2401 Mhz，2 个内核，4 个逻辑处理器
BIOS 版本/日期	LENOVO 83ET63WW (1.33), 2011/7/29
SMBIOS 版本	2.6
Windows 目录	C:\Windows
系统目录	C:\Windows\system32
启动设备	\Device\HarddiskVolume1
区域设置	中华人民共和国
硬件抽象层	版本 = "6.1.7601.17514"
用户名称	HUHU611-T420\huhu611
时区	中国标准时间
已安装的物理内存(RAM)	8.00 GB
总的物理内存	7.89 GB
可用物理内存	5.51 GB
总的虚拟内存	15.8 GB
可用虚拟内存	12.7 GB
页面文件空间	7.89 GB
页面文件	C:\pagefile.sys

图3-9　Windows中的虚拟内存交换文件

3.2.4　文件管理

文件管理主要管理外存储器(包括磁盘、光盘、软盘等)上存储空间资源,它是一种大容量且能持久存储的一种存储资源。其主要内容是文件的组织、存取操作及安全控制管理等。

1. 文件系统及其结构

文件管理是操作系统实现对计算机数据资源的管理。所谓文件就是具有符号名的数据项的集合,或者说,文件是以文件名标识的一组相关数据的集合。文件从其内容组织形式上可分为有结构文件和无结构文件两种。在有结构的文件中,文件由若干个相关记录组成,无结构文件则被看成是一个字符流。

(1) 文件系统

文件通常存放在外部存储器中。用户一般依据文件名查找文件,并进行读写操作。为此操作系统提供相应的操作支持,操作系统中与文件操作与控制有关的部分形成相对独立的系统,称为文件系统。

文件系统是操作系统中负责存取和管理文件的机构。它由管理文件所需的数据结构(如文件控制块、存储分配表等)和相应的管理软件以及访问文件的一组操作组成。

从硬件角度看,文件系统是对文件的存储空间进行组织、分配和回收,负责文件的存储、检索、共享和保护。

从软件角度看,文件系统主要是实现“按名取存”,每个文件都有自己的名字,称为“文件名”,用户利用文件名访问文件。在 Windows 操作系统中,文件名可以长达 255 个字符,但不能包含下列符号\ / : ? * ” ＜ ＞ |。文件名后面用“.”隔开的是扩展名,扩展名决定了文件类型,也就是决定了打开该文件的关联程序。

从数据观点看,文件系统所管理的是半独立型数据,它是持久的、私有的且是海量的数据,此类数据不能直接被程序调用,必须建立一种文件调用接口(也称为文件读、写)才能使用文件,需对文件进行一定的管理,但其管理是不严格的。

从用户观点看,文件系统提供用户使用数据的接口。

可将文件系统描述为三层模型,其最底层是文件对象的管理,最高层是文件系统提供给用户的接口,中间层是对对象进行操纵和管理的软件集合,它可用图 3-10 表示。

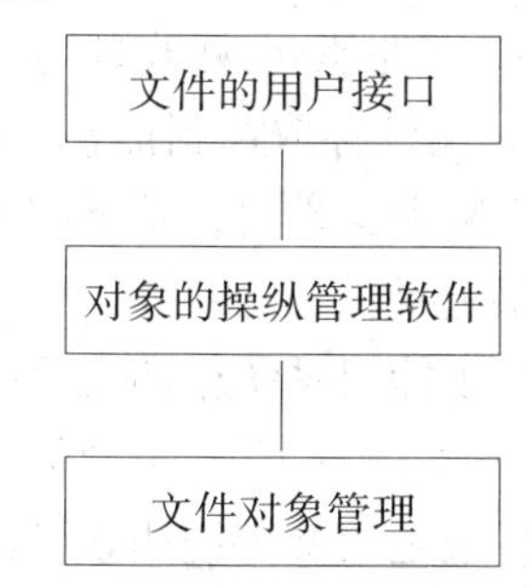

图 3-10　文件系统三层模型

文件系统管理的对象主要是文件、目录、外存储器。文件和目录必定占用存储空间,对外存储器的有效管理,不仅能提高外存的利用率,而且能提高对文件的存取速度。

文件系统的接口包括命令接口和程序接口。命令接口是指作为用户与文件系统交互的接口,程序接口是指作为用户程序与文件系统的接口。

对象操纵和管理软件是文件系统的核心部分。文件系统的功能大多是在这一层实现的,一般包括逻辑文件系统、I/O 管理程序、基本文件系统以及 I/O 控制程序。

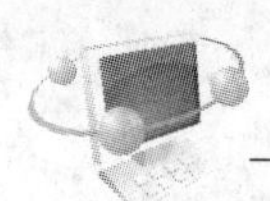

(2) 文件分类

为了便于管理和控制文件而将文件分成若干种类型。由于不同系统对文件的管理方式不同,因而它们对文件的分类方法也有很大差异。

依据文件的性质和用途的不同,可将文件分为系统文件和用户文件。系统文件指由系统软件构成的文件,系统文件只允许用户通过系统调用或系统提供的专用命令来执行它们,以达到某种使用目的。如操作系统的核心文件、数据库系统文件、编译系统文件等。用户文件指由用户的源代码、目标文件、可执行文件或数据文件等。用户将这些文件委托给操作系统来管理。

从文件的存取属性可划分为只读文件和读写文件。只读文件允许用户读内容但不可以修改。读写文件可以允许用户对文件内容的读写操作。

按文件符号格式可划分为文本文件和二进制文件。文本文件中内容以字符形式表示,如源程序文件等。二进制文件中内容以二进制表示,常见的有可执行文件、目标文件、部分动态连接库文件等。

2. 文件的目录管理

计算机系统中一般都要存储大量的各种类型的文件,经常实施各类操作,为了管理的方便和安全,操作系统的文件管理建立文件目录,利用文件目录进行相应的管理和控制。

(1) 文件控制块

文件控制块 FCB(File Control Block)是用于表述文件的基本信息,是操作系统与文件的纽带。操作系统依据文件的 FCB 来掌握文件的有关信息,从而对文件实施有效的管理、控制与操作。

文件控制块一般包括如下内容:

a. 文件名称,即用户识别文件的符号。

b. 文件在外存中的物理地址。指明文件在外存中存放的位置。

c. 文件的逻辑结构。明确指明该是流式文件还是记录式文件。若是记录式文件还要指明是固定长度还是变长记录,并描述记录长度。

d. 文件建立、修改日期及时间。

e. 文件存取控制信息。指明用户对文件的存取权限。

实际上文件目录就是把文件的 FCB 集合组成文件。每个文件的 FCB 构成目录文件的一条记录。

为了能对系统中的大量文件施以有效的管理,在文件控制块中,通常应含有三类信息,即基本信息、存取控制信息和使用信息。

目录是由文件说明索引组成的用于文件检索的特殊文件。文件目录的内容主要是文件访问的控制信息(不包括文件内容)。

(2) 文件目录结构

树形目录结构是一种目录的多级层次结构,Windows 操作系统采用的就是这种文件目录结构。在这种结构中,它允许每个用户可以拥有多个自己的目录,即在用户目录的下面可以再有子目录,子目录的下面还可以有子目录。这样就形成了树形结构,其中根结点称为主目录或根目录,叶子结点为文件,中间结点为子目录。从根目录经由子目录到文件

构成文件的路径,称为绝对路径。如果指定了某个子结点的当前目录,则从该结点到文件的路径称为相对路径。

3.2.5 设备管理

设备管理主要管理计算机中的外部设备,其内容包括设备的控制、调度等。

一般而言,计算机中 CPU 和内存储器称为主机,主机之外的硬件设备称为外部设备。包括常用的输入输出设备、外部存储设备和终端设备等,设备管理主要是对外部设备中的输入/输出设备及外部存储设备的管理。

3.2.6 常用操作系统介绍

1. Windows 操作系统

Windows 是一个为个人计算机和服务器用户所设计的操作系统。自 1985 年微软公司发布了 Windows 操作系统的第一个版本 Windows 1.0,它的发展经历了最初运行在 DOS 下的 Windows 3.X,到后来的 Windows 9X、Windows 2000,直到现在风靡全球的 Windows XP、Windows Vista、Windows 7 以及最新的 Windows 8。Windows 操作系统之所以如此流行,是因为它的功能强大以及易用性,如界面图形化、多用户、多任务、网络支持良好、出色的多媒体功能、硬件支持良好以及众多的应用程序。

目前,广泛使用的 Windows 版本是 Windows 7,下面我们重点介绍 Windows 7。(如不作说明,在下面提到 Windows 时我们指的就是 Windows 7)。

(1) Windows 的特色

Windows 是目前最为流行的操作系统之一。之所以流行与它明显的特色有关。Windows 的特色有如下几点:

a. Windows 是一种建立在 32/64 位微机上的操作系统,由于微机的广泛流行而使得它也成为使用最广的操作系统。

b. Windows 是一种集个人(家用)、商用于一体的多功能的操作系统,同时还有 Windows CE 可作为嵌入式操作系统。

c. Windows 具有友好的用户接口与多种服务功能,其可视化图形界面功能目前是引领操作系统的潮流。

d. 以 Windows 为中心,微软公司还开发出一系列相应配套的软件产品,如 Office、VB、VC、C++、IE、Outlook、SQL Server 等。

(2) Windows 的功能

Windows 具有现代操作系统的所有功能,同时还具有其独有特色功能,具体介绍如下。

a. 资源管理功能。Windows 具有管理软硬件资源的所有功能,包括 CPU 管理、存储管理、设备管理以及文件管理等。

b. 友好的接口功能。Windows 提供了以可视化图形界面为主的用户操作员接口以及以 API 函数为特色的用户程序接口。

c. 服务功能。Windows 为用户提供了多种服务功能,其中包括有强大功能的库函数以及多种图形化操作服务等。

d. 网络的嵌入式功能。Windows 还具有多种扩充功能，它包括与网络的接口功能以及嵌入至各类设备中的嵌入式功能，从而使 Windows 成为一种既通用的又有一定专门用途的（网络操作系统与嵌入式操作系统）操作系统。

(3) Windows 的结构

作为一种操作系统，Windows 在其系统结构上也有其一定的特色，Windows 在结构上融合了层次结构与微内核结构两种方式，在该结构中除了系统的内核是核心态外，还将部分系统组件放入核心态运行，以组成一个具有一定层次的系统结构。在系统内部按结构分为核心态与用户态两个部分。在核心态中运行的组件主要包括硬件抽象层、内核、设备驱动程序及执行体等几个部分。在用户态中运行的主要包括系统支持进程、服务进程、应用程序以及环境子系统等。它们构成了如图 3－11 所示的结构。

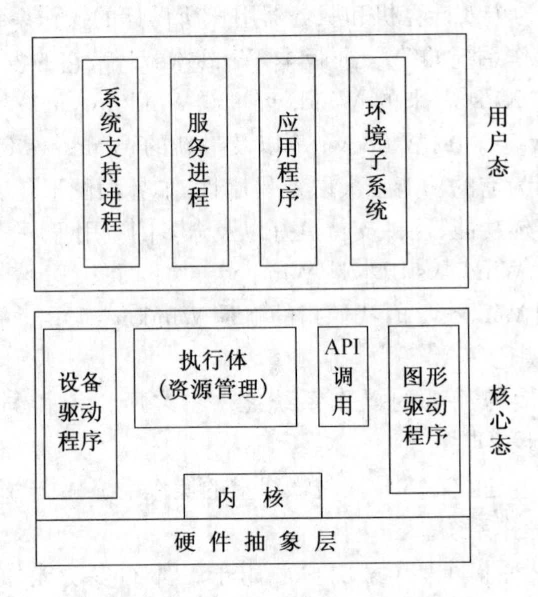

图 3－11　Windows 系统结构

在 Windows 的核心态中包括的四个部分的具体内容是：

a. 硬件抽象层：硬件抽象层是将操作系统的内核，设备驱动及执行体与硬件分隔的一种虚拟实体层，使它们能与多种硬件平台接口对接。

b. 内核：内核是操作系统的基本核心层，它包括了 Windows 最基础的功能，如线程调度、中断处理、多处理器同步以及一组基本例程与对象。

c. 设备驱动程序：设备驱动程序包括各类外部设备的驱动程序以及文件系统的驱动程序等内容。

d. 执行体：执行体包括了 Windows 中的主要资源管理功能，如进程管理、线程管理、虚存管理、设备管理、文件管理等内容。

此外，核心态还包括了用户接口中的图形驱动程序及 API 调用接口等内容。

在 Windows 的用户态中的四部分的具体内容是：

a. 系统支持进程:它包括支持操作正常运行的一些必要进程,如 Windows 登录、安全验证、会话管理等进程。

b. 服务进程:为操作系统服务的一些必要的进程,如假脱机、Sevchost 以及 Winmgmt 等进程。

c. 应用程序:它包括用户的应用程序及相应的一些系统程序,如 Windows 浏览器、任务管理器等。

d. 环境子系统:环境子系统是用以支持 Windows 正常运行的一些环境,包括 Win32、POSIX 及 OS/2。.

此外,还包括一个支持 Windows 运行的支持库 Ntdll. dll。

2. UNIX 操作系统

UNIX 操作系统自 1969 年诞生于贝尔(电话)实验室,最初以其简洁及易于移植而著称,经过多年的发展已成为具有多个变种与克隆的产品。其使用范围遍及各种机型与各类应用,成为目前流行的操作系统,特别是在大、中型机上占有绝对优势地位。

UNIX 操作系统具有很明显的特色,其主要是:

(1) UNIX 是跨越微型计算机到中、小型以及大型机的具有全方位能力的操作系统,特别是在大、中、小型机中(即非微型计算机中)有着绝对的使用权威性。

(2) UNIX 有着多个变种与克隆产品,如 SUN Solaris、IBM AIX、HP UX 等。

(3) UNIX 的历史悠久、用户众多,目前操作系统产品的基础框架与基本技术都来源于它。

3. Linux 操作系统

(1) Linux 的发展

Linux 操作系统是芬兰赫尔辛基大学的一名叫 Linus Benedict Torvalds 的学生在 1991 年首次创建的。Linus 在最初参考了荷兰教授 Andrew S. Tanenbaum 编写的类 UNIX 的教学、实验用的操作系统 Minix,按照 UNIX 的模式进行设计开发 Linux。因此, Linux 也被称为类 UNIX 的多用户、多任务操作系统。

Linux 是一种自由软件,它一直是免费的和原代码公开的,1991 年以后,经全球范围的计算机爱好者志愿参与,Linux 逐步形成一套完善的操作系统。1993 年,大约有 100 余名程序员参与 Linux 内核代码编写/修改工作,到 1994 年发布了 Linux 1.0 版,该版本正式采用 GPL 协议。1996 年 6 月,Linux 2.0 内核发布,此内核大约有 40 万行代码,并可以支持多个处理器。之后各类版本的 Linux 出现,如 Slackware、Red Hat Linux、SuSE、Ubuntu、OpenLinux、Turbo Linux、Blue Point 等。

(2) 嵌入式 Linux

嵌入式 Linux 一般是指针对标准 Linux 发行版本进行小型化裁剪处理之后,适合于特定嵌入式应用场合的专用 Linux 操作系统。

嵌入式系统通常是资源受限的系统,无论是处理器计算能力还是内存或其他存储器容量都比较“小”。因此,如何创建一个小型化的 Linux 作为操作系统开发成为首先需要考虑的问题。一个小型的嵌入式 Linux 系统只需要三个基本元素,即引导工具、Linux 微内核(包含内存管理、进程管理及事务处理)、初始化进程。如果要增加该系统的功能并同时保持系统的小型化，可为嵌入式 Linux 系统添加相应的硬件驱动程序、应用程序。其他功能可视应用需要灵活添加。

4. iOS 操作系统

iOS(原名 iPhone OS)操作系统是苹果公司开发的操作系统，早先用于 iPhone 手机，后来用于 iPod touch 播放器、iPad 平板电脑和 Apple TV 播放器。它只支持苹果自己的硬件产品，不支持非苹果硬件设备。

iOS 是苹果公司 MAC 电脑(包括台式机和笔记本)使用的 OS X 操作系统经修改而形成的。OS X 和 iOS 的内核都是 Darwin。与 Linux 一样，Darwin 也是一种"类 UNIX"系统，具有高性能的网络通信功能、支持多处理器和多种类型的文件系统。

5. Android 操作系统

Android(安卓)是一个以 Linux 内核为基础的开放源代码的操作系统，早先由 Android 公司开发，现在由 Google 公司和开放手持设备联盟(OHA)开发和维护。Android 最初是为智能手机而开发，后来逐渐拓展到平板电脑及其他领域(包括电视机、游戏机、数码相机等)。2010 年以来，Android 在市场占有率上已经超过诺基亚的 Symbian(塞班)系统，成为全球第一大智能手机操作系统。

Android 操作系统是完全免费开源的，任何厂商都可以不经过 Google 和 OHA 的授权免费使用 Android 操作系统，但制造商不能在自己的产品上随意使用 Google 标志和 Google 的应用程序，除非经 Google 认证其产品符合 Google 兼容性定义文件。

Android 操作系统的内核是基于 Linux 内核开发而成的。为了能让 Linux 在移动设备上良好地运行，Google 对其进行了修改和扩充。

自测题 2

一、判断题

1. PC 机加电启动时，在正常完成加载过程之后，操作系统即被装入到内存中并开始运行。（　）
2. Windows 操作系统采用并发多任务方式支持系统中多个任务的执行，但任何时刻只有一个任务正被 CPU 执行。（　）
3. 支持多任务处理和图形用户界面是 Windows 操作系统的两个特点。（　）

二、选择题

1. 在 Windows(中文版)系统中，不可以作为文件名使用的是________。

   A. 计算机　　B. ruanjian_2. rar
   C. 文件 *. ppt　　D. A1234567890_书名. doc

2. 在 Windows(中文版)系统中，文件名可以用中文、英文和字符的组合进行命名，但有些特殊字符不可使用。下面除________字符外都是不可用的。

   A. *　　B. ?　　C. _(下划线)　　D. /

3. 以下关于 Windows(中文版)文件管理的叙述中，错误的是________。

   A. 文件夹的名字可以用英文或中文
   B. 文件的属性若是"系统"，则表示该文件与操作系统有关

C. 根文件夹(根目录)中只能存放文件夹,不能存放文件

D. 子文件夹中既可以存放文件,也可以存放文件夹,从而构成树型的目录结构

4. 在计算机加电启动过程中,① 加电自检程序、② 操作系统、③ 系统主引导记录中的程序、④ 系统主引导记录的装入程序,这四个部分程序的执行顺序为________。

A. ①、②、③、④　B. ①、③、②、④　C. ③、②、④、①　D. ①、④、③、②

5. 在 Windows 系统中,运行下面的________程序可以了解系统中有哪些任务正在运行,分别处于什么状态,CPU 的使用率(忙碌程度)是多少等有关信息。

A. 媒体播放器　B. 任务管理器　C. 设备管理器　D. 控制面板

6. 为了支持多任务处理,操作系统采用________技术把 CPU 分配给各个任务,使多个任务宏观上可以"同时"执行。

A. 时间片轮转　B. 虚拟存储　C. 批处理　D. 即插即用

7. 下面的几种 Windows 操作系统中,版本最新的是________。

A. Windows XP　B. Windows NT　C. Windows Vista　D. Windows 7

8. 下面关于 Windows XP 的虚拟存储器的叙述中,错误的是________。

A. 虚拟存储器是由物理内存和硬盘上的虚拟内存联合组成的

B. 硬盘上的虚拟内存实际上是一个文件,称为交换文件

C. 交换文件通常位于系统盘的根目录下

D. 交换文件大小固定,但可以不止 1 个

三、填空题

1. 操作系统提供的多任务处理功能,它的主要目的是提高________的利用率。

2. 在 Windows 系统中,若应用程序出现异常而不响应用户的操作,可以利用系统工具"________"来结束该应用程序的运行。

3. 为了有效地管理内存以满足多任务处理的要求,操作系统提供了________管理功能。

四、简答题

1. 叙述计算机操作系统的作用、功能、分类。

2. 描述操作系统的启动过程。

3. 简述常见的操作系统。

3.3 算法与程序设计语言

3.3.1 算法

1. 算法的基本概念

算法是研究计算过程的一门学科,它对计算机软件与程序起到基础性、指导性的作用。算法是一类问题的一种求解方法,该方法可用一组有序的计算步骤或过程表示。在客观世界中有很多问题需要我们解决,其中某些问题往往有相同本质但表现形式不同,我

们可以将它们捆绑在一起作为一类问题进行处理。因此，在算法中所处理的对象是问题，所处理的基本单位是以类为基础的"一类问题"。

在求解一类问题的过程中需要考虑下面的几个方面：

(1) 解的存在性：首先要考虑的是问题是否有解。在大千世界中，很多问题是没有解的，这些问题不属于我们考虑之列，我们只考虑有解存在的问题。

(2) 解的描述：对有解存在的问题给出它们的解。求解的方法有多种，而算法是一类问题求解的一种方法称为算法解。

(3) 算法解：算法解是用一组有序计算过程或步骤表示的求解方法。

(4) 计算机算法：算法这个概念自古有之，如数论中的辗转相除法，如孙子定理中的求解方法均属此算法。但自计算机问世以后，算法的重要性大大提高，因为在计算机中问题的求解方法均须用算法，一类问题只有给出其算法后计算机才能(按算法)执行，这种指导计算机执行的算法称为计算机算法。在本章的后面提到的算法一词均可理解为计算机算法。

瑞士计算机科学家沃尔思(N. Wirth)曾提出一个著名的公式："程序＝算法＋数据结构"，同时他还进一步指出"计算机科学就是研究算法的学问"。因此，现在算法已成为计算机学科与软件的核心理论。

例 3-1：设有 3 枚一元硬币，其中一枚为假币，而假币的重量必与真币不同。现有一个无砝码天平，请用该天平找出假币。

解答：这是一个算法问题，其一类问题是：有 a、b、c 三个数，其中有两个相等，请找出其中不等的那个数。

该算法的输入是：3 个数 a、b、c。

该算法的输出是：3 个数中不相等的那个数。

该类问题的算法过程是：

(1) 比较 a 与 b，若 $a=b$ 则不相等的数为 c，算法结束；若 $a\neq b$ 则继续。

(2) 比较 a 与 c，若 $a=c$ 则不相等的数为 b，算法结束；否则不相等的数为 a，算法结束。

从这个例子中可以看出算法的一些有趣的现象：

(1) 算法是一种偷懒的方法，只要按照算法规定的步骤一步一步地进行，最终必得结果。因此一类问题的算法解没有必要由人操作执行而可移交给计算机执行，而人的任务是设计算法以及将算法用计算机所熟悉的语言告诉计算机，计算机即可按算法要求求解并获得结果。

(2) 算法不是程序，算法高于程序。算法仅给出计算的宏观步骤与过程，它并不给出程序中的一些微观和细节部分的描述。这样既有利于对算法做必要的讨论，也有利于对具体编程的指导。

当我们要编写程序时，首先要设计一个算法，它给出了程序的框架，接着对算法做必要的理论上的讨论，包括算法的正确性及效率分析，然后再根据算法作程序设计并最终在计算机上执行并获得结果。因此，算法是程序的框架与灵魂，而程序则是算法的实现。

一个算法对每个输入都能输出符合要求的结果后最终停止，则称它是正确的；而如果

所给出的输出结果不符合预期要求或算法不会停止，则称算法是不正确的。

一类问题的算法解是可以有多个的，它们之间有“好坏”之分，一般来说一个好的算法执行的时间快、占存储容量小，因此对每个算法需做时间的效率分析，又称时间复杂度分析。同时还需做空间效率分析，也称空间复杂度分析。它们统称为算法分析。

为获得一个好的算法，需对它做设计，目前有一些常用的成熟设计方案可供参考，同时还有一些成熟的设计思想可供使用。但真正的设计方案还要由使用者根据具体情况确定。

2. 算法的基本特性

著名的计算机科学家克努特(D. E. Knuth)在他的名著《计算机程序设计技巧，第一卷：基本算法》中对算法的特征进行了总结，具体包括：

(1) 能行性(effectiveness)：算法的能行性表示算法中的所有计算都是可以实现的。

(2) 确定性(definiteness)：算法的确定性表示算法的每个步骤都必须是明确定义与严格规定的，不允许出现二义性、多义性等模棱两可的解释，这是执行算法的基本要求。

(3) 有穷性(finiteness)：算法的有穷性表示算法必须在有限个步骤内执行完毕。

(4) 输入(input)：每个算法可以有 0～n 个数据作为其输入。

(5) 输出(output)：每个算法必须有 1～n 的数据作为其输出，没有输出的算法相当于“什么都没有做”。

这五个特性唯一地确定了算法作为一类问题求解的一种方式。

3. 算法的基本要素

算法是研究计算过程的学科，构成算法的基本要素有两个，它们是“计算”与“过程”。

在算法中有若干个计算单位，称为操作、指令或运算，它们构成了算法的第一个基本要素；而算法中需有一些控制单元以控制计算的“过程”，即计算的流程控制，它们构成了算法的第二个基本要素。

在算法中以操作为单位进行计算，而计算的过程则由控制单元控制，这两个基本要素不断作用构成了算法的一个完整执行。

(1) 算法的操作或运行

在算法中的基本“计算”单位是操作或运算，常用的有以下几种：

a. 算术运算：算术运算主要包括加、减、乘、除运算以及指数、对数、乘方、开方、乘幂、方幂等其他算术运算；

b. 逻辑运算：逻辑运算主要包括逻辑“与”、“或”、“非”等运算以及逻辑“等价”、“蕴含”等运算；

c. 比较操作：比较操作主要包括“大于”、“小于”、“等于”、“不等于”以及“大于等于”、“小于等于”等操作；

d. 传输操作：传输操作主要包括“输入”、“输出”以及“赋值”等操作。

(2) 算法的控制

算法的控制主要用于操作与运算之间执行次序的控制，一般包括下面几种控制：

a. 顺序控制：一般情况下操作按算法书写次序执行，称为顺序控制；

b. 选择控制：根据判断条件做两者选一或多者选一的控制；

c. 循环控制:主要用于操作(与运算)的多次执行的控制。

有了这两个基本要素后,算法的组成就有了基础的构件,为以后的算法描述提供了支撑。

4. 算法描述

目前有多种描述算法的方法。一般可分为形式化描述、半形式化描述以及非形式化描述三种。

(1) 形式化描述

算法的形式化描述指的是类语言描述,又称为“伪程序”或“伪代码”。类语言指的是以某种程序设计语言(如 C、C++、Java 等)为主体,选取其基本操作与基础控制为主要架构,屏蔽其具体实现细节与语法规则。目前常用的类语言有类 C、类C++ 及类 Java 语言等。

用类语言做算法形式化描述的最大优点是它离真正可执行的程序很近,只要对伪程序进行一定的细化与加工即可成为能执行的“真程序”。

(2) 半形式化描述

算法半形式化描述的主要表示方法是算法流程图。

算法流程图是一种用图表示算法的方法。在该方法中有四种基本图示符号,将这些图示符号之间用带箭头的直线相连构成一个算法过程,称为算法流程图。

算法流程图中的四个基本符号是:

a. 矩形符号(见图 3-12a):用于表示数据处理,如数据的运算、数据输入/输出等。其处理内容可用文字或符号形式写入矩形框内;

b. 菱形符号(见图 3-12b):用于表示判断处理。其判断条件可用文字或符号形式写入菱形框内;

c. 椭圆形符号(见图 3-12c):用于表示算法的起点与终点。其有关起点与终点的说明可用文字或符号形式写入椭圆形框内;

d. 带箭头的线(见图 3-12d):用带剪头的线表示算法控制流向。其相关说明可用文字或符号写在线的附近。

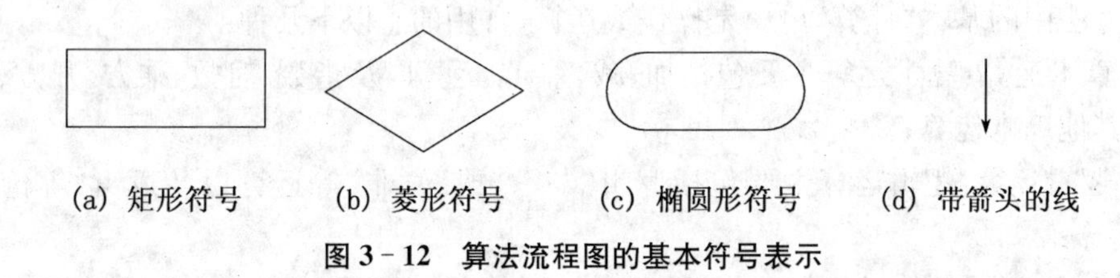

图 3-12 算法流程图的基本符号表示

算法的半形式化表示还可以有多种,如在类语言表示中屏蔽内容过多,又夹杂大量文字叙述,此时距离“真程序”表示形式太远,那么这种表示就是半形式化描述。

总的说来,半形式化描述是一种以文字与形式化相混合的表示方式,其表示方便、随意性大,但与最终可执行的程序距离较远。

(3) 非形式化描述

非形式化描述是算法最原始的表示。它一般用自然语言(如图 3-13 例 3.1)以及部

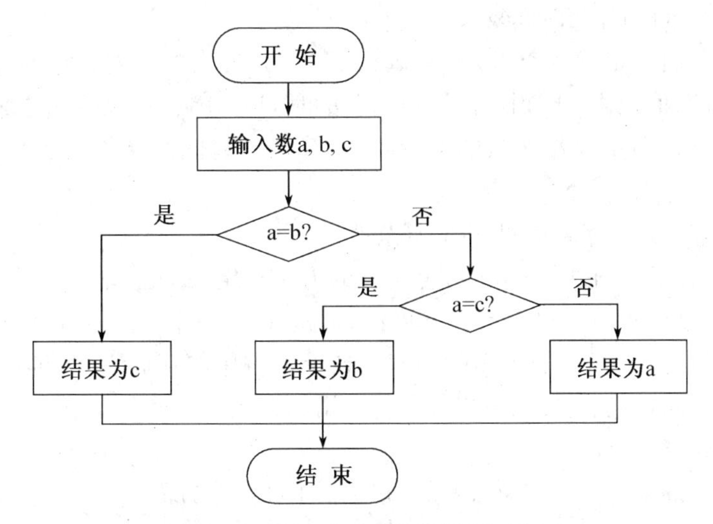

图3-13 例3.1中的算法流程图表示

分程序设计语言中的语句混合表示，而以自然语言为主。这种方法表示最为方便、灵活。但有时会出现二义性等不确定成分，同时与真正的程序实现距离会更大。

5. **算法评价**

算法评价也称为算法分析，它是对所设计出来的算法做综合性的分析与评估。我们知道，对一类问题往往可以设计出多种不同的算法，如何在其中挑选出“好”算法，这就是算法评价所要讨论的问题。

首先，算法应该是正确的；其次，算法的时间效率与算法的空间效率是最好的。当然，还有如操作界面、可读性、可维护性及健壮性等，但这些往往是对程序的评价标准，与算法无关。

(1) 算法的正确性

正确性是设计和评价一个算法的首要条件，如果一个算法不正确，其他方面就无从谈起。一个正确的算法是指在合理的输入数据下，能在有限的运行时间内得到正确的结果。通过对数据输入的所有可能情况的分析和上机调试，以证明算法是否正确。算法的正确性是算法评价中的最基本条件。所谓算法的正确性即是对所有合理的输入数据经算法执行后均能得到正确的结果并同时停止执行。

目前常用的检验算法正确性的方法是测试，但一般来说，测试只能验证算法有错，但不能保证算法正确。因此保证算法正确的唯一方法使用数学的方法证明。对设计的每个算法都要用数学的方法证明其正确性，这是算法评价中的基本要求。正确性证明一般包括算法流程的正确性以及停机问题。本章中的所有算法都属于初等数学范畴，较为简单，因此这里就不给出其正确性证明了。但是对一些复杂算法就需要做严格证明，相关内容已超出本书范围，因此就不做介绍了。

(2) 算法的简单性

算法简单有利于阅读，也使得证明算法正确性比较容易，同时有利于程序的编写、修改和调试。但是算法简单往往并不是最有效。因此，对于问题的求解，我们往往更注意有效性。有效性比简单性更重要。

(3) 算法的运行时间:时间复杂性

算法的运行时间是指一个算法在计算机上运算所花费的时间。它大致等于计算机执行简单操作(如赋值操作,比较操作等)所需要的时间与算法中进行简单操作次数的乘积。通常把算法中包含简单操作次数的多少叫做“算法的时间复杂性”,也称为时间复杂度(Time Complexity)。

(4) 算法所占用的存储空间:空间复杂性

算法在运行过程中临时占用的存储空间的大小被定义为“算法的空间复杂性”,也称为空间复杂度(Space Complexity)。空间复杂度是对一个算法在运行过程中临时占用存储空间大小的量度。一个算法在计算机存储器上所占用的存储空间,包括存储算法本身所占用的存储空间,算法的输入输出数据所占用的存储空间和算法在运行过程中临时占用的存储空间这三个方面。

算法的评价部分是算法中所必需的,它包括下面两个方面:

(1) 算法的正确性。必须对算法是否正确给出证明,特别是复杂的算法尤为需要。算法的证明一般用数学方法实现,但对简单的算法只要做必要的说明即可。

(2) 算法分析。算法分析包括算法时间复杂度分析与空间复杂度分析。对于一个算法,其时间复杂度和空间复杂度往往是相互影响的。当追求一个较好的时间复杂度时,可能会使空间复杂度的性能变差,即可能导致占用较多的存储空间;反之,当追求一个较好的空间复杂度时,可能会使时间复杂度的性能变差,即可能导致占用较长的运行时间。另外,算法的所有性能之间都存在着或多或少的相互影响。因此,当设计一个算法(特别是大型算法)时,要综合考虑算法的各项性能,例如算法的使用频率、算法处理的数据量的大小、算法描述语言的特性、算法运行的机器系统环境等各方面因素,才能够设计出比较好的算法。

3.3.2 程序设计语言

程序设计语言又统称为计算机语言,是一个能完整、准确和规则地表达人类意图并用以指挥或控制计算机工作的“形式系统”。

程序设计语言的唯一功能是编写求解问题的程序,计算机执行程序输出期望的结果。在计算机技术发展的不同时期有不同的程序设计语言,它们同时并存。为了提高程序设计的生产效率,也为了能在不同结构的计算机上移植程序,程序设计语言经历了一个从低级到高级的发展过程。

1. 机器语言

机器语言是第一代计算机语言,是计算机固有的、最原始的、最基本的程序设计语言,即计算机的指令系统。指令系统是一台计算机的功能体现和唯一的人机接口。在 20 世纪 40 年代的计算机出现初期,程序设计的唯一工具就是机器语言,采用二进制编码表示。

机器语言是计算机的本土语言,有它自己特别的优势,主要是命令结构简单、构造性强;计算机唯一可以本能地接收、识别和执行的是自己的机器语言程序;程序运行效率极高。但也有两个致命的缺点,其一是,不易于学习、记忆和运用;程序设计难度大,程序繁琐、可阅读性和可理解性最差;因而程序设计的生产效率就必然很低;特别是随着计算机

技术的发展，机器语言不断更新、扩展和丰富，学习和使用新的机器语言令人应接不暇。第二个致命缺点是，机器语言程序没有可移动性。因此，现今已几乎不再使用机器语言编程，除非计算机硬件生产商因硬件固化软件的需要而进行少量的程序设计。

2. 汇编语言

汇编语言是第二代计算机语言。为了改善程序设计条件，长期以来人们寻求新的语言形式，希望新的语言形式越来越接近人类自身语言的习惯；再将新语言编写的程序“转换”或“翻译”成机器语言程序提交给计算机运行。这就是所谓的非机器语言。计算机语言科学家们经过长期的研究，并取得了显著的成果。20 世纪 50 年代首先设计开发的是汇编语言。

汇编语言是对机器语言符号化的结果，所以又被称为符号语言，是计算机语言的第一次革命，因此把汇编语言称为第二代语言。开发汇编语言的出发点是，用可助记的符号表示指令中的操作码和地址码，而不再使用很不直观的二进制编码。为了增强语言的表达能力，还对汇编语言进行了改进和扩充，形成了被称为宏汇编的汇编语言。

汇编语言保持了机器语言的优点，具有直接和简洁的特点。但是，汇编语言并没有摆脱机器语言的阴影；它的基本语言元素与构造仍然与计算机指令一一对应；距离人类的自然表述习惯和方法还相差甚远。或者说，汇编语言没有也不可能彻底解决、提高程序质量问题与程序生产率问题。

3. 高级程序设计语言

高级语言是第三代计算机语言，高级语言的表示方式要比低级语言更接近于待解问题的表示方式，可以看作是符号化语句的集合。其特点是在一定程度上与具体的机器无关(可在不同计算机上通用)，易学、易用、易维护，克服了汇编语言的欠缺，提高了编写、维护程序的效率，接近人类自然语言(主要是英语)。

高级语言虽然接近自然语言，但与自然语言仍有很大差距。高级语言的语法规则极其严格，主要表现在它对语法中的符号、格式等都有专门的规定。这主要原因是高级语言的处理系统是计算机，计算机没有人类的智能，计算机所具有的能力是人预先赋予的，本身不能自动适应变化不定的情况。

高级语言克服了机器语言和汇编语言的缺陷，提高了编程和维护的效率，使程序设计的难度降低，促使计算机的发展进入新的阶段。

4. 常用的程序设语言

(1) FORTRAN 语言

FORTRAN 语言是 Formula Translation 的缩写，意为“公式翻译”。它是为科学、工程问题或企事业管理中的那些能够用数学公式表达的问题而设计的，其数值计算的功能较强。FORTRAN 语言是一种面向过程的语言。

FORTRAN 语言是世界上第一个被正式推广使用的高级语言。它是 1954 年被提出来的，1956 年开始正式使用，直到 2015 年已有六十年的历史，但仍历久不衰，它始终是数值计算领域所使用的主要语言。

(2) BASIC 和 VB 语言

BASIC 语言是由 Dartmouth 学院 John G. Kemeny 与 Thomas E. Kurtz 两位教授

于20世纪60年代中期所创的一种面向过程的计算机程序设计语言。由于立意甚佳，BASIC语言简单、易学的基本特性，很快地就普遍流行起来，几乎所有小型、微型及家用电脑，甚至部分大型电脑，都有提供使用者以此种语言撰写程式。在微电脑方面，则因为BASIC语言可配合微电脑操作功能的充分发挥，使得BASIC早已成为微电脑的主要语言之一。

基于Windows操作系统的BASIC语言是Visual BASIC(意为"可视的BASIC")，由美国微软公司开发，它是微软公司在1991年推出的，是一种强有力的软件开发工具。VB源自于BASIC编程语言，拥有图形用户界面(GUI)和快速应用程序开发(RAD)系统，可以轻易地使用DAO、RDO、ADO连接数据库，或者轻松的创建ActiveX控件。程序员可以轻松地使用VB提供的组件快速建立一个应用程序。

(3) C、C++和C#语言

C语言是一种面向过程的计算机程序设计语言，它既具有高级语言的特点，又具有汇编语言的特点。它由美国贝尔实验室的Dennis M. Ritchie于1972年推出，1978年后，C语言已先后被移植到大、中、小及微型机上，它可以作为工作系统设计语言，编写系统应用程序，也可以作为应用程序设计语言，编写不依赖计算机硬件的应用程序。它的应用范围广泛，具备很强的数据处理能力，不仅仅是在软件开发上，而且各类科研都需要用到C语言，适于编写系统软件、三维、二维图形和动画，具体应用例如单片机以及嵌入式系统开发。

C语言是世界上最流行、使用最广泛的高级程序设计语言之一。在操作系统和系统使用程序以及需要对硬件进行操作的场合，用C语言明显优于其他高级语言，以前有许多大型应用软件都是用C语言编写的(由于面向对象编程技术的出现，大型软件转由C++、JAVA、C#再配合C语言开发;C语言在面对大型的软件开发时，会显得有些吃力)。

1983年，在C语言基础上贝尔实验室的Bjarne Stroustrup推出了C++。C++进一步扩充和完善了C语言，是一种面向对象的程序设计语言，目前流行的C语言版本。

C#(读做C-sharp)编程语言是由微软公司的Anders Hejlsberg和Scott Willamette领导的开发小组专门为.NET平台设计的语言，它可以使程序员移植到.NET上。这种移植对于广大的程序员来说是比较容易的，因为C#从C,C++和Java发展而来，它采用了这三种语言最优秀的特点，并加入了它自己的特性。C#是事件的驱动的，完全面向对象的可视化编程语言，我们可以使用集成开发环境(IDE)来编写C#程序。使用IDE，程序员可以方便地建立、运行、测试和调试C#程序，这就将开发一个可用程序的时间减少到不用IDE开发时所用时间的一小部分。

(4) Java语言

Java是一种可以撰写跨平台应用软件的面向对象的程序设计语言，是由Sun Microsystems公司于1995年5月推出的Java程序设计语言和Java平台(即JavaEE、JavaME、JavaSE)的总称。Java自面世后就非常流行，发展迅速，对C++语言形成了有力冲击。Java技术具有卓越的通用性、高效性、平台移植性和安全性，广泛应用于个人PC、数据中心、游戏控制台、科学超级计算机、移动电话和互联网，同时拥有全球最大的开发者专业社群。在全球云计算和移动互联网的产业环境下，Java更具备了显著优势和广阔前景。

3.3.3 程序设计语言处理系统

机器语言程序可以在计算机上直接运行，因为只有计算机指令才可以驱动计算机硬件的逻辑部件工作。所有非机器语言的程序，包括汇编语言和高级语言，都不具备这种能力。唯一的方法是把非机器语言程序转换成功能上等价的机器语言程序，这种转换系统称为语言处理，实现语言处理的软件称为语言处理程序或语言处理系统。

(1) 源程序

用汇编语言或高级语言编写(或书写)的程序称为源程序，也称为源代码。

(2) 目标程序

把源程序经过“转换”处理后得到的功能与之等价的程序称为目标程序。目标程序可能是机器语言表示的程序，也可能是汇编语言表示的程序，根据语言处理系统的设计思想确定。

(3) 汇编程序

汇编程序是一种语言处理软件，又称为汇编系统，是把用汇编语言编写的源程序转换成机器语言的目标程序的系统程序。要注意区分用汇编语言编写的汇编程序和作为语言处理的汇编程序这两个不同的概念，由于历史的原因，它们都被称为汇编程序。

(4) 解释程序

解释程序是一种语言处理软件，又称为解释系统，是负责执行高级语言源程序的系统程序。解释程序的工作方法是按源程序语句的执行顺序，逐个语句地进行“转换-执行-结果”的过程，它不生成最终的目标程序。源程序的每一次执行重复着相同的处理过程。因此，程序的每一次执行都是源程序和解释程序同在。

(5) 编译程序

编译程序是一种语言处理软件，又称为编译系统，是把用高级语言编写的源程序转换成目标程序的系统程序。编译程序的工作方式是一次性地把源程序翻译成目标程序，执行目标程序就可获得源程序期望的结果。编译方式分为编译阶段(获得目标程序)和运行阶段(执行目标程序)。因此，编译程序无须与源程序同在；而且如果不修改源程序，则目标程序可以脱离源程序多次执行。

自测题3

一、判断题

1. 程序设计语言可分为机器语言、汇编语言和高级语言，其中高级语言比较接近自然语言，而且易学、易用、程序易修改。 (　　)

2. 汇编语言是面向计算机指令系统的，因此汇编语言程序可以由计算机直接执行。 (　　)

3. 一般将使用高级语言编写的程序称为源程序，它不能直接在计算机中运行，需要有相应的语言处理程序将其翻译成机器语言程序才能执行。 (　　)

4. 一台计算机的机器语言就是这台计算机的指令系统。 (　　)

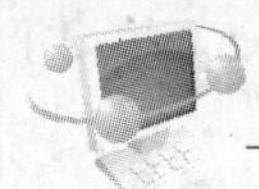

5. 编译程序是一种把高级语言源程序翻译(转换)成机器语言目标程序的翻译程序。 ( )

6. C++是一种面向对象的计算机程序设计语言。 ( )

7. 在某一计算机上编写的机器语言程序,可以在任何其他计算机上正确运行。 ( )

8. 流程图是最好的一种算法表示方法。 ( )

9. 对于同一个问题可采用不同的算法去解决,但不同的算法通常具有相同的效率。 ( )

10. 算法中的每一步操作必须含义清楚和明确,不能有二义性。 ( )

二、选择题

1. 下面几种说法中,比较准确和完整的是________。

   A. 计算机的算法是解决某个问题的方法与步骤

   B. 计算机的算法是用户操作使用计算机的方法

   C. 计算机的算法是运算器中算术逻辑运算的处理方法

   D. 计算机的算法是资源管理器中文件的排序方法

2. 算法是求解问题的步骤,算法由于问题的不同而千变万化,但它们必须满足若干共同的特性,但________这一特性不必满足。

   A. 操作的确定性　　B. 操作步骤的有穷性

   C. 操作的能行性　　D. 必须有多个输入

3. 分析某个算法的优劣时,应考虑的主要因素是________。

   A. 需要占用计算机资源的多少　　B. 算法的简明性

   C. 算法的可读性　　D. 算法的开放性

4. 下列关于算法的叙述中,正确的是________。

   A. 算法就是操作使用计算机的方法

   B. 算法可采用介于自然语言和程序设计语言之间的“伪代码”来描述

   C. 算法是给程序员参考的,允许有二义性

   D. 算法允许得不到所求问题的解答

5. 下面关于算法和程序关系的叙述中,正确的是________。

   A. 算法必须使用程序设计语言进行描述

   B. 算法与程序是一一对应的

   C. 算法是程序的简化

   D. 程序是算法的一种具体实现

6. 下列关于汇编语言的叙述中,错误的是________。

   A. 汇编语言属于低级程序设计语言

   B. 汇编语言源程序可以由计算机直接运行

   C. 不同型号 CPU 支持的汇编语言不一定相同

   D. 汇编语言是一种与 CPU 逻辑结构密切相关的编程语言

7. 下列关于程序设计语言的说法中,正确的是________。

A. 高级语言程序的执行速度比低级语言程序快

B. 高级语言就是人们日常使用的自然语言

C. 高级语言与CPU的逻辑结构无关

D. 无需经过翻译或转换，计算机就可以直接执行用高级语言编写的程序

8. 很长时间以来，在求解数学与工程计算问题时，人们往往首选________作为程序设计语言。

A. FORTRAN　　B. VB　　C. JAVA　　D. C++

9. 用高级语言和机器语言编写具有相同功能的程序时，下列说法中错误的是________。

A. 前者比后者可移植性强　　B. 前者比后者执行速度快

C. 前者比后者容易编写　　D. 前者比后者容易修改

10. 下列关于计算机机器语言的叙述中，错误的是________。

A. 机器语言就是计算机的指令系统

B. 用机器语言编写的程序可以在各种不同类型的计算机上直接执行

C. 用机器语言编制的程序难以维护和修改

D. 用机器语言编制的程序难以理解和记忆

三、填空题

1. 能将高级语言源程序转换成目标程序的是________。

2. 程序设计语言分成三类，它们是机器语言、汇编语言和________。

3. 计算机能够直接执行的程序是________程序。

四、简答题

1. 叙述算法的基本特性。

2. 描述算法评价的标准。

3. 简述三代程序设计语言的特点与区别。

第4章 计算机网络与因特网

计算机网络是计算机技术和通信技术结合的产物，它使计算机的作用范围大大超越了地理位置的限制，并且使计算机的信息处理能力大大加强。随着网络技术的发展，计算机网络已经渗透到社会生产的各个领域，在人们日常生活中起着越来越重要的作用。

4.1 数字通信基础

通信在不同的环境下有不同的解释。在古代，人类通过驿站、飞鸽传书、烽火报警、符号、身体语言等方式进行信息传递。在科学水平飞速发展的现代社会，无线电、固定电话、移动电话、互联网甚至视频电话等各种通信方式相继出现。通信技术拉近了人与人之间的距离，提高了经济的效率，深刻地改变了人类的生活方式和社会面貌。

因此，从广义的角度来说，通信就是指各种信息(Information)的传递(Communication)。在各种各样的通信方式中，利用"电"或"光"来传递消息的现代通信方法称为电信(Telecommunication)，这种通信能够双向传递信息，并且具有迅速、准确、可靠等特点，几乎不受时间、空间的限制，因而得到了飞速发展和广泛应用。电视、广播、电报、电话、电邮、传真、MSN 等都属于现代通信。

现代通信的研究早在 18 世纪就开始，主要发展历程可概括为：

(1) 1836 年，英国建成第一条电报线路(Morse 电报)；

(2) 1876 年，美国人 A. G. Bell 研制成可供实用的电话；

(3) 20 世纪初，马可尼实现了跨越大西洋的无线电报通信；

(4) 1918 年，出现收音机和无线电广播；

(5) 1938 年，第一个电视台开始播出；

(6) 20 世纪 40 年代，出现彩色电视；

(7) 20 世纪 60 年代，出现计算机网络。

4.1.1 通信系统模型

通信系统的模型如图 4－1 所示。通信系统由三个要素组成：信源与信宿、信道和携带了信息的信号。信源是产生信息和发送信息的一端，信宿是接收信息的一端。很多时候通信是双向的，通信终端既是信源也是信宿，如电话机、手机、计算机等设备。信道就是信息的传输通道，也称传输介质。以有线电话系统为例，发话人及其使用的电话机相当于信源，听话人及其使用的电话机相当于信宿，话音经电话机转换成为模拟信号，信号在电话线、中继器和交换机等设备中传输，电话线、中继器和交换机等设备就构成了信道，用于传输携带了信息的信号。

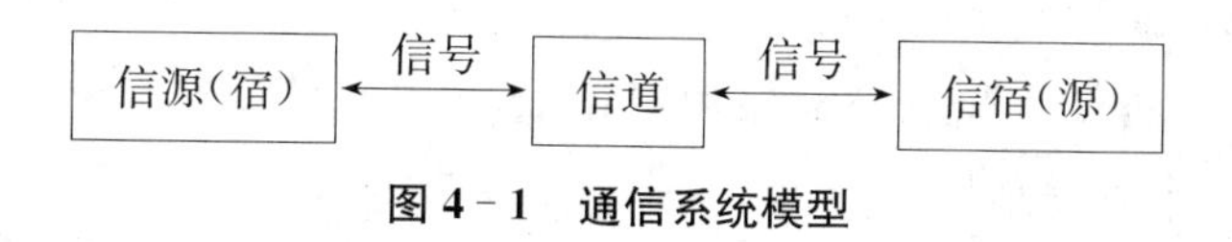

图 4－1 通信系统模型

1. 信息和数据

信息可以是数字、文字、图像、声音等各种形式，是人们要通过通信系统传递的内容；数据是信息的实体，而信息是数据的内容或解释。数据又可以分为模拟数据和数字数据，模拟数据的取值是连续的，如人说话的语音；数字数据只在有限个离散的点上取值，如计算机输出的数据只有“0”和“1”两种取值。

2. 信号

在信息系统中，信息需要转换成某种电编码或光编码才能在信道上传输，这种编码就称为信号。信号是数据在传输过程中的电信号(电磁波)的表示形式。

信号借助于有线传输介质或无线传输介质，在通信设备之间通过线缆或直接在空中传输。信号可以分为模拟信号和数字信号。模拟信号是指信号的幅度随时间作连续变化的信号。普通电视里的图像和语音信号是模拟信号。普通电话线上传送的电信号是随着通话人的声音高低的变化而变化的，这种变化的电信号在时间上和幅度上都是连续的，因此也是模拟信号。模拟信号无论在时间上还是幅度上都是连续变化的，它在一定的范围内可以取任意值。模拟信号如图 4－2 所示。如人们打电话或者播音员播音时声音经话筒(麦克风)转换得到的电信号以及广播电视信号都是模拟信号。

数字信号在时间上是不连续的、离散的信号。这种信号在一个短时间内维持一个固定的值，然后迅速变换成为另一个值。数字信号的幅值表示被限制在有限个数值之内，也就是说使用有限个状态(一般是 2 个状态)来表示(编码)信息，例如电报机、传真机和计算机发出的信号都是数字信号。数字信号如图 4－3 所示。

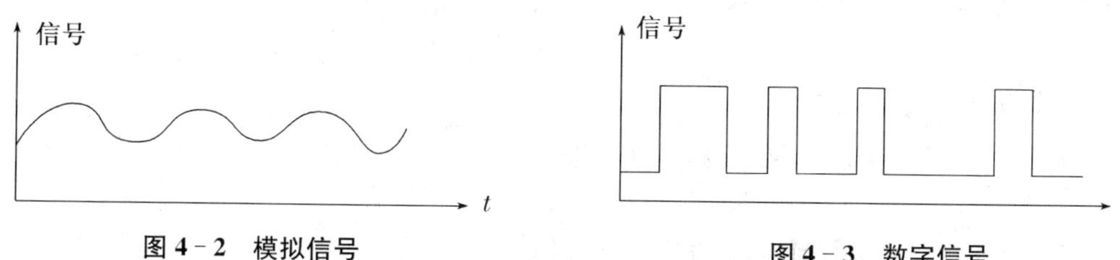

图 4－2 模拟信号　　**图 4－3 数字信号**

4.1.2 传输介质

1. 双绞线

在计算机网络中，双绞线是常用的传输介质。双绞线由 2 根绝缘导线按螺旋状结构排列组成，如图 4－4 所示。一对线可以作为一条通信线路，采用螺旋排列可以在一定程度上抵御来自外部的电磁波干扰，也可以减少相邻双绞线自身引起的干扰。在网络中使用的双绞线可以分为两类：屏蔽双绞线和非屏蔽双绞线，两者区别就是屏蔽双绞线的外部保护层和绝缘层之间多了一个外屏蔽层。

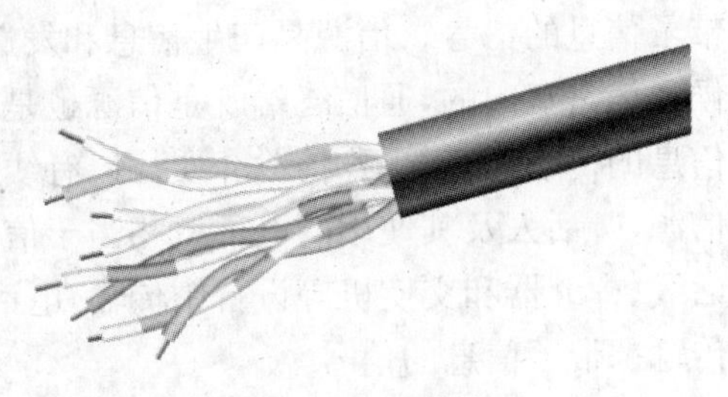

图 4－4　双绞线

双绞线作为网络综合布线中最常用的一种传输介质，特别适合短距离的数据传输，它可以传输模拟信号，也可以传输数字信号。双绞线容易受到高频电磁波的干扰，因此常用于建筑物内部，作为局域网的传输介质，并且信号在双绞线上传输时衰减比较大，所以每隔一段距离就需要加放大器，对信号进行放大。

在使用中，通常将多对双绞线捆绑在一起形成双绞线电缆。不同质量级别的双绞线电缆具有不同的性能。

1 类线：适合语音传输，常在电话系统中使用。

2 类线：适合语音传输和数据传输，数据传输的最大速率为 4 Mbps。

3 类线：传输频率达到 16 MHz，目前大多数电话系统中均使用这类电缆，最大数据传输速率为 10 Mbps，主要在 10 base-T 以太网使用。

4 类线：传输频率达到 20 MHz，最大数据传输速率为 16 Mbps，主要在 10 base-T 以太网、100 base-T 以太网和令牌环网中使用。

5 类线：传输频率达到 100 MHz，最大数据传输速率为 100 Mbps，主要在 10 base-T 以太网和 100 base-T 以太网中使用。

超 5 类线：适用于 100 Mbps 以太网、吉比特以太网和 ATM。

6 类线：这种电缆仍为 4 对线，但在电缆中有一个十字形分割线把 4 对线分隔在不同的信号区，绞合密度比 5 类线有所增加。其传输速率最早为 200 MHz，但现在已被提高到 350 MHz～600 MHz，适用于传输速率高于 1 Gbps 的场合。

随着高速网络的发展，双绞线的新标准还在不断推出，如 7 类屏蔽双绞线，带宽可以达到 600 MHz～1200 MHz。

提示：

双绞线的特点：

(1) 价格低廉，容易弯曲、安装维护简单。

(2) 传输距离较短，一般不超过 100 m。

(3) 非屏蔽双绞线抗干扰能力比其他传输介质差。

2. 同轴电缆

同轴电缆(Coaxial Cable)内外由相互绝缘的同轴心导体构成的电缆:内导体为铜线,外导体为铜管或网。电磁场封闭在内外导体之间,故辐射损耗小,受外界干扰影响小。常用于传送多路电话和电视。

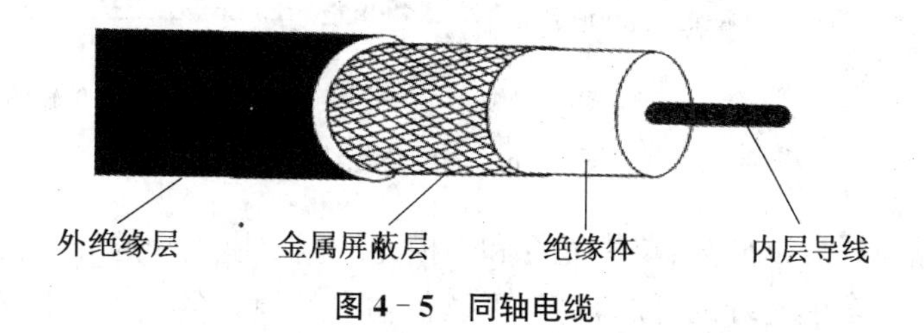

图 4-5 同轴电缆

同轴电缆的得名与它的结构相关。同轴电缆也是局域网中最常见的传输介质之一。它用来传递信息的一对导体是按照一层圆筒式的外导体套在内导体(一根细芯)外面,两个导体间用绝缘材料互相隔离,外层导体和中心轴芯线的圆心在同一个轴心上,如图 4-5 所示,所以叫作同轴电缆,同轴电缆之所以设计成这样,也是为了防止外部电磁波干扰信号的传递。

同轴电缆可分为两种基本类型,基带同轴电缆和宽带同轴电缆。目前基带同轴电缆是常用的电缆,其屏蔽线是用铜做成的网状的,特征阻抗为 50 欧(如 RG-8、RG-58 等);宽带同轴电缆常用的电缆的屏蔽层通常是用铝冲压成的,特征阻抗为 75 欧(如 RG-59 等)。

同轴电缆根据其直径大小可以分为:粗同轴电缆与细同轴电缆。粗同轴电缆适用于比较大型的局部网络,它的标准距离长,可靠性高,由于安装时不需要切断电缆,因此可以根据需要灵活调整计算机的入网位置,但粗缆网络必须安装收发器电缆,安装难度大,所以总体造价高。相反,细缆安装则比较简单,造价低,但由于安装过程要切断电缆,两头须装上基本网络连接头(BNC),然后接在 T 型连接器两端,所以当接头多时容易产生不良的隐患,这是目前运行中的以太网所发生的最常见故障之一。

无论是粗缆还是细缆均为总线拓扑结构,即一根缆上接多部机器,这种拓扑适用于机器密集的环境,但是当一触点发生故障时,故障会串联影响到整根缆上的所有机器。故障的诊断和修复都很麻烦,因此,已逐步被非屏蔽双绞线或光缆取代。

3. 光纤

光纤是网络传输介质中性能最好、应用前途最广泛的一种。光纤是一种纤细、柔韧并且能够传导光波的介质。双绞线和同轴电缆都是以金属为核心的传输介质,传输的信号都是电信号。光纤则使用光脉冲形成数字信号进行传输,有光脉冲表示"1",没有光脉冲则是"0"。由于可见光的频率可达到 108 MHz,因此以光纤为传输介质的通信系统的带宽远远大于使用其他传输介质的通信系统。

光纤的纤心使用超高纯度的透明的石英玻璃纤维,外面有包层、吸收外壳和防护层等。光纤的结构如图 4-6(a)所示。将折射率高的光纤用折射率低的包层包裹起来就构成一根光纤通道,多根光纤则构成光缆(图 4-6(b))。光纤的工作原理:光纤纤心的折射率高于包层的折射率,光波在纤心与包层之间产生全反射,这样光线就能通过纤芯一直传递下去，如图 4－6(c)所示。

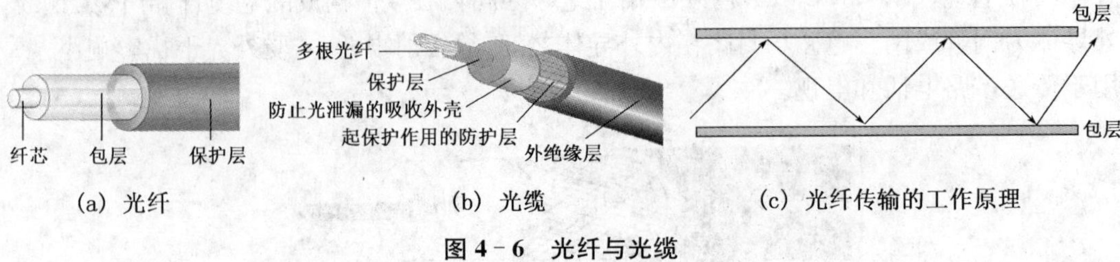

(a) 光纤　　(b) 光缆　　(c) 光纤传输的工作原理

图 4－6　光纤与光缆

光纤按传输模式可以分为：单模光纤和多模光纤。单模光纤的纤芯很细，其中只能传输一种模式的光。多模光纤的纤芯较粗，可以传输多种模式的光。单模光纤适用于大容量远距离的通信，但制造工艺难度大、价格高。

提示:

光纤的特点：

(1) 容量大、传输速率高。

(2) 体积小、重量轻。

(3) 衰减小、中继器的间隔更远。

4. 无线传输介质

前面介绍的三种传输介质都是有线传输介质。但是，如果通信线路需要通过一些高山或岛屿时就会很难施工，这时候就需要通过无线传输介质来进行通信。无线传输就是利用自由空间的电磁波来发送和接收信号。无线传输的物理通道就是地球上方的自由空间。无线电波按频率(或波长)可以分为中波、短波、超短波和微波，各种无线传输介质对应的电磁波波谱范围如图 4－7 所示。

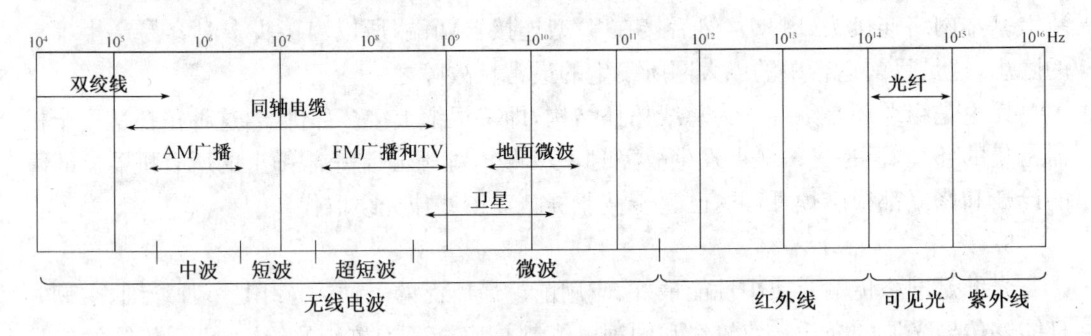

图 4－7　电磁波波谱

中波频率相对较低，绕射能力强，适用于广播和海上通信；短波具有较强的电离层反射能力，适用于环球通信；超短波和微波的绕射能力较差，只能作为视距或超视距通信。

(1) 微波通信

微波是频率范围在 300 MHz～300 GHz 的无线电波，既可以传输模拟信号也可以传输数字信号。由于微波的频率极高，波长又很短，它在空中的传播与光波相近，都是直线传播，由于地球表面是个曲面，因此其传输时遇到阻挡就会被反射或阻断，因此微波通信

主要是视距通信，超过视距范围就需要中继转发。微波能穿透电离层而不返回地面，也不能沿地球表面传播，因此利用微波通信时，为了传输得更远，每隔 50 km 就要设置一个微波收发站，将微波转发到下一个微波收发站，这种通信方式称为微波地面接力通信(图 4－8)。

微波特点：直线传播、通信容量大、可靠性高、建设费用低、抗灾能力强。

(2) 卫星通信

卫星通信是在地面微波接力通信技术基础上发展起来的，为了增加微波的传输距离，将微波中继站放在人造地球卫星上时，就形成了卫星通信系统。人造地球卫星收到地面发来的信号，将其放大后发回地面，如图 4－8 所示。赤道上方高度为 35800 公里的地方为地球同步轨道，卫星的运行周期与地球自转一圈的周期相同，在地面上看这种卫星好似静止不动。一颗同步轨道卫星覆盖约 120°，3 颗同步定点轨道卫星可以覆盖地球的几乎全部面积，进行二十四小时的全天候通信。

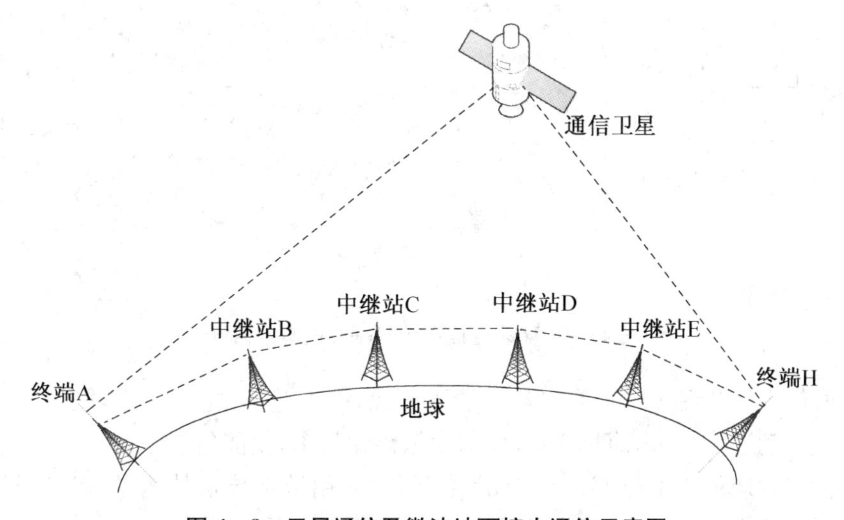

图 4－8　卫星通信及微波地面接力通信示意图

卫星通信系统的一个重要应用就是导航定位。美国研制的 GPS 系统使用 24 颗卫星在 1.2 万公里高空以 12 小时的周期绕地球运行。在地面任意点的任何时刻都可同时观测到 4 颗以上卫星，定位精度民用大约十米，军用可高得多。我国的北斗卫星导航定位系统已发射了 14 颗卫星(2012 年底)，可以全天候提供高精度、高可靠的定位、导航、授时服务，并具有与导航相结合的短信功能，2012 年开始向亚太大部分地区正式提供服务，2020 年左右将形成全球覆盖能力。

卫星通信的特点：传输距离远、频道宽、容量大、抗干扰能力强、造价高、技术复杂、具有一定的时延。

(3) 移动通信

移动通信属于微波通信。移动通信是移动体之间的通信，或移动体与固定体之间的通信。移动体可以是人、汽车、火车、轮船、收音机等在移动状态中的物体。移动通信系统由移动台、基站、移动电话交换中心组成。移动台是指移动终端，如手机；基站指信号塔，它的作用是充当一个无线接入点，负责移动信号的接收和发送。所有基站都通过有线介质或无线介质与移动电话交换中心通信。

每个基站所覆盖的范围相互分割，又彼此有所交叠，形成像蜂窝一样的形状，因此移动通信系统也称为蜂窝移动通信。蜂窝移动通信，也称小区制移动通信。它的特点是把整个覆盖范围的服务区划分成许多小区，每个小区设置一个基站，负责本小区内各个移动台的联络与控制，各个基站通过移动电话交换中心相互联系，并与固定电话交换中心连接。利用超短波电波传播距离有限的特点，离开一定距离的小区可以重复使用频率，使频率资源可以充分利用，如图 4-9 所示。每个小区的用户在 1000 以上，全部覆盖区最终的容量可达 100 万用户。

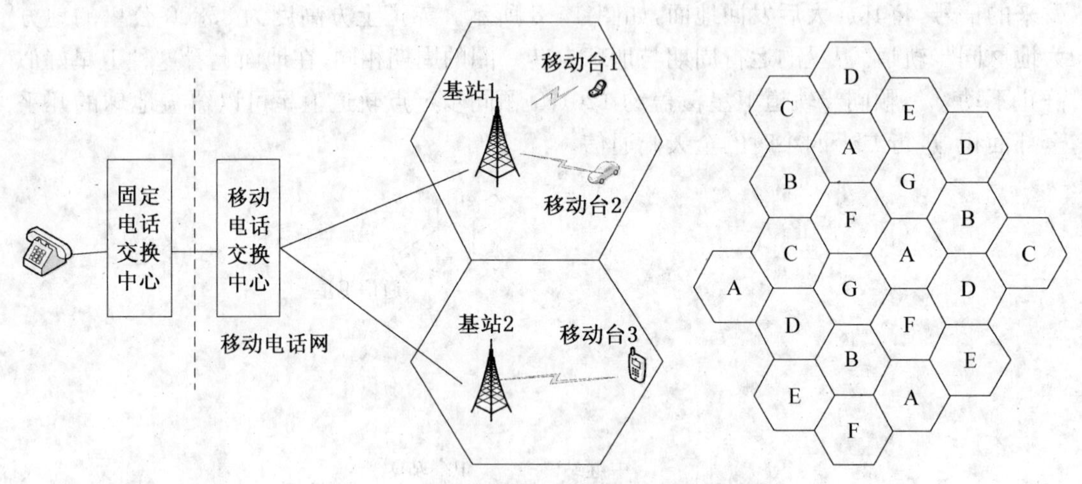

图 4-9　移动通信系统和基站的有效区域

移动通信系统从诞生到现在已经发展了四代。

第一代移动通信技术，简称 1 G，采用模拟传输技术，仅能传输语音。

第二代移动通信技术(2 G)，80 年代末开发，采用数字传输技术。GSM 是第一个商业运营的 2 G 系统，采用 TDMA 技术。还有一种标准是 CDMA。2G 主要传输的还是语音。

第三代移动通信技术(3 G)是移动多媒体通信系统，提供的业务包括语音，传真，数据，多媒体娱乐和全球无缝漫游等。可以进行网页浏览、电话会议、电子商务等。目前 3 G 的标准有 4 个：CDMA2000、WCDMA、TD-SCDMA 和 WiMAX。在国内，中国电信支持 CDMA2000，中国联通支持 WCDMA，中国移动支持 TD-SCDMA

第四代移动通信技术(4 G)是真正意义的高速移动通信系统，当前已经在研发和部署之中，传输速率 100Mbps。4 G 支持交互多媒体业务、高质量影像、3D 动画和宽带互联网接入，是宽带大容量的高速蜂窝系统。我国自主研制的 4 G 标准是 TD-LTE 于 2011 年已经开始部署试验网，并已经开展了各种 4G 体验活动。

总结:

各种传输介质的优缺点和应用领域如表 4-1 所示。

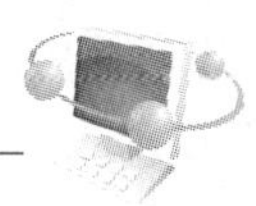

表 4-1　通信传输介质类型、优缺点及应用

介质类型		特点	应用
有线通信	双绞线	优点：成本低 缺点：易受外部高频电磁波干扰，误码率较高；传输距离有限	固定电话本地回路、计算机局域网
	同轴电缆	优点：传输特性和屏蔽特性良好，可作为传输干线长距离传输载波信号 缺点：成本较高	固定电话中继线路、有线电视接入
	光缆	优点：传输损耗小，通讯距离长，容量大，屏蔽特性好，不易被窃听，重量轻，便于铺设 缺点：强度稍差，精确连接两根光纤比较困难	电话、电视等通信系统的远程干线，计算机网络的干线
无线通信	自由空间	优点：使用微波、红外线、激光等，建设费用低，抗灾能力强，容量大，无线接入使得通信更加方便 缺点：易被窃听、易受干扰	广播，电视，移动通信系统，计算机无线局域网

4.1.3　数字调制技术

研究发现，高频振荡的正弦波信号在长距离通信中能够比其他信号传送得更远。因此若把高频振荡的正弦波信号作为携带信息的载波，把数字信号放在(调制在)载波上传输，则可比直接传输的距离远得多。数字调制技术就是将基带信号变换成传输信号的技术。

在调制过程中，首先要选择音频范围内的某一正(余)弦信号作为载波，在载波中，有三个可以改变的参量：振幅、频率和相位。可以通过变化三个参量来实现模拟信号的调制。图 4-10 是三种不同调制方法的示意图。

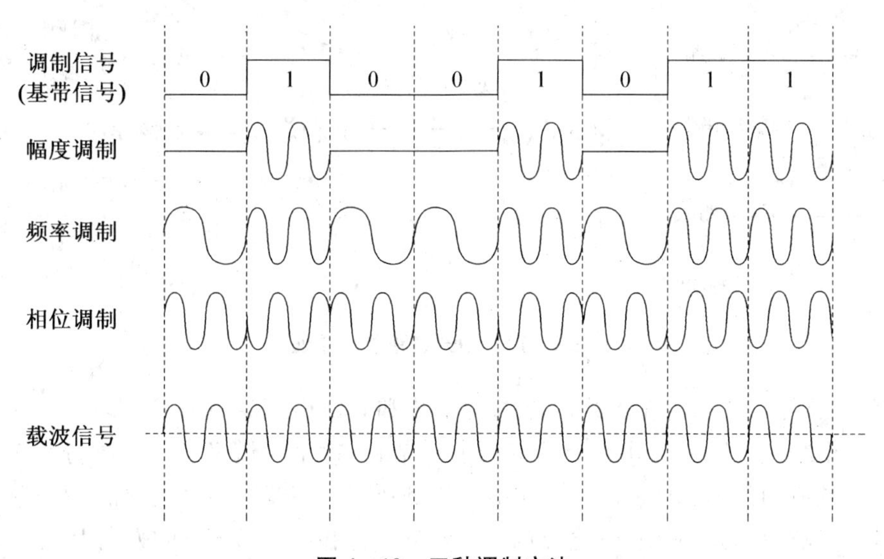

图 4-10　三种调制方法

将发送端数字信号变换成模拟信号的过程称为调制，将调制设备称为调制器；将接收端模拟信号还原成数字信号的过程称为解调，将解调设备称为解调器。由于通信往往是双向的，所以调制器和解调器往往做在一起，称为调制解调器。图 4－11 就是使用调制解调器进行远距离通信的示意图。

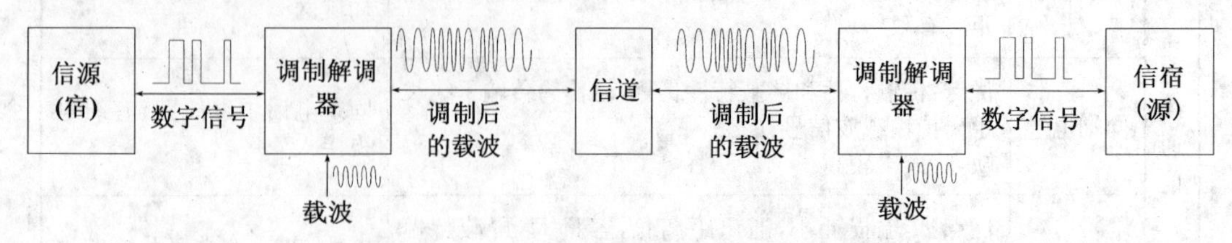

图 4－11　使用调制解调器进行远距离通信

无论是有线通信还是无线通信，如果要进行较长距离的传输就要采用调制解调技术。

4.1.4　多路复用技术

在通信系统中，传输线路的建设和维护成本占整个系统成本相当大的比例，而且一条传输线路（铜线、光纤、无线电波）的容量通常远远超过传输一路用户信号所需的能力。为了降低通信成本也为了提高线路的利用率，采用的方法一般是让多路信号共用一条传输信道，这就是多路复用技术。多路复用技术主要有频分多路复用、时分多路复用、波分多路复用。

1. 频分多路复用

频分多路复用的思想：将每个通信终端发送的信号调制在不同频率的载波上，通过频分多路复用器（MUX）将它们复合成为一个信号，然后在同一传输线路上进行传输。抵达接收端之后，借助分路器（DEMUX）把不同频率的载波分离出来，送到不同的接收设备。频分多路复用原理如图 4－12 所示。

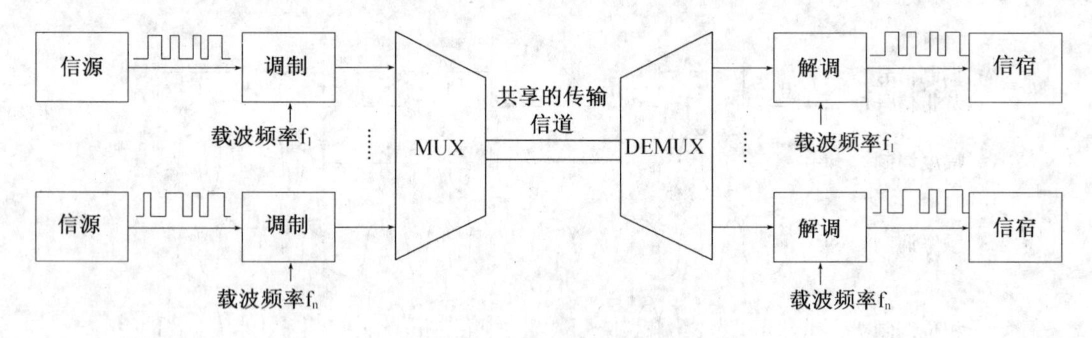

图 4－12　频分多路复用原理

频分多路复用技术用在无线广播电台系统和有线电视系统（CATV）中。在 CATV 系统中，一根线缆可以传送几十个频道的电视节目，每个频道又进一步划分为声音子频道、视频子频道和色彩子频道。每个频道两边都留有一定宽度的警戒频带，防止频道之间相互干扰。在宽带局域网中，电缆带宽至少划分上行和下行两个不同方向上的子频带，有些甚至划分出一定带宽用于专用连接。

2. 时分多路复用

时分多路复用的思想:各通信终端(计算机、电话)以规定的顺序和时间轮流使用同一传输线路进行数据传输。也就是说,各个子通道按时间片轮流占用整个带宽,时分多路复用原理如图4-13所示。

时分多路复用技术主要应用在数字通信领域,如电话中继通信、GSM手机、总线式以太网等。

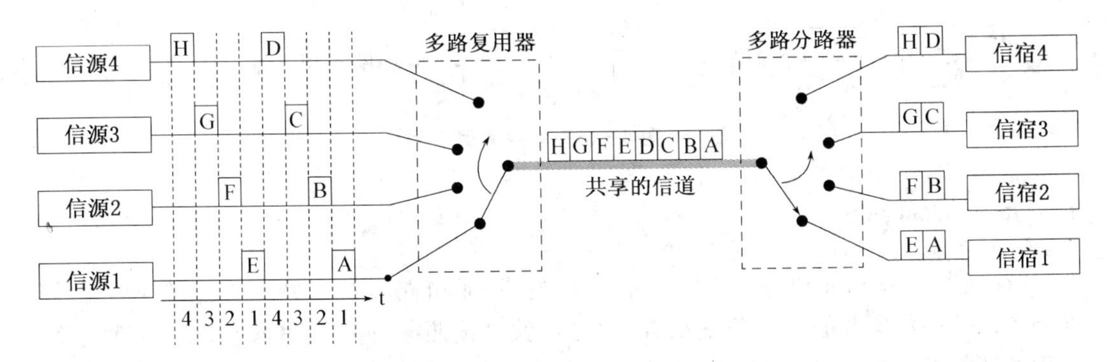

图4-13 时分多路复用原理

3. 波分多路复用

波分多路复用技术用在光纤通信中。为提高传输效率,1根光纤中可以同时传输几种不同波长的光波,每种光波各自传输自己所携带的信息,速率可达到40 G-100 Gbit/s。

波分多路复用的思想:发送端有N个发送单元,它们各自发出不同波长的光波,通过复用器(称为合波器)合并起来,进入同一根光纤进行传输,接收端用分路器(称为分波器)将不同波长的光分开,分别送到各自的光电检测器恢复出原始信号。波分多路复用原理如图4-14所示。

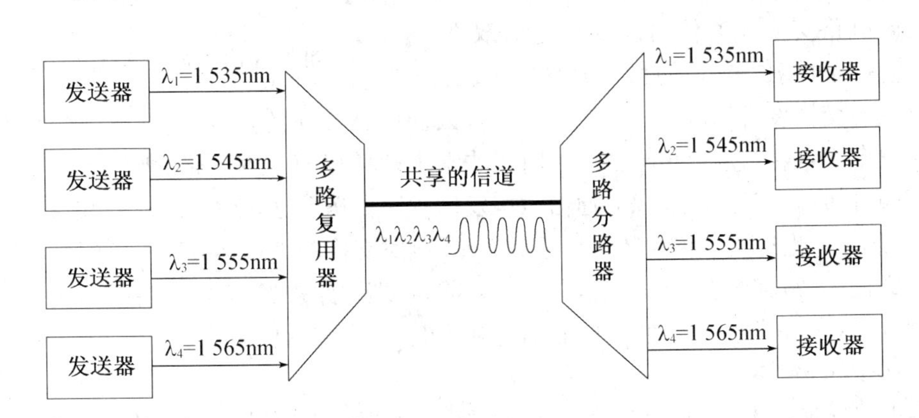

图4-14 波分多路复用原理

总结:

多路复用可以降低通信成本,如图4-15所示。

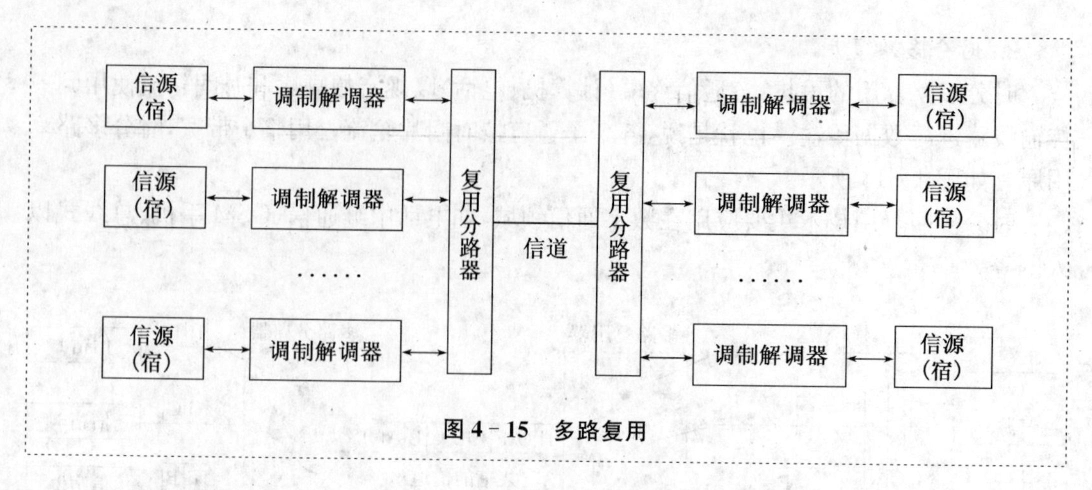

图 4-15 多路复用

4.1.5 交换技术

"交换"(Switching)的含义就是转接,就是把一条链路转接到另一条链路,使它们连通起来。从通信资源的分配角度来看,"交换"就是按照某种方式动态地分配传输线路。常用的两大类交换方式:电路交换和分组交换。

1. 电路交换

电路交换要求通信双方用物理线路直接连通,如图 4-16 所示。如电话系统在通话前需要拨号接通线路,通话结束后再释放该线路,通话过程中自始至终都占用该线路,这种交换技术就是电路交换。

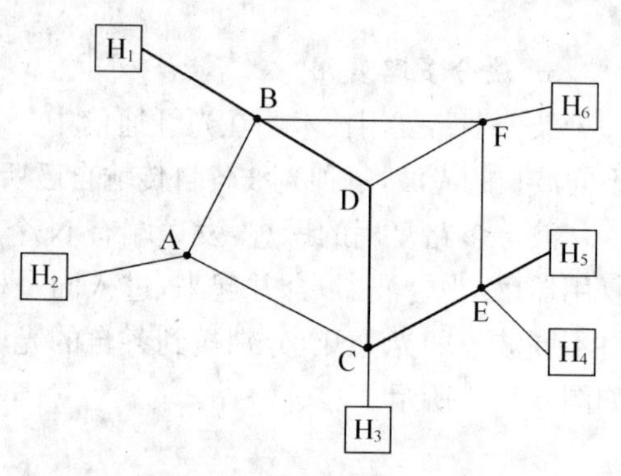

图 4-16 电路交换示意图

整个电路交换的过程包含建立连接、通信和释放连接三个阶段。

由于电路交换在通信之前要在通信双方之间建立一条被双方独占的物理通路(由通信双方之间的交换设备和链路逐段连接而成),因而电路交换的特点如下:通信线路为通信双方用户专用,数据直达,传输数据的时延非常小;通信双方之间的物理通道一旦建立,双方可以随时通信,实时性强;双方通信时按发送顺序传送数据,不存在失序问题;既适用于传输模拟信号,也适用于传输数字信号。但是,电路交换的平均连接建立时间对计算机通信来说嫌长;电路交换连接建立后,在释放之前,物理通路被通信双方独占,即使双方不传输数据,也不能给其他用户使用,因而信道利用低。

2. 分组交换

在电路交换技术中,通话全过程用户始终占用端到端的传输信道,因此不适合计算机网络。因为计算机网络中,相互通信的计算机发送和接收的都是二进制数据,计算机的数据传输具有突发性,线路上真正用来传输数据的时间很少,绝大多数时间线路是空闲的。计算机网络中采用的交换技术是"分组交换"技术。

分组交换也叫包交换,它是根据数字通信的特点使用的一种交换技术。采用分组交

换技术进行通信时，被传输的数据必须划分为若干“分组”（packet，简称“包”）进行传输，每个分组中必须包含源计算机和目的计算机的地址。每个分组的格式如图4－17所示：

发送计算机地址	目的计算机地址	编号	有效载荷（传输的数据）	校验信息

图4－17　分组交换中数据包格式

如图4－18所示，假如 H_2 计算机要向 H_5 计算机发送一首mp3歌曲，H_2 计算机将该歌曲文件被分成3个分组，然后依次发出。网络中有若干分组交换机，不同的数据包在不同的数据链路上进行传输，到达 H_5 计算机后，H_5 计算机将收到的包按顺序组合在一起。

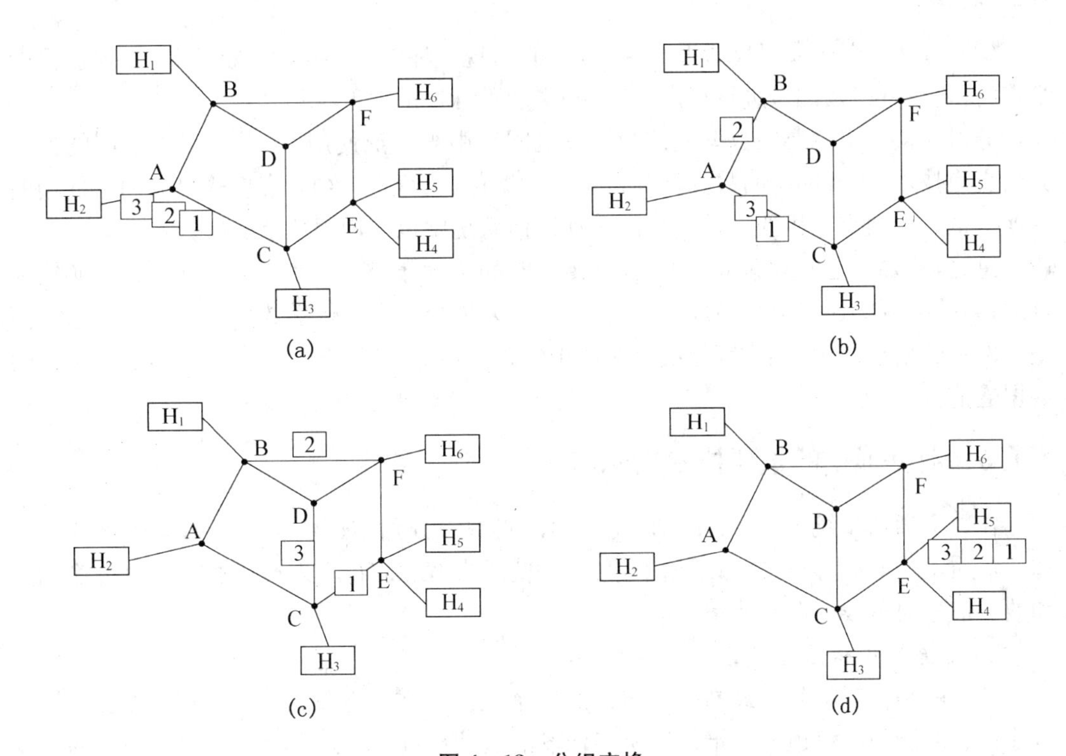

图4－18　分组交换

分组交换技术中的关键设备是分组交换机，其基本工作模式是“存储转发”。所谓的“存储转发”就是：当交换机收到一个分组后，就会检查数据包中目的计算机的地址，然后检查转发表，表中记载了发送给哪台计算机的数据包该从哪个端口转发出去，从而决定该数据包从哪个端口发出。分组交换机的每个端口都有一个输出缓冲区，用于需要在同一端口转发的数据包排队等候。端口每发完一个数据包，就会从缓冲区中提取下一个数据包进行发送。

分组交换和存储转发的优点有：

（1）加速了数据在网络中的传输。分组是数据包逐个传输，这样就可以使后一个数据包的存储操作与前一个数据包的转发操作并行，这种传输方式减少了数据的传输时间。

此外，每个数据包都比较小，这样不会因为缓冲区不足而等待发送，等待的时间也必然少得多。

(2) 简化了存储管理。因为数据包的长度固定，相应的缓冲区的大小也固定，在交换机中存储器的管理通常被简化为对缓冲区的管理，相对比较容易。

(3) 由于数据包短小，更适用于采用优先级策略，便于及时传送一些紧急数据，因此对于计算机之间的突发式的数据通信，分组交换显然更为合适些。

分组交换和存储转发的缺点有：

(1) 分组交换仍存在存储转发时延，而且其结点交换机必须具有更强的处理能力。

(2) 分组交换中每个分组都要加上源、目的地址和数据包编号等信息，使传送的信息量大约增大5%～10%，一定程度上降低了通信效率，增加了处理的时间，使控制复杂，时延增加。

(3) 当分组交换采用数据报服务时，可能出现失序、丢失或重复分组，分组到达目的结点时，要对分组按编号进行排序等工作，增加了麻烦。

分组交换技术主要在数据通信和计算机网络中被广泛使用，如局域网中采用的就是分组交换技术，局域网中的数据帧和这里的数据包概念是一致的，交换式以太网中使用的交换机也是分组交换机的一种。蜂窝移动通信系统中也采用了分组交换技术。

总之，若要传送的数据量很大，且其传送时间远大于呼叫时间，则采用电路交换较为合适；当端到端的通路由很多段的链路组成时，采用分组交换传送数据较为合适。从提高整个网络的信道利用率上看，分组交换优于电路交换，尤其适合于计算机之间的突发式的数据通信。

4.1.6 数据通信的主要技术指标

在数字通信系统中，一般使用比特率和误码率来分别描述数据信号传输速率的大小和传输质量的好坏等；在模拟通信中，我们常使用带宽和波特率来描述通信信道传输能力和数据信号对载波的调制速率。

1. 信道带宽和信道容量

带宽就是传输信号的最高频率与最低频率之差。在传输信道中，常用带宽表示信道传输信息的能力。信道容量指信道所能传输的最大传输速率。信道容量与其采用的传输介质、信号的调制解调技术，转发器的性能都是有很大关系的。

2. 传输速率

在数字信道中，数字信号的传输速率称为比特率，它用单位时间内传输的二进制代码的有效位(bit)数来表示，其单位为比特/每秒(bit/s 或 bps)、千比特/每秒(Kbps)、兆比特/每秒(Mbps)、千兆比特/每秒(Gbps)来表示(此处 K、M 和 G 分别为 10^3、10^6 和 10^9)。

波特率指数据信号对载波的调制速率，它用单位时间内载波调制状态改变次数来表示，其单位为波特(Baud)。波特率与比特率的关系为：比特率＝波特率×单个调制状态对应的二进制位数。

3. 误码率

误码率指在数据传输中被传错的概率。在计算机网络中一般要求数字信号误码率低

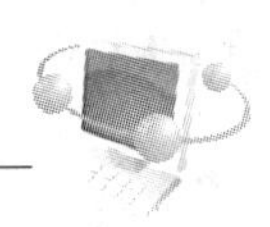

于 10^{-6}。

自测题 1

一、判断题

1. 通信系统中使用调制解调技术传输信号的主要目的是提高信号的传输距离。　(　　)

2. 通信系统概念上由三个部分组成：信源与信宿、携带了信息的信号以及传输信号的信道，三者缺一不可。　(　　)

3. 光纤传输信号损耗很小，所以光纤通信是一种无中继通信。　(　　)

4. 现代通信指的是使用电波或光波传递信息的技术，所以也称为电信。　(　　)

5. 使用双绞线作为通信传输介质，具有成本低、可靠性高、传输距离长等优点。　(　　)

6. 使用光波传输信息，一定属于无线通信。　(　　)

7. 在采用时分多路复用技术的传输线路中，不同时刻实际上是为不同通信终端服务的。　(　　)

8. 收音机可以收听许多不同电台的节目，是因为广播电台采用了频分多路复用技术播送其节目。　(　　)

9. 采用波分多路复用技术时，光纤中只允许一种波长的光波进行传递。　(　　)

10. 移动通信指的是移动状态的对象之间的通信，也是微波通信的一种。　(　　)

二、选择题

1. 我国和欧洲曾广泛使用的 GSM(全球通)手机属于________移动通信。

A. 第一代　　B. 第二代　　C. 第三代　　D. 第四代

2. 双绞线由两根相互绝缘的、绞合成匀称螺纹状的导线组成，下列关于双绞线的叙述中，错误的是________。

A. 它的传输速率可达 10～100 Mb/s，传输距离可达几十千米甚至更远

B. 它可以传输模拟信号，也可以传输数字信号

C. 与同轴电缆比，易受电磁波干扰

D. 大多作为局域网通信介质

3. 移动通信是当今社会的重要通信手段，下列说法错误的是________。

A. 第一代移动通信系统，是一种蜂窝式模拟移动通信系统

B. GPRS 提供分组交换传输方式的 GSM 新业务，是一种典型的第三代移动通信系统

C. 第二代移动通信系统采用数字传输，时分多址或码分多址作为主体技术

D. 第三代移动通信系统能提供全球漫游、高质量的多媒体业务

4. 移动通信系统中关于移动台的叙述正确的是________。

A. 移动台是移动的通信终端，它是收发无线信号的设备，包括手机、无绳电话等

B. 移动台就是移动电话交换中心

C. 多个移动台相互分割，又彼此有所交叠能形成“蜂窝式移动通信”

D. 在整个移动通信系统中,移动台作用不大,因此可以省略

5. 下列有关常用通信传输介质的说法中,错误的是________。

A. 双绞线大多用作建筑物内部的局域网通信介质

B. 同轴电缆的最大传输距离随电缆型号和传输信号的不同而不同,一般可达几公里甚至几十公里

C. 光纤传输信号衰减大,因此,无中继,传输距离很短

D. 无线传输存在着容易被窃听、易受干扰

6. 计算机广域网中采用的交换技术大多是________。

A. 电路交换　　B. 报文交换　　C. 分组交换　　D. 自定义交换

7. 常用的数据传输速率单位有 bps、kbps、Mbps、Gbps,1 Gbps 等于________。

A. 1×10^{3} Mbps　　B. 1×10^{3} kbps　　C. 1×10^{6} Mbps　　D. 1×10^{9} kbps

8. 采用分组交换技术传输数据时必须把数据拆分成若干包(分组),每个包(分组)由若干部分组成,________不是其组成部分。

A. 需传输的数据　　B. 包(分组)的编号

C. 送达的目的计算机地址　　D. 传输介质类型

9. 下列有关分组交换网中存储转发工作模式的叙述中,错误的是________。

A. 采用存储转发技术使分组交换机能处理同时到达的多个数据包

B. 存储转发技术能使数据包以传输线路允许的最快速度在网络中传送

C. 存储转发不能解决数据传输时发生冲突的情况

D. 分组交换机的每个端口每发送完一个包才从缓冲区中提取下一个数据包进行发送

10. 光纤所采用的信道多路复用技术称为________多路复用技术。

A. 频分　　B. 时分　　C. 码分　　D. 波分

三、填空题

1. 通信系统中使用的传输介质有无线介质和有线介质,其中有线介质有同轴电缆、双绞线和____________,无线介质有无线电波、微波、红外线和激光等。

2. 在数据通信系统中,为了实现在众多终端设备之间通信必须采用某种交换技术。目前在计算机广域网中普遍采用的交换技术是__________技术。

3. 光纤采用的信道多路复用技术称为________多路复用技术。

四、简答题

1. 什么是通信?现在通信的含义是什么?通信系统主要有哪些组成部分?

2. 通信系统中主要有哪些传输介质?它们分别有哪些优缺点?

3. 什么是多路复用技术?什么是调制解调技术?它们的作用是什么?

4. 计算机网络中为什么采用分组交换技术?分组交换机是怎么工作的?存储转发有什么优点?

4.2 计算机网络基础

4.2.1 计算机网络概述

1. 计算机网络的产生和发展

计算机网络从产生到发展，总体来说可以分成 4 个阶段。

第 1 阶段：20 世纪 50 年代，计算机网络有了理论基础，实现了计算机技术和通信技术的结合。

第 2 阶段：20 世纪 60 年代末到 20 世纪 70 年代初为计算机网络发展的萌芽阶段，以 ARPAnet 和分组交换技术为代表。其主要特征是：为了增加系统的计算能力和资源共享，把小型计算机连成实验性的网络。由美国国防部于 1969 年建成 ARPANET，第一次实现了由通信网络和资源网络结合构成计算机网络系统。

第 3 阶段：20 世纪 70 年代中后期是局域网络（LAN）发展的重要阶段，其主要特征为：局域网络作为一种新型的计算机体系结构开始进入产业部门。局域网技术是从远程分组交换通信网络和 I/O 总线结构计算机系统派生出来的。1976 年，美国 Xerox 公司的 Palo Alto 研究中心推出以太网（Ethernet），发展成为第一个总线竞争式局域网络。1974 年，英国剑桥大学计算机研究所开发了著名的剑桥环局域网（Cambridge Ring）。这些网络的成功实现，一方面标志着局域网络的产生，另一方面，它们形成的以太网及环网对以后局域网络的发展起到导航的作用。之后，各种广域网、局域网和公用分组交换网迅速发展，国际标准化组织提出了开发系统互联参考模型（OSI/RM）与网络协议，从理论上阐述了计算机网络发展的标准。

第 4 阶段：20 世纪 90 年代初至现在是计算机网络飞速发展的阶段，其主要特征是：计算机网络化，协同计算能力发展以及全球互联网络（Internet）的盛行。计算机的发展已经完全与网络融为一体，体现了“网络就是计算机”的口号。目前，计算机网络已经真正进入社会各行各业，为社会各行各业所采用。另外，FDDI 技术及 ATM 技术的应用，使网络技术蓬勃发展并迅速走向市场，走进平民百姓的生活。

2. 计算机网络的定义

计算机网络是一种通信系统。它是将分散在不同地理位置且有独立功能的多台计算机系统和设备，通过通信设备和通信线路，按照一定的形式连接起来，以功能完善的计算机网络软件来实现信息传递和资源共享的一个系统。

计算机网络与电话、电视系统一样都属于通信系统，但又有区别，电话主要传输语音，电视系统主要传输图像和声音，而计算机网络传输的是数据，计算机发送和接收的都是二进制数据。

概括起来，计算机网络系统应该具备三个基本要素：

（1）网络中的计算机都是具有独立功能的计算机，即“自治计算机”，这说明了计算机网络与主机系统的不同。

（2）通信双方进行通信时必须遵循共同的标准和协议。

（3）组建计算机网络的目的是资源共享，可共享的资源包括计算机的软件资源、硬件资源以及用户数据资源。

3. 计算机网络的分类

计算机网络有很多种分类方法，可以根据不同的角度对计算机网络进行不同的分类。常用的分类方法有：按网络所覆盖的地理范围分类，按网络的拓扑结构分类，按网络的传输介质分类，按网络的应用领域分类等。

按网络所覆盖的地理范围，计算机网络可以分为局域网、城域网和广域网。

（1）局域网（LAN）

局域网（Local Area Network，LAN）是指地理覆盖范围在几十千米以内的计算机网络，一般由一幢大楼、一个企业、一个学校、一个小区或一条街道组建、维护和管理。例如，在一个教学楼，将分布在不同教室或办公室的计算机连接成一个局域网。

（2）城域网（MAN）

城域网（Metropolitan Area Network，MAN）覆盖的地理范围为一个城市或地区，作用范围一般为 5～50 km，传输速率一般为 30 Mbps～1 Gbps，介于局域网和广域网之间。城域网中的许多局域网或计算机借助一些专用网络设备连接到一个网络。城域网由政府或者大型企业集团、公司组建，传输介质主要是光纤。

（3）广域网（WAN）

广域网（Wide Area Network，LAN）覆盖地理范围在 50 km 以上，遍布一个国家甚至全世界。广域网的拓扑结构比较复杂，主要是借助传统的公共传输网来实现广域网的连接。当前人们广泛使用的国际互联网也称因特网便是最大的广域网。

计算机网络按照传输介质的不同，可以分为有线网络和无线网络。采用双绞线、同轴电缆和光纤等物理介质来连接的计算机网络称为有线网络。双绞线是目前常用的局域网传输介质，其特点就是价格便宜、安装方便但抗干扰能力差。光纤网络传输距离远、速率高、抗干扰能力强但价格较双绞线和同轴电缆高。采用微波、红外线和无线电波作为传输介质的网络称为无线网络。无线网络特点是易于安装和使用，但传输速率低，误码率高、容易受干扰并且不能脱离有线网络，只能作为有线网络的补充。

网络中各个节点相互连接的方法就是网络的拓扑结构，简单地说就是指计算机、通信设备的节点和通信链路所组成的几何形状。常见的网络拓扑结构有：总线型、星型、环型和树型，对应的网络类型就有总线型网、星型网、环型网和树型网。

（1）总线型网络

总线型拓扑结构如图 4－19 所示，是指所有计算机都通过相应的硬件接口直接连接

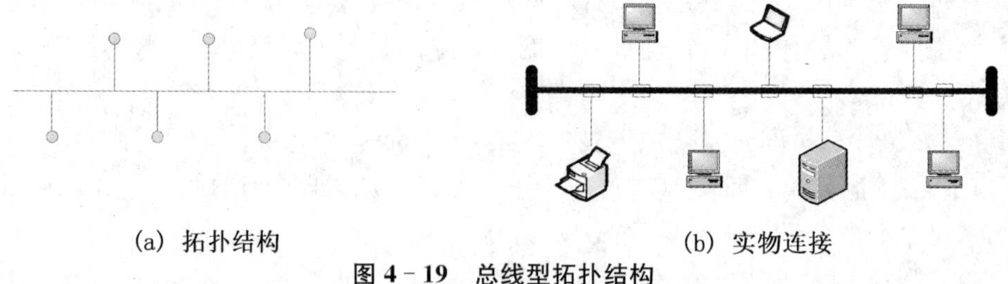

（a）拓扑结构　　（b）实物连接

图 4－19　总线型拓扑结构

在一条总线上，各工作站地位平等。总线型网络是一种简单且便于建设和扩充的拓扑结构，所需要的设备量较少，价格低，可靠性高，网络响应速度快，共享资源能力强。

(2) 环型网络

环型拓扑结构中各结点通过环路接口连在一起，形成一条闭合的环型通信线路，如图4-20所示。环型中的各个节点都可以请求发送信息，并且能够向下游结点转发所需要的信息。环型网络的优点是能够高速运行，两个结点之间仅有一条通道，路径选择简单，避免了冲突的发生；不足之处是当环中结点过多时，会影响信息传输速率；信息流在环中单方向流动，一个结点发生故障将会造成全网瘫痪。

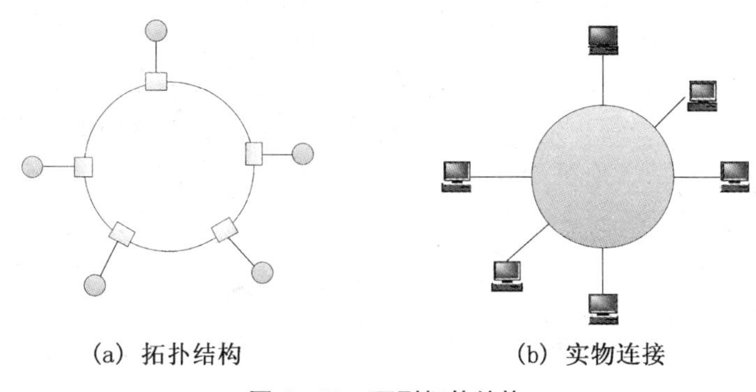

(a) 拓扑结构　　(b) 实物连接

图4-20　环型拓扑结构

(3) 星型网络

在星型拓扑结构中，将中心设备作为网络的中心结点，其余各结点都分别与中心结点相连，以星型方式连接成网，中心设备通常是交换机，如图4-21所示。星型网络结构简单、控制简单、便于建网、便于管理，各段线路都是分离的，发生故障时定位、检测容易。

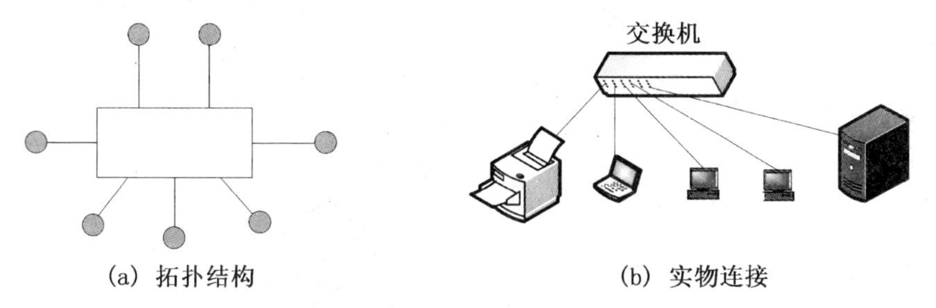

(a) 拓扑结构　　(b) 实物连接

图4-21　星型拓扑结构

(4) 树型网络

树型拓扑结构由星型拓扑结构演变而来，当星型网络被级联时就形成了一棵“树”，如图4-22所示。树型网络优点是组网灵活、成本较低、管理及维护方便，可以延伸出很多分支和子分支；故障隔离较为容易，若某一分支的结点或线路发生故障，能够将故障和整个系统隔离开，不影响全网。缺点是其各个结点对根的依赖性很大，一旦根发生故障，则全网不能正常工作，可靠性不高。

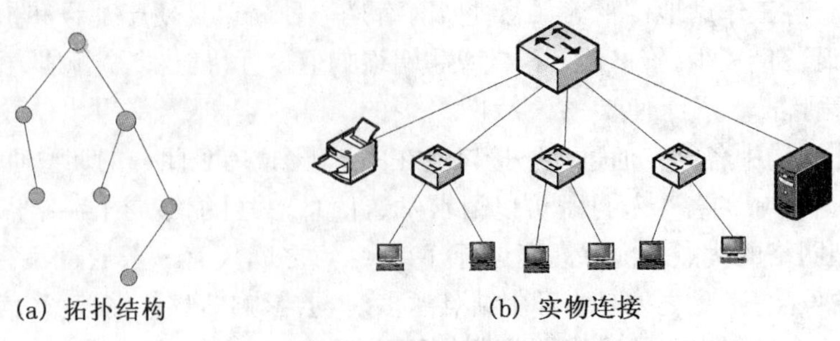

图 4-22　树型拓扑结构网络

4. 计算机网络的组成

计算机网络从逻辑功能上可以分为资源子网和通信子网，如图 4-23 所示。资源子网由计算机系统、网络终端、外围设备、各种软硬件资源和数据资源组成，负责整个网络的数据处理，为整个网络用户提供网络资源和网络服务。通信子网由通信线路控制处理机、通信线路和其他通信设备组成，负责数据传输和转发工作。

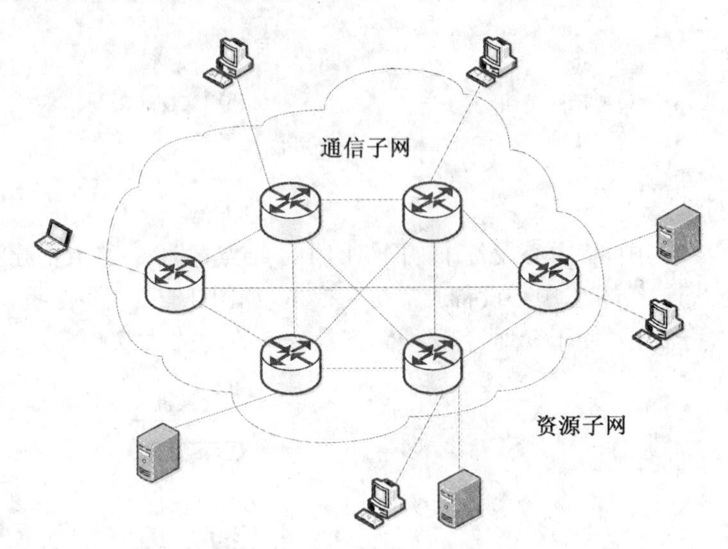

图 4-23　计算机网络的结构

因此，无论哪一种类型的网络都需要以下几个组成部分。

(1) 终端设备

计算机、手机、电子书、监控器等“终端设备”构成网络的主体。随着嵌入式技术的发展，越来越多的家用电器可以接入计算机网络，终端设备的类型也越来越多。

(2) 数据通信链路

用于传输数据的介质有双绞线、光缆、无线电波等，通信控制设备如网卡、集线器、交换器、调制解调器、路由器等，可以确保通信正确、可靠、有效地进行。它们构成了计算机与计算机、计算机与通信设备之间的数据链路。

(3) 网络通信协议

通信系统中通信双方为了能正确通信与资源共享而共同遵循的一组的规则和约定称

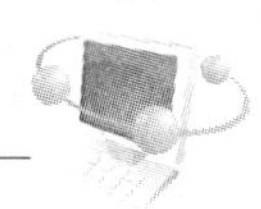

为网络协议。网络协议规定：通信如何开始、如何结束？数据如何表示？命令如何表示？通信对象如何区分？其身份如何鉴别？发生错误如何处理等等。例如：TCP/IP、HTTP、FTP、POP3 等。人们广泛使用的因特网采用的就是美国国防部提出的 TCP/IP 协议系列。

(4) 网络操作系统和网络应用软件

连接到网络上的计算机，必须遵循网络协议才能接入计算机网络，因此现在计算机上安装的操作系统都具有网络通信功能。运行在服务器上的操作系统除了网络通信功能外，还必须具有实现资源共享、管理网络资源等功能。我们把运行在服务器上的操作系统称为网络操作系统(NOS)。

现在常用的网络操作系统主要有三类。一是微软的 Windows Server 系列，如 Windows NT Server、Windows Server 2003、Windows Server 2008 和 Windows Server 2012 等，这类网络操作系统界面友好，使用简单，一般用在中低档服务器中。二是 UNIX 系统，如 AIX，HP-UX，Solaris 等，这类系统安全性和稳定性好，常和服务器捆绑销售，用于大型网站或大中型企事业单位网络中。三是 Linux，开放源代码的自由软件，许多的应用软件也是免费，因此发展前景也很好。

为了实现各种网络应用，提供各种网络服务，计算机和服务器都必须安装运行各种网络应用软件，如浏览器、电子邮件程序、QQ、搜索引擎等，它们为用户提供了各种各样的网络应用服务。

5. 计算机网络的功能

计算机网络是计算机技术与通信技术紧密结合的产物，它不仅使计算机的作用范围超越了地理位置的限制，而且大大加强了计算机本身的信息处理能力。计算机网络的功能如下：

(1) 数据通信

计算机网络可以使分散在不同位置的计算机之间进行通信，使计算机之间可以相互传送数据，方便地交换信息。例如：QQ 聊天、开视频会议、收发电子邮件、收看网络视频等。

(2) 资源共享

用户可以共享计算机网络中其他计算机的软件、硬件和数据资源。这是计算机网络最核心的功能。硬件资源不仅包含大容量存储器、绘图仪、激光打印机等设备，还包括计算机的处理能力以及网络信道带宽；软件资源指用户可以共享网络内的软件，避免在软件建设中的重复劳动和重复投资，共享的软件包括系统软件、应用软件和控制软件。

(3) 实现分布式信息处理

在计算机网络中，大型问题可以借助于分散在网络中的多台计算机协同完成，解决单台计算机无法完成的信息处理任务。分散在各地各部门的用户也可以通过网络合作完成一项共同的任务。

(4) 提高计算机系统的可靠性和可用性

在计算网络中，当某一计算机出现故障时，网络中的计算机可以互为后备来完成传输或处理的工作，保障用户对网络的使用。当网络中的某些计算机负荷过重时，可将部分任

务分配给空闲的计算机，由此提高系统的可用性。

6. 计算机网络的工作模式

在计算机网络，每台计算机可以扮演不同的角色：客户机(Client)和服务器(Server)。客户机是指需要其他计算机提供资源的计算机，服务器指提供资源(硬件、软件和数据)给其他计算机使用的计算机。每台联网的计算机，其身份可以是客户机，可以是服务器，也可以是两种身份兼而有之。

计算机网络有两种基本工作模式：对等模式和客户机/服务器模式。

(1) 对等模式(Peer-to-Peer，P2P)

在对等模式网络中，所有计算机都是平等关系，没有从属关系。网络中的资源是分散在每台计算机上的，每一台计算机都可以成为服务器也可以成为客户机，因此网络中没有专用的服务器，也不需要网络管理员。在对等模式中，资源共享灵活，组网简单方便，但难于管理，安全性能较差。如 Windows 操作系统中的"网上邻居"就是按照对等模式工作的。因特网上的 BitTorrent(BT 下载)、eMule(电驴)、迅雷下载以及即时通信软件 QQ 都采用对等工作模式。

(2) 客户/服务器模式(Client/Server，C/S)

客户/服务器的工作模式是：客户与服务器之间采用网络协议(如 TCP/IP、IPX/SPX)进行连接和通信，由客户端向服务器发出请求，服务器端响应请求，并进行相应服务，如图 4－24 所示。从硬件角度看，客户/服务器模式是指将某项任务在两台或多台机器之间进行分配，其中客户机(Client)用来运行提供用户接口和前端处理的应用程序，服务器(Server)提供给客户机各种资源和服务。从软件角度看，客户/服务器模式是把某项应用或软件系统按逻辑功能划分为客户端软件和服务器软件。客户端软件负责数据的表示和应用，处理用户界面，用以接收用户的数据处理请求并要求服务器为其提供数据的存储和检索服务；服务器端软件负责接收客户端软件发来的请求并提供相应服务。

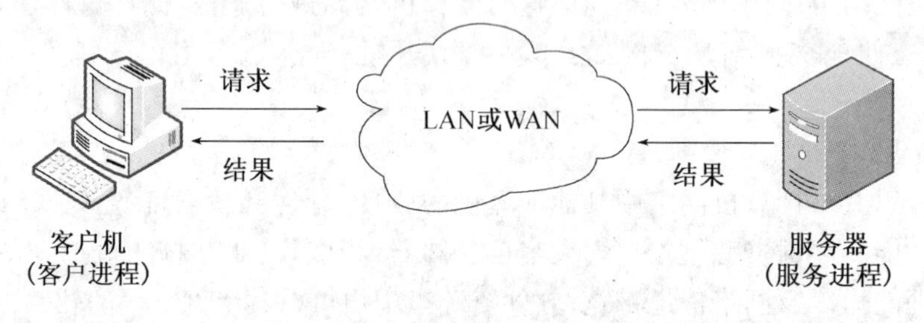

图 4－24　客户机/服务器模式

客户/服务器中，服务器大多是一些专门设计的性能较高的计算机，并发处理能力强，存储容量大，传输速率高等，按其用途可以分为：Web 服务器、打印服务器、邮件服务器、文件服务器、数据库服务器等。客户机用户必须先在服务器上注册，由网络管理员为其分配访问网络资源的权限。每个用户有自己的账号和口令，并获得使用某些服务的授权。需要获得服务时，用户需要输入账号和口令登录，登录成功后才能根据具有的权限访问服务器上的资源。C/S 模式的典型应用有 Web 服务、FTP 服务、Email 服务、共享打印服务等。

网络工作模式与网络的拓扑结构之间没有直接关系，表 4－2 比较了对等模式网络和客户/服务器网络的优缺点。

表 4－2　工作模式比较

工作模式	优点	缺点
对等模式	组建和维护容易，使用简单； 不需要专用的服务器； 可利用系统内置的网络通信功能，实现低价建网；	由于每一台计算机都可能承担双重角色，数据的保密性差；
客户/服务器模式	有效地利用了各工作站的共享资源； 网络的工作效率高；	网络较复杂，对各工作站的管理比较困难；

4.2.2　计算机局域网

1. 局域网的特点

局域网作用于公司、学校、机构或家庭，局域网有以下特点：

(1) 覆盖地理范围小，为一个单位所拥有。

(2) 信道带宽大，数据传输速率高，一般在 10 Mbps～10 Gbps，传输时延小、误码率低。

(3) 使用专门铺设的传输介质进行连网和通信，安装简单，维护方便。

(4) 局域网的拓扑结构简单，常用总线型、星型、环型结构组网。常用的传输介质是双绞线、同轴电缆、光纤或无线传输介质。

2. 局域网的分类

拓扑结构是指网络中的节点之间相互连接的方式，常用的局域网拓扑结构有总线型、星型、环型和树型。按照网络中各种设备互连的拓扑结构可以分为：总线网、星型网、环型网和树型网。

按照使用的介质分类：有线网、无线网。有线局域网使用的传输介质有电缆(双绞线、同轴电缆)和光缆；无线局域网使用的传输介质有无线电波(射频)和红外线。

按照介质所使用的访问控制方法来分类的几种类型：共享式以太网、令牌环网、FDDI 网和交换式以太网。

3. 局域网的组成

计算机局域网是计算机网络中最流行的一种形式，它包含网络工作站、网络服务器、网络打印机，网络接口卡、传输介质和网络互连设备等。其中网络接口卡也称为网络适配器，简称网卡。

网络上的每台设备，包括网络工作站、服务器和打印机等都需要安装网卡，通过网卡与局域网传输介质(双绞线、光纤或无线电波)连接，通过网卡发送数据和从网卡接收信息。每个网卡都有一个唯一的地址，称为介质访问地址(MAC 地址)，也称物理地址。图 4－25 中的 00－21－6B－A2－24－1E 就是一个无线网卡的物理地址，局域网中的计算机是通过 MAC 地址来区分的，通过 MAC 地址可以实现数据通信。

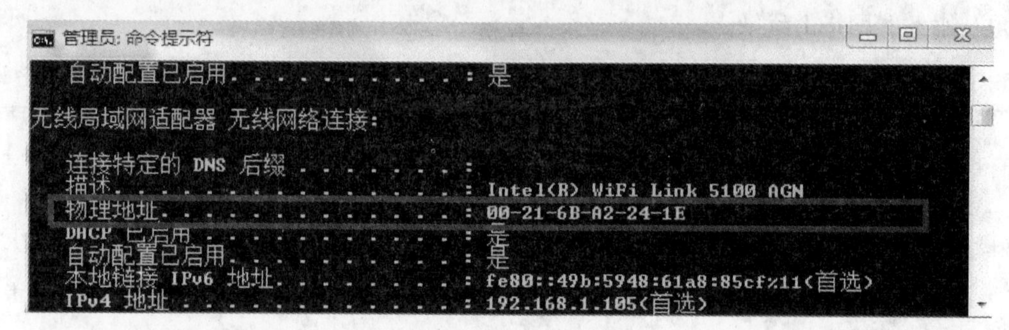

图 4－25　MAC 地址

数据在局域网中传输时会被分成小块（称为“帧”，frame），每次只能传输一帧，局域网中的数据帧格式如图 4－26 所示。局域网中的数据帧除了包含传输的数据（也称为有效载荷）之外，还必须包含发送方计算机地址和接收方计算机地址。为检验传输中的数据帧是否收到电磁波干扰或数据是否被破坏或丢失，数据帧中还应包含校验信息，如发现数据出现错误需要发送方重新发送。

源计算机 MAC 地址	目的计算机 MAC 地址	控制 信息	有效载荷	校验 信息

图 4－26　MAC 帧格式

网卡从网络上接收到一个数据帧后，就会检查数据帧中的目的计算机地址，若地址与本机物理地址相同，则认为这是发送给本机的帧，收下并检验传输的数据有无错误，确定无误后就将数据交给 CPU；若不相同，则将数据帧丢弃，不做任何处理。

网卡按传输速度可以分为 10 Mbps 网卡（10Base-T）、100 Mbps（100Base-T）网卡、10/100 Mbps 自适应网卡、1000 Mbps 网卡，目前使用最多的是 10/100 M 自适应网卡。按产品形态网卡可分为：独立网卡和集成网卡（集成在主板上，由主板上的芯片组实现其功能）。不同类型局域网计算机使用不同的网卡，因为不同类型局域网 MAC 地址的规定不同，数据帧的格式也不相同。在同类局域网中，网卡还可以分有线网卡和无线网卡。

4.2.3　常用局域网

1. 共享式以太网

以太网是最早使用的一种局域网，采用总线结构（图 4－27），网络中所有的节点通过以太网卡连接到一条共用的传输线路上，这条共用传输线就是总线。总线式以太网也称

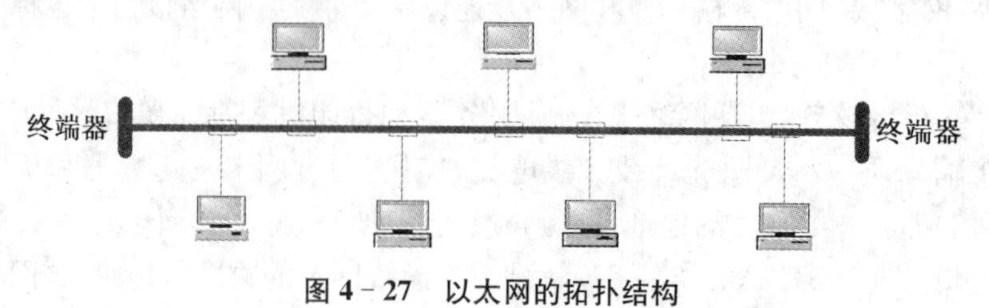

图 4－27　以太网的拓扑结构

共享式以太网。在总线式网络中采用的介质访问方法称为带有冲突检测的载波侦听多路访问(CSMA/CD)方法,用来解决多台计算机共享公用总线的问题。

在实际中,共享式以太网大多以集线器为中心(图4-28),网络上的每台计算机通过以太网卡和双绞线等传输介质连接到集线器的端口,计算机与计算机的通信需要通过集线器,如图4-28所示。在这种结构中,集线器就是总线。如果一台计算机要发送数据,集线器收到数据帧后,将以“广播”的方式,把数据帧信号放大后向集线器的每个端口发出去,网络上的每台计算机都能收到该数据帧。共享式以太网中,每一时刻只能有一台计算机发送信息,如果两台或两台以上的计算机同时发送的话,就会产生碰撞,都发送不成功。这种通信方式效率差,只适合很少的几台计算机组网,现在已经被交换式以太网所取代。

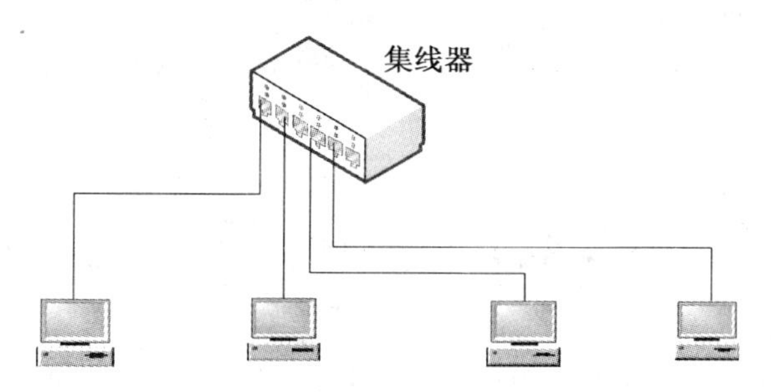

图4-28 共享式以太网实际结构

2. 交换式以太网

交换式以太网交换机(交换式集线器)为中心(图4-29),每个主机通过以太网卡和双绞线连接到交换机的一个端口,节点之间通过交换机相互通信。交换机之间也可互连。交换式以太网从根本上改变了“共享介质”的工作方式,可以增加局域网带宽,提高局域网的性能。

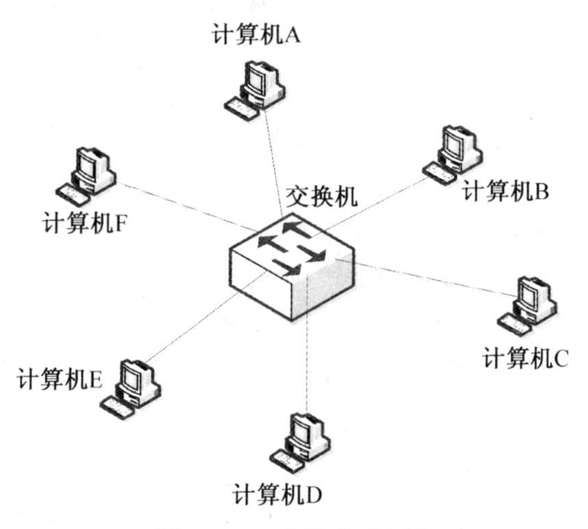

图4-29 交换式以太网

以太网交换机是交换式以太网的核心设备,连接在交换机上的所有计算机都可以同时相互通信。交换机从一个端口接收到节点发来的数据帧后,检查数据帧中包含的接收方节点的MAC地址,查“转发表”获得转发端口的号码,直接将数据帧转发给指定接收节

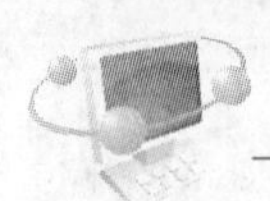

点所在的端口而不向其他端口转发(这种方式称为“点到点通信”)。交换机能同时连通多对端口,连接在交换器上的每个节点各自独享一定的带宽(即网卡的速率)。

交换式以太网采用星型结构,点到点方式通信(即发送方发出的数据帧只送达接入以太网的接收方节点)。

交换式以太网和总线式以太网的区别如表 4－3 所示。

表 4－3　共享式以太网与交换式以太网对比

总线式以太网	交换式以太网
Hub 向所有节点发送数据帧,由节点选择接收	交换机按 MAC 地址将数据帧直接发送给指定的节点
1 次只允许 1 对节点进行数据帧的传输	允许多对节点同时进行数据帧的传输
实质上是总线式拓扑结构	星形拓扑结构
所有节点共享一定的带宽	每个节点各自独享一定的带宽
共同点:使用相同网卡,MAC 地址和数据帧格式都相同	

3. 高速局域网

随着个人计算机信息处理能力的增强,计算机网络的普及和应用,用户对计算机网络的需求日益增加,现在常规局域网已经远远不能满足要求。于是高速局域网(High Speed Local Network)便应运而生。高速局域网的传输速率大于等于 100 Mbps,常见的高速局域网有 FDDI 光纤环网、100 BASE-T 快速以太网、千兆位以太网、10 Gbps 以太网等。

(1) 快速以太网

快速以太网的传输速率达到了 100 Mbps,是标准以太网的 10 倍。快速以太网与标准以太网具有相同的特点,具有相同的数据帧格式,相同的介质访问控制方法和组网方法。

(2) 千(万)兆以太网

千(万)兆以太网是在以太网的基础发展起来的,与标准以太网没有本质区别,只是在速度和距离方面有了显著的提高。

千(万)兆以太网标准是 IEEE802.3,该标准的制定和实现,为局域网升级提供了一种新的选择。千兆以太网的传输速率是快速以太网的 10 倍。

千兆以太网主要可以使用于以下各种情况:网络服务器到网络交换机的连接;网络交换机到网络交换机的连接;作为局域网的主干网等等。

4. 无线局域网

无线局域网是利用射频(无线电信号频率)技术取代双绞线所构成的局域网。无线局域网能满足网络对移动和特殊应用领域的需求,能覆盖到有线网络无法达到的范围。无线局域网目前还不能脱离有线网络,只能是有线网络的补充和扩展。

无线局域网采用的传输介质是无线电波。采用的频段电波覆盖范围广,抗干扰性强,通信比较安全。

无线局域网采用的协议主要是 IEEE802.11(Wi-Fi)。802.11 一共有 4 个标准,如

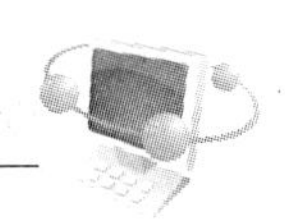

表4－4所示。

表4－4　IEEE802.11标准

标准	频段	传输速率
802.11b	2.4 GHz	11 Mbps
802.11a	5 GHz	54 Mbps
802.11g	2.4 GHz	54 Mbps
802.11n	2.4 GHz、5 GHz	108 Mbps以上，最高可达320 Mbps

无线局域网需要的设备有无线网卡和无线接入点。无线局域网组网如图4－30所示。无线局域网并不是用来取代有线局域网的，而是弥补有线局域网的不足，达到网络延伸的目的。图4－30中无线局域网的终端包括笔记本电脑、平板电脑和智能手机等，接入无线局域网的无线工作站都需要安装无线网卡，作为无线工作站与无线网络的接口来接收和发送数据。无线接入点（简称WAP或AP），它实际上是一个无线交换机或无线Hub，连接到有线局域网，它把有线网络传送过来的电信号或光信号转换为无线电波发送出去，并把无线工作站传来的无线电波转换成电信号传送到有线网络上，完成无线工作站与有线网络的相互访问，也实现无线工作站与无线工作站之间的相互访问。无线AP室外覆盖的距离可达100～300 m，室内一般可达30 m。在有有线网络的地方，可使用便携式无线AP或把笔记本设置为无线AP接入到因特网，若没有有线网络可接入，可在智能3 G手机中运行相应的软件，把手机作为无线AP使用（需使用3 G流量，费用可能较高）。

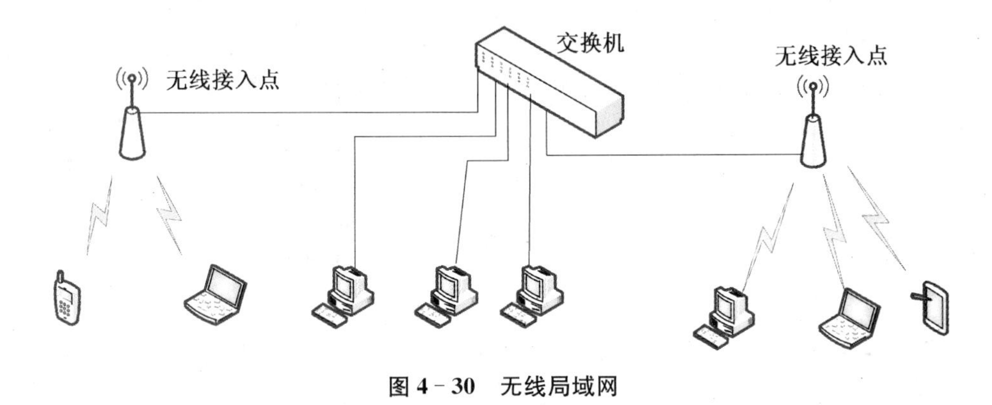

图4－30　无线局域网

蓝牙是无线局域网的另一个标准，它是一种近距离、低速率、低成本的无线数字通信的标准。最高传输速率为1 Mbps（有效速率为721 Kbps），传输距离为10 cm～10 m。适应于办公室或家庭的无线网络。

自测题2

一、判断题

1. 计算机网络最有吸引力的特性是资源共享，即多台计算机可以共享数据、打印机、传真机等多种资源，但不可以共享音乐资源。（　　）

2. 局域网的拓扑结构可以有总线型、星型、环型等多种。 ( )

3. 计算机局域网中的传输介质只能是同类型的，要么全部采用光纤，要么全部采用双绞线，不能混用。 ( )

4. 每块以太网都有一个全球唯一的 MAC 地址，MAC 地址由 6 个字节组成。 ( )

5. 计算机网络有两种基本工作模式，分别是对等模式和客户机/服务器模式。 ( )

6. 无线局域网需要使用无线网卡、无线接入点等设备，无线接入点简称为 WAP。 ( )

7. 交换式以太网是一种总线型拓扑结构，多个节点共享一定带宽。 ( )

二、选择题

1. 下列关于计算机网络的叙述中错误的是________。
   A. 建立计算机网络的主要目的是实现资源共享
   B. Internet 也称互联网或因特网
   C. 网络中的计算机在共同遵循通讯协议的基础上进行相互通信
   D. 只有相同类型的计算机互相连接起来，才能构成计算机网络

2. 建立计算机网络的根本目的是________。
   A. 实现软硬件资源共享和通信　　B. 增强单台计算机处理能力
   C. 浏览新闻　　D. 提高计算机运行速度

3. 在分组交换机转发表中，选择哪个端口输出与________有关。
   A. 包(分组)的源地址　　B. 包(分组)的目的地址
   C. 包(分组)的源地址和目的地址　　D. 包(分组)的路径

4. 从地域范围来分，计算机网络可分为：局域网、广域网、城域网。中国教育科研网 CERNET 属于________。
   A. 局域网　　B. 广域网　　C. 城域网　　D. 政府网

5. 利用蓝牙技术，实现智能设备之间近距离的通信，但一般不应用在________之间。
   A. 手机与手机　　B. 手机和耳机
   C. 笔记本电脑和手机　　D. 笔记本电脑和无线路由器

6. 下列有关网络操作系统的叙述中，错误的是________。
   A. 网络操作系统通常安装在服务器上运行
   B. 网络操作系统必须具备强大的网络通信和资源共享功能
   C. Windows 7(Home 版)属于网络操作系统
   D. 利用网络操作系统可以管理、检测和记录客户机的操作

7. 路由器用于连接异构的网络，它收到一个 IP 数据报后要进行许多操作，这些操作不包含________。
   A. 域名解析　　B. 路由选择
   C. 帧格式转换　　D. IP 数据报的转发

8. 下列网络应用中，采用 C/S 模式工作的是________。

A. BT 下载　　　　B. Skype 网络电话
C. 电子邮件　　　　D. 迅雷下载

9. 为了接入无线局域网，PC 机中必须安装有________设备。
A. 无线鼠标　　B. 无线网卡　　C. 无线 HUB　　D. 无线网桥

10. 在使用分组交换技术的数字通信网中，数据以________为单位进行传输和交换。
A. 文件　　B. 字节　　C. 数据包(分组)　　D. 记录

11. 下列有关网络对等工作模式的叙述中，正确的是________。
A. 对等工作模式的网络中的每台计算机要么是服务器，要么是客户机，角色是固定的
B. 对等工作模式的网络中可以没有专门的硬件服务器，也可以不需要网络管理员
C. 电子邮件服务是因特网上对等工作模式的典型实例
D. 对等工作模式适用于大型网络，安全性较高

12. 计算机网络有对等模式和客户/服务器模式两种工作模式。下列有关网络工作模式的叙述中，错误的是________。
A. Windows XP 操作系统中的"网上邻居"是按对等模式工作的
B. 在 C/S 模式中通常选用一些性能较高的计算机作为服务器
C. 因特网"BT"下载服务采用对等工作模式，其特点是"下载的请求越多、下载速度越快"
D. 两种工作模式均要求计算机网络的拓扑结构必须为总线型结构

三、填空题

1. 以太网在传输数据时需要把数据分成若干个帧，每个节点一次可传送________个帧。

2. 在总线式以太网中，通常采用________方式把信息帧发送到其他所有节点。

3. 计算机局域网按拓扑结构进行分类，可分为环型、星型和________型。

4. 交换机与共享式集线器相比，其优点在于________带宽。

5. 从地域范围来分，计算机网络可以分为局域网、广域网、城域网，南京和上海两个城市的计算机网互联起来构成网络属于________。

6. 计算机网络中提供了共享硬盘、共享打印机及电子邮件服务等功能的设备称为________。

7. 以太网中的每台计算机必须安装有网卡，用于发送和接收数据。大多数情况下网卡通过________线把计算机连接到网络。

8. 由于计算机网络应用的普及，现在几乎每台计算机都有网卡，但实际上我们看不到网卡的实体，因为网卡的功能均已集成在________中了。

9. 我们可以选择交换机或集线器来组建以太网。如果要求连接在网络中的每一台计算机各自独享一定的带宽，则应选择________来组网。

10. 每块以太网卡都有一个用 48 个二进位表示的全球唯一的 MAC 地址，网卡安装在哪台计算机上，其 MAC 地址就成为该台计算机的________地址。

四、简答题

1. 计算机组网的目的是什么？计算机网络有哪些类型？
2. 计算机网络的基本工作模式有哪些？请分别举例说明。
3. 局域网可以分为哪些类型？局域网的特点是什么？局域网由哪些部分组成？
4. 什么是以太网？共享式以太网和交换式以太网有什么区别？
5. 如何构建一个无线局域网？

4.3 因特网的组成

因特网(Internet)，又称国际互联网，是世界上最大的信息网，也是全人类最大的知识宝库之一。因特网使用 TCP/IP 协议通过路由器将遍布世界各地的计算机网络连接成为一个超级计算机网络，为用户提供各种信息和服务。如今因特网覆盖了社会生活的方方面面，已经逐渐成为人们科研、工作乃至日常生活的一个重要组成部分，几乎所有的业务领域都离不开它的支持。通过因特网，用户可以获取全球范围内的电子邮件、信息查询、文件传输、网络娱乐、语音及图像通信等服务。

4.3.1 因特网的起源与发展

因特网起源于美国国防部高级研究计划局(ARPA)于 1968 年主持研制的用于支持军事研究的计算机实验网 ARPANET(阿帕网)。ARPANET 建网的初衷旨在帮助那些为美国军方工作的研究人员通过计算机交换信息，它的设计与实现基于这样的主导思想：网络要能够经得住故障的考验并维持正常工作，当网络的一部分因受攻击而失去作用时，网络的其他部分仍能维持正常通信。

到 1972 年时，阿帕网的网络节点已经达到 40 个，它们彼此之间可以发送小文本文件(E-mail)和利用文件传输协议(FTP)发送大文本文件，包括数据文件。同时也发现通过把一台电脑模拟成另一台远程电脑的一个终端而使用远程电脑上的资源的方法，这种方法被称为 Telnet。E-mail、FTP 和 Telnet 是 Internet 上较早出现的重要工具。

1974 年，ARPA 的罗伯特·卡恩(图 4－31)和斯坦福的温登·泽夫(图 4－32)提出了 TCP/IP 协议，定义了在电脑网络之间传送报文的方法。TCP/IP 协议的发布，较好地解决了异构网络互联的一系列理论和技术问题，而由此产生的关于网络共享、分散控制、分组交换和网络通信协议分层思想，则成为当今计算机网络的理论基础。同时，在局域网和其他广域网产生后，这些网络纷纷接入阿帕网，各局域网用户使用 IP 协议通过阿帕网通信就立即成为可能。随着 TCP/IP 协议的标准化，阿帕网的规模不断扩大。不仅在美国国内有很多网络和阿帕网相连，而且很多其他国家都开始将本地计算机和网络接入阿帕网，并采用相同的 TCP/IP 协议。1983 年，TCP/IP 协议成为阿帕网的核心协议。

因特网的真正发展从 1986 年 NSFNET 的建立开始。1988 年底，美国国家科学基金会(National Science Foundation，NSF)把在全国建立的五大超级计算机中心用通信干线连接起来，组成基于 IP 协议的计算机通信网络 NSFNET，并以此作为因特网的基础，实

图4-31　罗伯特·卡恩

图4-32　温登·泽夫

图4-33　蒂姆·伯纳斯-李

现同其他网络的连接。上世纪九十年代，整个网络向公众开放，美国政府机构和公司的计算机也纷纷入网，建成了由主干网、地区网和校园网(或企业网)三级结构组成的因特网。

随着接入的国家和地区的日益增加，特别是蒂姆·伯纳斯-李(图4-33)发布的万维网(World Wide Web)超文本服务的普及，以美国为中心的网络互联迅速向全球发展。1994年，NSFNET转为商业运营，开始对接入因特网的单位收费，从而出现了许多因特网服务提供商(Internet Service Provider，ISP)，并逐渐形成了多层次ISP结构的因特网。1996年，"Internet"广泛流传，不到一年时间，因特网成功地兼容了原有的大多数计算机网络，扩大到全世界约100多个国家和地区。

进入21世纪后，因特网已经从各个方面逐渐改变人们的工作和生活方式。特别是随着近几年来网络应用的发展，因特网已从根本上改变了人们的思想观念和生产生活方式，推动了各行各业的发展，成为知识经济时代的一个重要标志。如今人们可以随时从网上获取大量的服务，了解当天最新的新闻动态、天气信息和旅游信息；可以看到当天报纸和最新杂志；可以足不出户在家炒股、网上购物、收发电子邮件、使用聊天工具和社交网络与他人联系、享受远程医疗和远程教育等。

因特网在中国的发展历程从应用性质来分大致可以分为四个阶段：电子邮件使用阶段(1986年～1993年)、教育科研应用阶段(1994年～1995年)、商业应用阶段(1996年～1997年)和普及阶段(1998年～2000年)。时至今日，我国因特网的普及率为47.9%，中国因特网的发展主题已经从"普及率提升"转换到"使用程度加深"，而近几年的政策和环境变化也对"使用程度加深"提供了有力支持。

最新的2015年中国因特网发展状况统计报告显示，截止到2014年底，我国网民规模达6.49亿，全年共计新增网民3117万人。因特网普及率较2013年底提升2.1个百分点。我国的域名总数增加到2060万个，网站总数为335万个。因特网与传统经济结合愈加紧密，随着物联网、云计算和大数据的发展，因特网将进一步影响人们的生活形态和生产工作方式。

4.3.2　因特网的分层结构和TCP/IP协议

计算机网络是个复杂的系统，为协调两台计算机之间的通信，从一开始就采用了分层结构。最著名的分层结构有两种：开放系统互连(OSI)参考模型和TCP/IP模型。在计

算机网络的分层结构中，不同计算机的同一层必须共同遵循相同的规则和约定，才能正确地进行数据通信，这些规则和约定就是网络协议。

国际标准化组织(International Standards Organization，ISO)制定的OSI参考模型概念清楚但过于庞大、复杂，运行效率低，并未得到市场认可。非国际标准的TCP/IP协议(Transmission Control Protocol/Internet Protocol)获得了更为广泛的应用。TCP/IP即传输控制协议/因特网互连协议，又名网络通信协议，是一组通信协议的代名词。它包括因特网中一百多个协议系列，定义了电子设备如何连入因特网，以及数据如何在它们之间传输的标准。TCP/IP采用4层结构，分别为网络接口层、网际层、传输层和应用层(图4-34)，每一层都调用它的下一层所提供的协议来完成自己的需求。利用TCP/IP协议可以很方便地实现多个网络的无缝连接。

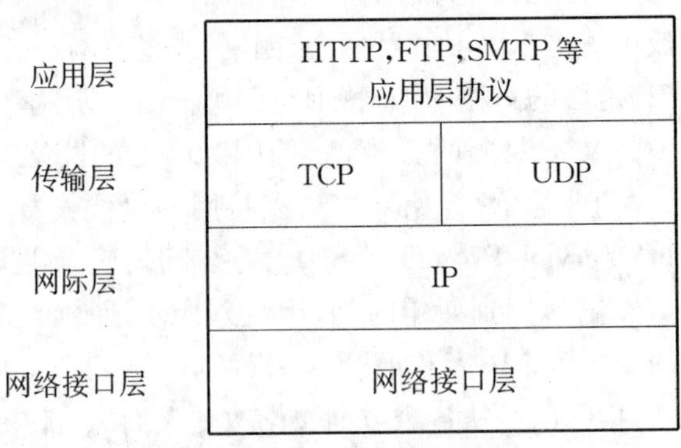

图4-34　TCP/IP体系结构

提示：

在所有协议中，网际层的IP(网络互连)协议和传输层的TCP(传输控制)协议是最基本、最重要的两个协议，因此通常用TCP/IP来代表整个协议系列。

(1) 应用层是TCP/IP模型的最顶层，规定了运行在不同主机上的应用程序之间如何通过网络进行通信。该层包括若干协议，为用户提供多种服务，包括域名系统(DNS)、万维网(WWW)、超文本传输协议(HTTP)、文件传输协议(FTP)、网络文件系统(NFS)、简单邮件传输协议(SMTP)、远程终端协议(TELNET)和简单网络管理协议(SNMP)等。

(2) 传输层向应用层进程之间提供端到端的通信。该层有两个协议：一个是传输控制协议TCP，提供面向连接的可靠服务，需有应答、流量控制、用计时器实现重传机制以及连接管理等功能，传输单位为TCP报文段；另一个是用户数据报协议UDP，提供无连接、不可靠的服务，这种服务不需要给出任何应答，传输单位为UDP数据报。

(3) 网际层，又称网络互连层，主要实现互连网络环境下端到端的数据分组传输，这种端到端的数据分组传输采用无连接交换方式来完成。为此，网际层提供了基于无连接的数据传输、路由选择、拥塞控制和地址映射等功能。这些功能主要由4个协议来实现：IP、ARP、RARP和ICMP，其中IP协议提供数据分组传输、路由选择、互联网络中所有计算机统一使用的编址方案和数据包格式等功能；ARP和RARP提供逻辑地址与物理地址映射功能；ICMP协议提供网络控制和差错处理功能。

(4) 网络接口层定义了计算机如何连接网络，主要负责识别不同类型的物理网络，如以太网、帧中继网、X.25网、ATM网、FDDI网等，规定怎样与这些网络连接并负责把IP包转换成适合在特定物理网络中传输的帧格式等。

知识点归纳：

网络互连的另一种模型——开放系统互连参考模型OSI/RM(Open Systems Interconnection Reference Model)有7个层次，表4-5体现了TCP/IP模型与OSI模型层次之间的对应关系。

表4-5　TCP/IP和OSI

TCP/IP	OSI
应用层	应用层 表示层 会话层
传输层(TCP/UDP)	传输层
网际层(IP)(又称网络互连层)	网络层
网络接口层(又称主机—网络层)	数据链路层 物理层

4.3.3　因特网的地址和路由器

1. 网际层协议

IP是Internet Protocol(网络互连协议)的缩写，是为计算机网络相互通信而设计的协议。在因特网中，IP规定了计算机在因特网上进行通信时应当遵守的规则，屏蔽了各个物理网络的细节和差异，不对所连接的物理网络做任何可靠性假设，使网络向上提供统一的服务。接入因特网中的每台计算机和路由器都必须遵守这些规则，是因特网的基础协议。IP协议把传输层送来的消息封装成IP数据报，通过路由选择算法确定一条最佳路径，并完成数据转发，最终将数据传送到目的端。

2. IP地址

IP协议中有一个非常重要的内容，就是给因特网上的每台计算机和其他设备都规定了一个唯一的地址，叫做"IP地址"。由于有这种唯一的地址，才保证用户能够高效且方便地从千千万万台联网的计算机中选出自己所需的对象来。

提示：

通常所谓"某台计算机在因特网上"，就是指该主机具有一个因特网地址，也称为IP地址。

IP地址提供了一种因特网通用的地址格式，分为IPv4(32位)和IPv6(128位)两种，由IP地址管理机构进行统一管理和分配，保证因特网上运行的设备不会产生地址冲突。目前，大多使用的是IPv4。IPv4地址就是给每台连接在因特网上的主机分配一个唯一的

32 位地址，由 3 个字段组成，即：

(1) 类别字段，用来区分 IP 地址的类型。

(2) 网络号码字段，用来指明主机所从属的物理网络的编号。

(3) 主机号码字段，是主机在所属物理网络中的编号。

IP 地址组成如图 4－35 所示。

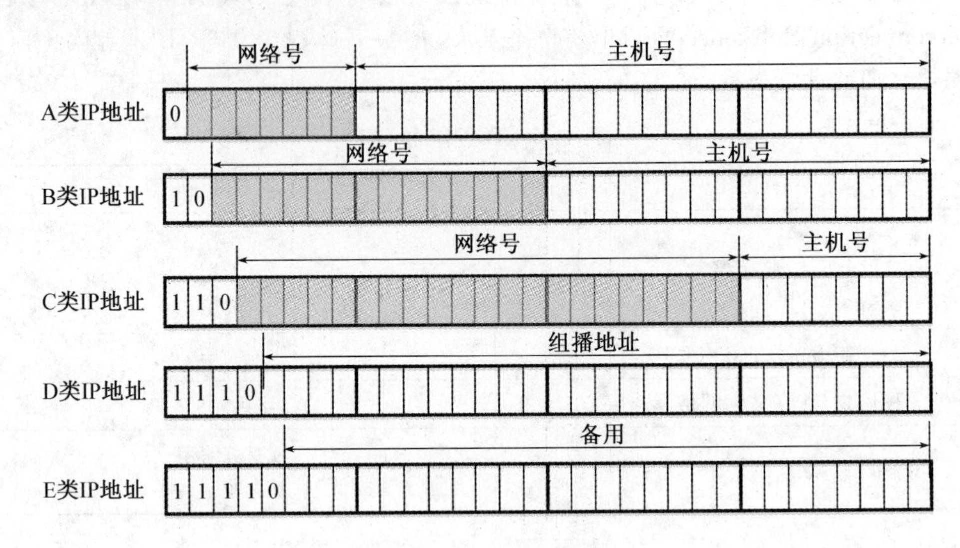

图 4－35 IP 地址组成

为了方便理解和记忆，IP 地址一般采用点分十进制来表示，将每八个二进制位转化为一个十进制数，每个数值小于等于 255，数值中间用“.”隔开，如 207.85.63.119。同时，为了便于对 IP 地址进行管理，同时还考虑到网络的差异性，因此因特网的 IP 地址被分为 5 类：A 类、B 类、C 类、D 类和 E 类，其中 D 类地址是组播地址（多点播送地址），留给因特网内部使用；E 类地址保留在今后使用；目前使用的是 A 类、B 类和 C 类这三种。IP 地址分类如表 4－6 所示。

表 4－6 A 类－C 类 IP 地址分类

网络类别	第一个可用的网络号	最后一个可用的网络号	最大网络数	每个网络中最大主机数
A类	1	126	126	$2^{24}-2$
B类	128.0	191.255	16384	$2^{16}-2$
C类	192.0.0	223.255.255	2097152	$2^{8}-2$

在所有地址中包含着一些特殊的 IP 地址，如：

(1) IP 地址 127.0.0.1 为本地回环(Loopback)测试地址。

(2) TCP/IP 协议规定主机号全为 0 的 IP 地址为网络地址，用来表示一个物理网络。如 106.0.0.0 指的是 A 类地址中的一个物理网络，而非哪一台计算机。

(3)主机号全为 1 的 IP 地址为广播地址，所谓广播地址是指同时向该物理网络中所有的主机发送报文。如 130.64.255.255 就是 B 类地址中的一个广播地址，信息发送到

此地址，就是将信息发送给网络号为 130.64 的所有主机。

此外，在现在的网络中，IP 地址分为公网 IP 和私有 IP 地址。公网 IP 是在因特网使用的 IP 地址，而私有 IP 地址是在局域网中使用的 IP 地址，属于非注册地址，专门为组织机构内部使用。当私有网络内的主机与位于公网上的主机进行通信时必须经过地址转换，将其私有地址转换为合法公网地址才能对外访问。表 4－7 列出了 A 类、B 类和 C 类的私有 IP 地址。

表 4－7　私有 IP 地址

网络类别	私有 IP 地址范围
A 类	10.0.0.0～10.255.255.255
B 类	172.16.0.0～172.31.255.255
C 类	192.168.0.0～192.168.255.255

3. 划分子网与子网掩码

为了提高 IP 地址空间的利用率，改善路由器和因特网的性能，增加 IP 地址的灵活性，从 1985 年起在 IP 地址中增加了“子网号字段”，使两级 IP 地址变成三级 IP 地址，这种做法叫做划分子网。一个物理网络可划分为若干子网，从网络的主机号借用若干位作为子网号，而主机号也就相应减少了若干个位，于是两级 IP 地址在本单位内部变为三级 IP 地址：

＜网络号＞，＜子网号＞，＜主机号＞

子网划分的核心思想是“借用”主机位来“制造”新的网络，如图 4－36 所示。

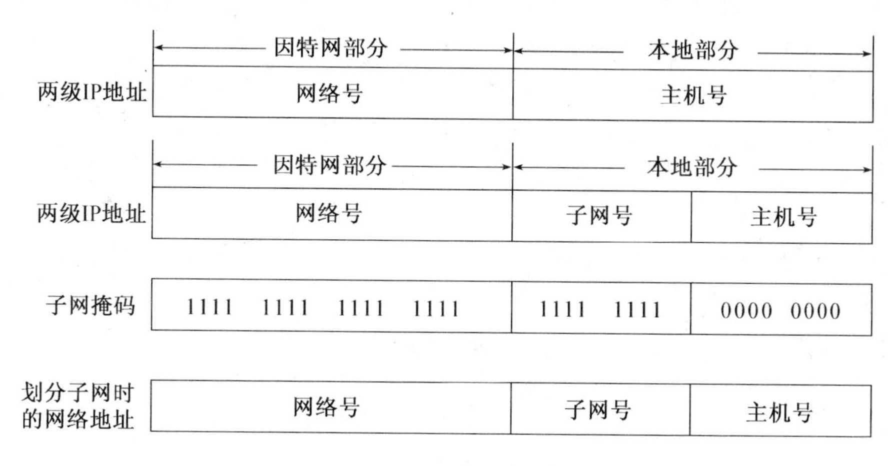

图 4－36　子网划分原理

其他网络发送给本单位某台主机的 IP 数据报仍然是根据 IP 数据报的目的网络号来寻找连接在本单位网络上的路由器，路由器再按照目的网络号和子网络号找到目的子网，并将 IP 数据报交付给目的主机。为了进行子网划分，引入了子网掩码的概念，通过子网掩码来告诉本网络是如何进行子网划分的。

子网掩码用于辨别 IP 地址中的网络地址和主机地址的部分，由 0 和 1 组成，长 32

位。全为1的位代表网络号，全为0的位代表主机号，并非所有的网络都需要子网，因此如果一个网络不划分子网，那么该网络的子网掩码就被称为默认子网掩码(default ubnet mask)。A类IP地址的默认子网掩码为255.0.0.0；B类为255.255.0.0；C类为255.255.255.0。

在计算机的网络规划中，通过子网技术将单个大网划分为多个子网，并由路由器等网络互连设备连接，可以缩减网络流量、优化网络性能、简化管理以及更为灵活地形成大覆盖范围的网络。

4. IP数据报

TCP/IP协议定义了一个在因特网上传输的包，称为IP数据报(IP Datagram)。这是一个与硬件无关的虚拟包，由首部和数据两部分组成，其格式如表4-8所示。

表4-8 IPv4数据报

<table>
<tr><td>4位版本号</td><td>4位首部长度</td><td>8位服务类型</td><td colspan="2">16位总长度(字节数)</td></tr>
<tr><td colspan="3">16位标识(Identification)</td><td>3位标志
(Flags)</td><td>13位段偏移量</td></tr>
<tr><td colspan="2">8位生存时间
(TTL)</td><td>8位协议</td><td colspan="2">16位首部检验和</td></tr>
<tr><td colspan="5">32位源IP地址</td></tr>
<tr><td colspan="5">32位目的IP地址</td></tr>
<tr><td colspan="5">选项</td></tr>
<tr><td colspan="5">数据域</td></tr>
</table>

5. 域名(Domain Name)

因特网是基于TCP/IP协议进行通信和连接的，在区分所有与之相连的网络和主机时，均采用了一种唯一、通用的地址格式，即每一个与网络连接的计算机和服务器都被指派了一个独一无二的IP地址。为了保证网络上每台计算机的IP地址的唯一性，用户必须向特定机构申请IP地址。IP地址用二进制数来表示，每个IP地址长32位，由4个小于256的数字组成，数字之间用点间隔，例如：217.65.111.192。由于IP地址是数字标识，使用时难以记忆和书写，因此在IP地址的基础上又发展出一种符号化的地址方案，来代替数字型的IP地址。每一个符号化的地址都与特定的IP地址对应，这样大大方便了对网络资源的访问。这个与网络上的数字型IP地址相对应的字符型地址，被称为域名。

域名(Domain Name)，是由一串用点分隔的名字组成的Internet上某一台计算机或计算机组的名称，用于给用户提供更加直观明了的主机标识符(主机名)。域名中的标号都由英文字母和数字组成，每一个标号不超过63个字符，也不区分大小写字母。标号中除连字符(—)外不能使用其他的标点符号。级别最低的域名写在最左边，级别最高的域名写在最右边，由多个标号组成的完整域名总共不超过255个字符。因特网中的某一台计算机可以申请一个或多个域名，也可以没有域名。

因特网中的地址方案分为两套：IP地址系统和域名地址系统。这两套地址系统其实

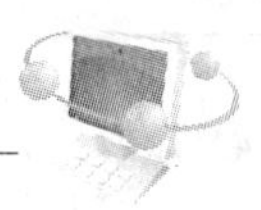

是对应的关系，把域名翻译成IP地址的软件称为域名系统(DNS)。DNS域名系统是一个以分级的、基于域的命名机制为核心的分布式命名数据库系统。DNS将整个Internet视为一个域名空间，域名空间被分成若干个部分并授权相应的机构进行管理。该管理机构有权对其所管辖的域名空间进一步划分，并再授权相应的机构进行管理。如此下去，域名空间的组织管理便形成一种树状的层次结构。

DNS域名空间树(图4－37)最上面是一个无名的根(root)域，用"."表示，这个域只用来定位，并不包含任何信息。

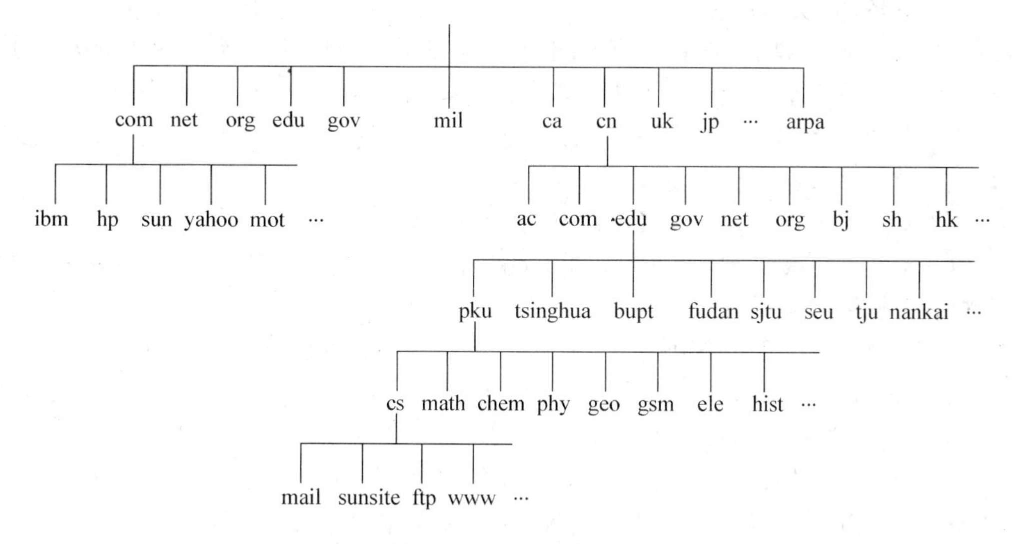

图4－37　DNS域名空间

在根域名之下为顶级域名。顶级域名一般分为两类：组织上的和地理上的。组织上的顶级域名(表4－9)，是使用最早也最广泛的域名，后缀有表示工商企业的.com，表示网络提供商的.net，表示非营利组织的.org等。除美国以外的国家和地区都采用代表国家或地区的顶级域名(表4－10)，它们一般是相应国家或地区英文名的两个缩写字母，200多个国家和地区都按照ISO3166国家代码分配了顶级域名，例如中国是cn，中国香港是hk，日本是jp等。所有的顶级域名都由Internet网络信息中心(InterNIC)控制。

表4－9　组织上的域名

域名后缀	域名种类
.ac	科研机构
.com	工、商、金融等企业
.edu	教育机构
.gov	政府部门
.mil	军事机构
.net	互联网络、接入网络的信息中心(NIC)和运行中心(NOC)
.int	国际组织

表 4-10 地理上的域名

域名	对应的国家地区
.hk	香港
.cn	中国
.uk	英国
.jp	日本

顶级域名之下是二级域名。二级域名通常是由 NIC 授权给其他单位或组织自己管理的。一个拥有二级域名的单位可以根据自己的情况，再将二级域名分为更低级的域名授权给单位下面的部门管理。在 DNS 域名树的最下面的叶节点为单个计算机，域名的级数通常不多于 5 个，在 DNS 域名空间的任何一台计算机都可以用从叶节点到根节点与中间用点“.”相连接的字符串来标识：

5 级域名.4 级域名.3 级域名.2 级域名.顶级域名

以一个常见的域名“www.nuaa.edu.cn”为例，该网址由四部分组成，依次是：主机名.网络名.机构名.国家名。

一些国家也纷纷开发使用本民族语言构成的域名，如德语，法语等。中国也开始使用中文域名，但可以预计的是，在中国国内今后相当长的时期内，以英语为基础的域名（即英文域名）仍然是主流。根据最新的中国因特网统计报告显示，到 2014 年底我国域名总数增至 2060 万个，其中.cn 域名总数为 1109 万个，占中国域名总数比例为 53.8%；.com 域名数量为 795 万，占比例为 38.6%。另外，“.中国”域名总数已达到 28.5 万。

6. IPv4 与 IPv6

截至 2014 年 12 月，全球上网人数已达 29 亿，但是 IPv4 仅能提供约 36 亿个 IP 地址。因此，从 1990 年开始，因特网工程任务组（IETF）开始规划 IPv4 的下一代协议。新一代的协议不仅要解决即将遇到的 IP 地址短缺问题，还要进行更多的扩展。1994 年，在多伦多举办的 IETF 会议上，IPv6 发展计划被正式提议。1998 年 12 月，因特网工程研究团队以公布因特网标准规范（RFC 2460）的方式定义出台了 IPv6。

IPv6 是创建未来因特网扩充的基础，其目标是取代 IPv4 并解决 IP 资源匮乏的问题，它将 IP 地址的长度扩展到 128 位，其服务质量、安全性和移动性等方面都有所改善。然而由于早期的路由器、防火墙、企业的企业资源计划系统（ERP）及相关应用程序皆须改写，所以目前在世界范围内使用 IPv6 部署的公众网与 IPv4 相比还非常少，技术上仍以双架构并存居多。预计在 2025 年以前 IPv4 仍会被支持，以便给新协议的修正留下足够的时间。

7. 路由器（Router）

在实际应用中，有多种采用了不同技术的局域网和广域网，如果要充分发挥这些网络的作用则必须把它们互相连接起来，除了使用统一的通信协议 TCP/IP，还需要使用连接异构网络的设备路由器。

路由器（Router）又称网关设备（Gateway），是用于连接多个逻辑上分开的网络，所谓逻辑网络是代表一个单独的网络或者一个子网。当数据从一个子网传输到另一个子网

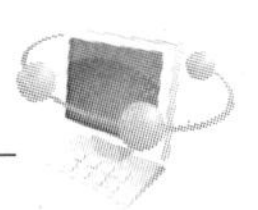

时，可通过路由器的路由功能来完成。因此，路由器具有判断网络地址和选择IP路径的功能，它能在多网络互联环境中，建立灵活的连接，使用完全不同的数据分组和介质访问方法连接各种子网，属于网络层的一种互连设备。

提示：

路由器的作用：

（1）连接异构网络。

（2）屏蔽各种网络的技术差异，转发IP数据报。

路由器用于连接多个网络，连接在哪个网络的端口，就被分配一个属于该网络的IP地址，因此一个路由器有多个不同的IP地址（图4－38）。

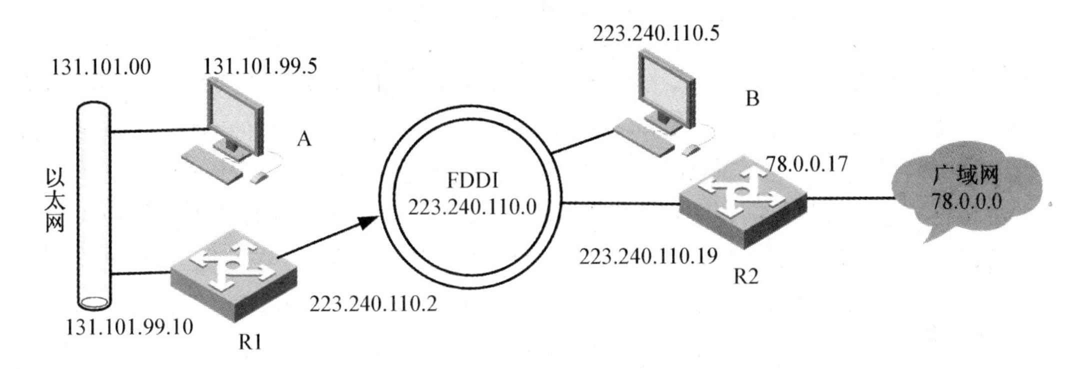

图4－38　路由器及其IP地址

4.3.4　因特网的接入

从信息资源的角度，因特网是一个集各部门、各领域的信息资源为一体的，供用户共享使用的信息资源网。接入因特网的方式多种多样，一般都是通过因特网服务提供商ISP（Internet Service Provider）提供的因特网接入服务接入因特网。主要的接入方式有电话拨号接入、ADSL接入、Cable Modem接入、光纤接入和无线接入等。

1. 电话拨号接入

电话网是人们日常生活中最常见的通信网络，电话已普及到每个家庭。过去，借助电话网接入因特网是上网用户（特别是单机用户）最常用、最简单的一种办法。电话拨号入网是个人计算机经过调制解调器和普通模拟电话线，与公用电话网连接。通过普通模拟电话拨号入网方式，数据传输能力有限，传输速率较低，最高只有56 kbps，且传输质量不稳定，上网时也不能使用电话。

通过电话线路连接到因特网如图4－39所示。用户的计算机（或网络中的服务器）和因特网中的远程访问服务器（RAS）均通过调制解调器与电话网相连。用户在访问因特网时，通过拨号方式与因特网的RAS建立连接，借助RAS访问整个因特网。

2. ADSL接入

ADSL（Asymmetric Digital Subscriber Line，非对称数字用户线）是目前最流行、最有效的通信技术，是一种上、下行不对称的高速数据调制解调技术。在数据的传输方向上，

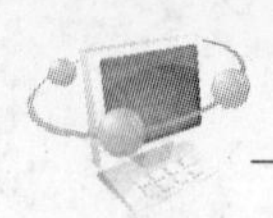

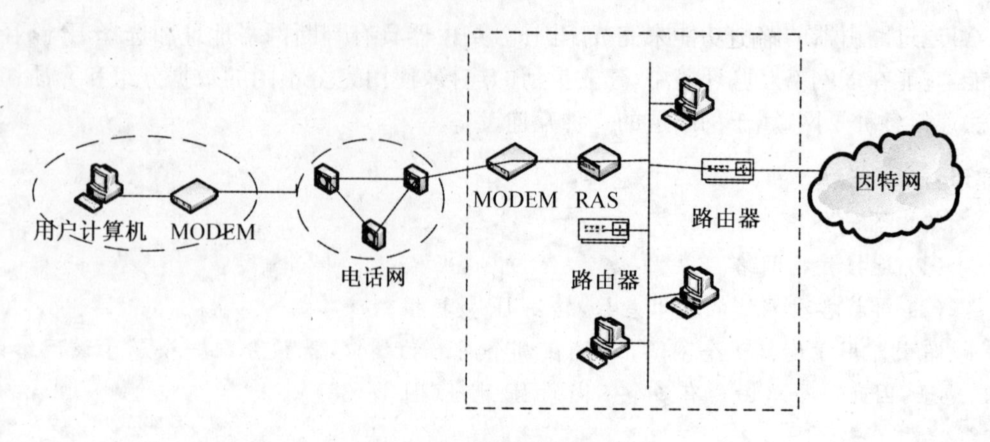

图 4－39　电话拨号入网

ADSL 分为上行和下行两个通道，上行是指从用户电脑端向网络传送信息，速率一般只有 64 kbps～256 kbps，最高可达 1 Mbps，；下行是指浏览网页、下载文件等操作，速率最高可达 8 Mbps，通常情况为 1 Mbps 或 2 Mbps。下行通道的数据传输速率远远大于上行通道的数据传输速率，这就是所谓的“非对称性”。而 ADSL 的“非对称性”正好符合人们下载信息量大而上载信息量小的特点，是目前广泛使用的一种因特网接入方式。整个 ADSL 系统由用户端、电话线路和电话局端三部分组成(图 4－40)。其中，电话线路可以利用现有的电话网资源，不需要做任何变动，用户端要求每台计算机配置一块以太网卡。

提示：

ADSL 的特点：

(1) 使用 ADSL 上网同时可以打电话，互不影响，而且上网时不需要另交电话费。

(2) ADSL 的数据传输速率是根据线路的情况自动调整的，它以“尽力而为”的方式进行数据传输。

(3) 使用 ADSL 上网的用户独享数据传输带宽。

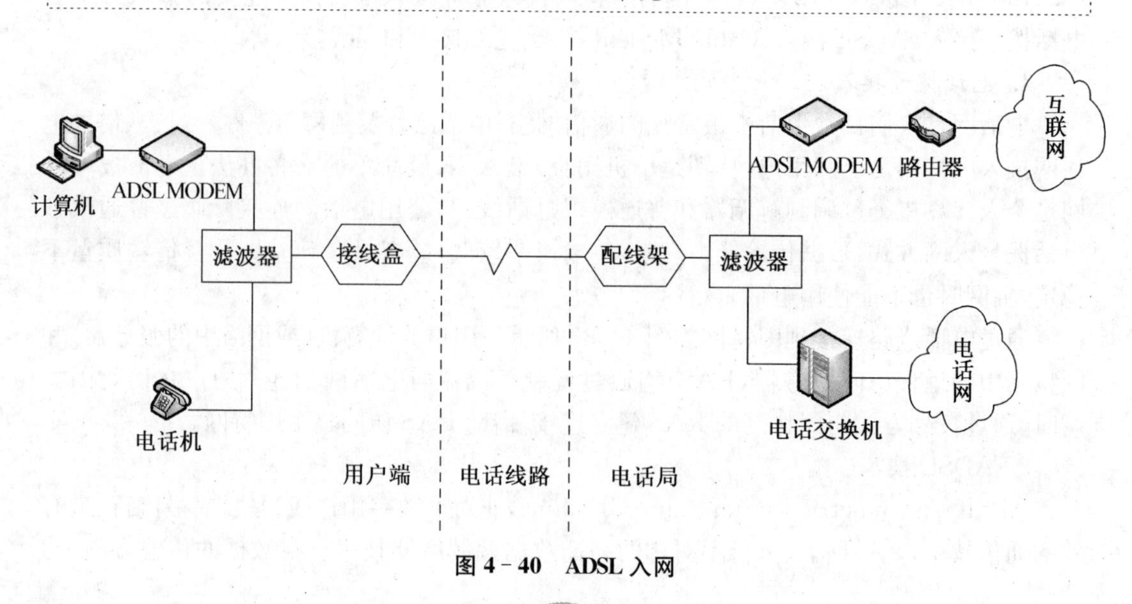

图 4－40　ADSL 入网

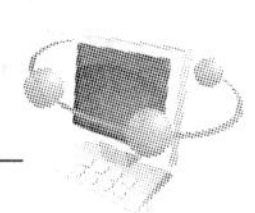

ADSL 的数据传输速率与线路的长度成反比。传输距离越长，信号衰减越大，越不适合高速传输。在 5km 的范围内，ADSL 的上行速率范围在 16Kbps 到 640Kbps 之间，下行速率在 1.5Mbps 到 9Mbps 之间。ADSL 接入方式可以提供各种多媒体服务，数字信号和电话信号可以同时传输，互不影响。ADSL 所需要的电话线资源分布广泛，具有使用费用低、无需重新布线和建设周期短的特点，尤其适合家庭和中小型企业的因特网接入需求。

3. Cable Modem 接入

基于有线电视的电缆调制解调器（Cable Modem）接入技术利用现有的有线电视（CATV）网进行数据传输，已经是比较成熟的一种因特网接入技术。目前，有线电视系统已经广泛采用光纤同轴电缆混合网（Hybrid Fiber Coaxial，简称 HFC）传输电视节目。HFC 主干部分采用光纤连接到小区，然后再使用同轴电缆以树型总线方式接入用户，它具有很大的传输容量，很强的抗电子干扰能力，融数字与模拟传输技术于一身，既能传输较高质量和较多频道的广播电视节目，又能提供高速数据传输和信息增值服务，还可开展交互式数字视频点播服务。

由于有线电视网采用的是模拟传输协议，因此网络需要用一个 Modem 来协助完成数字数据的转化。Cable Modem 与以往的 Modem 在原理上都是将数据进行调制后在 Cable（电缆）的一个频率范围内传输，接收时进行解调，传输机理与普通 Modem 相同；不同之处在于它是通过有线电视 CATV 的某个传输频带进行调制解调的。它将同轴电缆的整个频带划分为三个部分，分别用于数据上传、数据下传及电视节目下传。数据通信与电视信号的传输互不影响，上网时仍可收看电视节目。Cable Modem 除了将数字信号调制和解调出来之外，还提供标准的以太网接口与计算机网卡或路由器连接（图 4-41）。

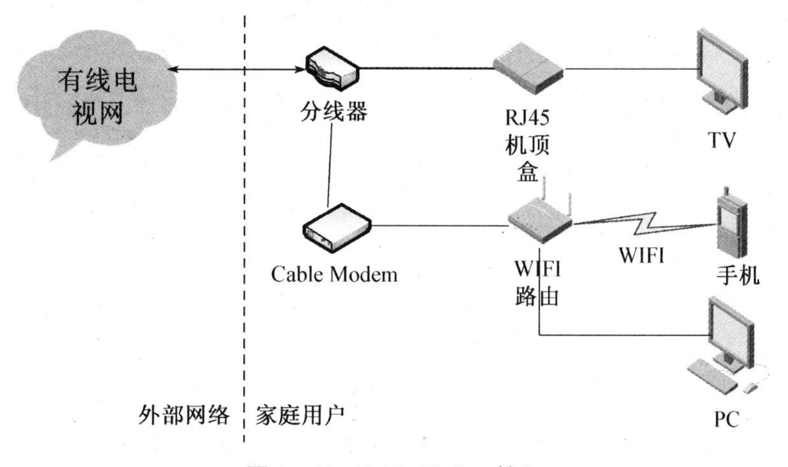

图 4-41　Cable Modem 接入

采用 Cable Modem 上网的缺点是由于 Cable Modem 模式采用的是分层的树形总线结构，这就意味着网络用户共同分享有限带宽，当段内同时上网的用户数目较多时，各个用户所得到的有效带宽将会下降。

4. 光纤接入

光纤宽带接入，是指用光纤作为主要的传输媒质，实现接入网的信息传送功能。在因特网服务提供商(ISP)的交换机一侧，把电信号转化为光信号，以便在光纤中传输，到达用户端之后，要使用光网络单元(ONU)把光信号转换成电信号，然后再经过交换机传送到用户的计算机。光纤通信具有通信容量大、质量高、性能稳定、防电磁干扰和保密性强等优点。在干线通信中，光纤扮演着重要角色，在接入网中，光纤接入也成为发展的重点。

光纤接入分多种情况，可以表示成 FTTx(Fiber To Thex)，x 可以是路边(FTTC)、小区(FTTX)、大楼(FTTB)和家庭(FTTH)等。

(1) FTTC:将光网络单元放置在路边，主要为单位和小区提供服务，每个光网络单元一般可为几栋楼或十几栋楼的用户提供宽带服务，从光网络单元出来用同轴电缆提供电视服务，用双绞线提供计算机联网服务。

(2) FTTX:将光网络单元放置在小区，为整个小区服务。

(3) FTTB:将光网络单元放置在大楼内，以每栋楼为单位，提供高速数据通信、远程教育等宽带业务，主要为单位服务。

(4) FTTH:将光网络单元放置在楼层或用户家中，由用户或一户家庭专用，为家庭提供更好的宽带业务。

我国目前流行“光纤到楼，以太网入户”(FTTx+ETTH)的做法(图 4-42)是一种光纤到楼、光纤到路边，以太网到用户的接入方式。它为用户提供了可靠性很高的宽带保证，真正实现了千兆到小区、百兆到楼单元和十兆到家庭，并随着宽带需求的进一步增长，可平滑升级实现百兆到家庭而不用重新布线。

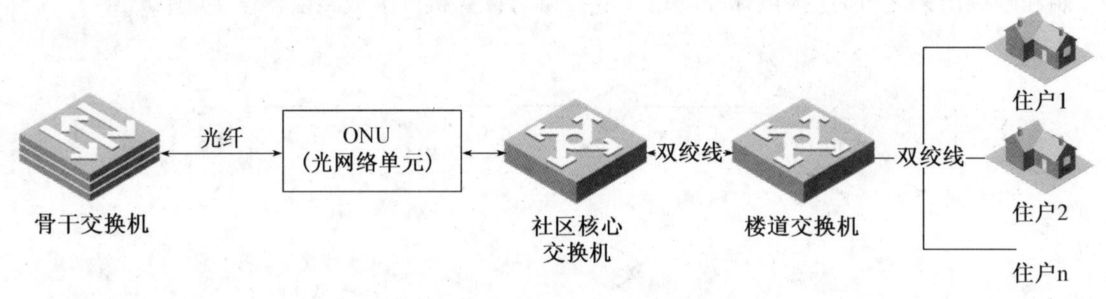

图 4-42　FTTx+ETTH 结构图

知识点归纳：

电话拨号接入、ADSL 接入、Cable Modem 接入和光纤接入等都属于有线接入技术，表 4-11 对这四种有线接入技术进行了比较。

表 4-11　因特网有线接入技术比较

接入技术	使用的接入设备	数据传输速率	说明
电话拨号	电话线，拨号 Modem	最高为 56kbps	受电话线和连接质量的影响

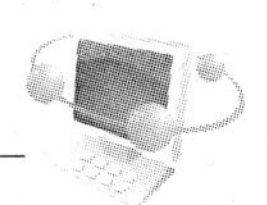

（续表）

接入技术	使用的接入设备	数据传输速率	说明
ADSL	电话线，ADSL Modem，以太网卡	下行：1 Mbps～8 Mbps 上行：64 kbps～256 kbps	无需拨号，上网与通话可同时进行
有线电视	同轴电缆，Cable Modem，以太网卡	下行：最快可达 36 Mbps 上行：320 kbps～10 Mbps	速率受到同时上网的用户数目影响
光纤接入	光纤，光网络单元，以太网卡等	10 Mbps～1000 Mbps	可以将整个局域网接入，价格相对较高

5. 无线通信

无线通信(Wireless Communication)是利用电磁波信号可以在自由空间中传播的特性进行信息交换的一种通信方式，近些年信息通信领域中，发展最快、应用最广的就是无线通信技术。在移动中实现的无线通信又通称为移动通信，通常人们把二者合称为无线移动通信。无线接入因特网结构如图 4－43 所示。

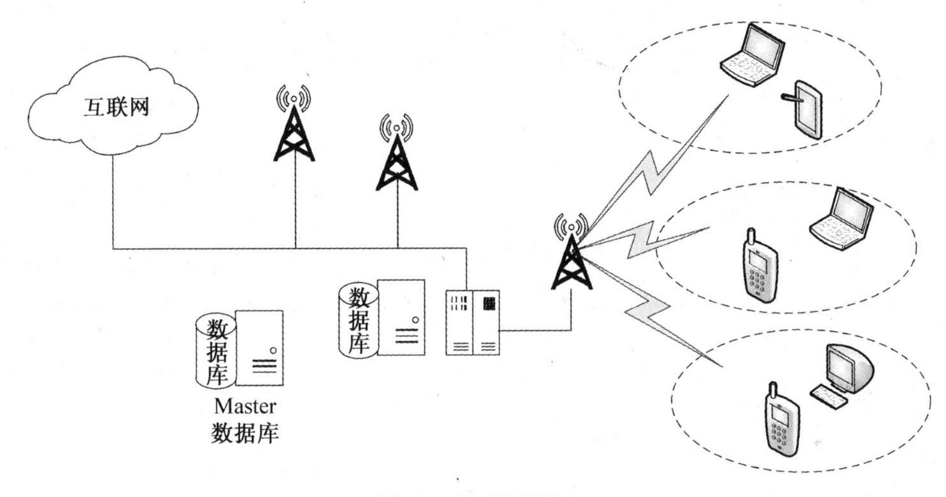

图 4－43　无线接入

从二十世纪七十年代，人们就开始了无线通信的研究。在整个二十世纪八十年代，伴随着以太局域网的迅猛发展，以具有不用架线、灵活性强等优点的无线网以己之长补“有线”所短，也赢得了特定市场的认可。但也正是因为当时的无线网是作为有线以太网的一种补充，遵循了 IEEE802.3 标准，使得直接架构于 802.3 上的无线网产品存在着易受其他微波噪声干扰、性能不稳定和传输速率低等弱点，这一切都限制了无线网的进一步应用。

1997 年 6 月，IEEE(电气和电子工程师协会)通过了 802.11 标准。目前，随着采用 802.11 协议的无线局域网(WLAN)技术日益成熟，性能不断提高的同时，产品价格逐步下降，校园、宾馆、机场、车站等地方已广泛使用。家庭或宿舍中的多台计算机或智能终端，也可以通过无线路由器连接 ADSL Modem 或者 Cable Modem 等方式接入因特网。

常用的无线接入技术如表 4－12 所示，用户可以根据自己的需要和条件进行选择。

表 4－12　无线接入技术的比较

接入技术	使用的接入设备	数据传输速率	说明
无线局域网(WLAN)接入	Wi-Fi 无线网卡，无线接入点	11 Mbps～100 Mbps	必须在安装有接入点(AP)的热点区域中才能接入
GPRS 移动电话网接入	GPRS 无线网卡	56 kbps～114 kbps	方便，有手机信号的地方就能上网，但速率不快、费用较高
3G 移动电话网接入	3G 无线网卡	几百 kbps～几 Mbps	方便，有 3G 手机信号的地方就能上网，但费用较高
4G 移动电话网接入	4G 智能手机等	20～100 Mbps	通信速度快，通信灵活，兼容性好，费用便宜等

自测题 3

一、判断题

1. 现实世界中存在着多种多样的信息处理系统，例如 Internet 就是一种跨越全球的多功能信息处理系统。（　　）

2. 任何一台能正常访问 Internet 的计算机，一定有一个唯一的静态 IP 地址。（　　）

3. 所有 IP 地址都可以分配给任何主机使用。（　　）

4. 在 Internet 的二级域名中，“edu”代表教育机构，“com”代表政府部门。（　　）

5. ADSL 是一种宽带拨号上网方式，这种方式需要网卡和一种特殊的“Modem”。（　　）

二、选择题

1. Internet 在中国被称为因特网或________。

　A. 计算机网络系统　B. 国际互连网　C. 国际联网　D. 网中网

2. 下列属于无效的 IP 地址的是________。

　A. 10.1.75.100　B. 129.8.67.90　C. 130.169.163　D. 169.69.1.34

3. 美国以外的国家的计算机域名通常在最后附上两个字母的________。

　A. 服务代码　B. 用户代码　C. 国家代码　D. 以上都不对

4. 人们常说的“非对称数字用户线”的上网方式，其英文缩写是________

　A. ADSL　B. HTTP　C. HTML　D. Modem

5. 连接到 Internet 的计算机必须安装的一种协议是________

　A. DNS 协议　B. SNMP 协议　C. TCP/IP 协议　D. 双边协议

6. 因特网中 TCP/IP 协议的 IP 协议指的是________

　A. 宽带网协议　B. 网络互连协议　C. 文件传输协议　D. 文件控制协议

7. 在________方面，光纤与其他常用传输介质相比目前还不具有优势。

　A. 不受电磁干扰　B. 价格　C. 数据传输速率　D. 保密性

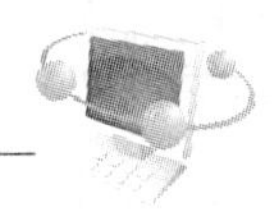

8. 域名是因特网中主机的符号名，有关域名正确的叙述是________。

A. 主机域名和IP地址是一一对应的

B. 网络中的主机必须有一个域名

C. 网络中的主机可能有域名，也可能没有域名

D. 域名必须是四段结构，中间用圆点分隔

9. 在Internet上，为了方便用户记忆，给所有入网的主机一个符号名，即域名，完成域名空间到地址空间映射的系统是____________。

A. FTP　　B. DNS　　C. DBMS　　D. DHCP

10. 单位用户和家庭用户可以选择多种方式接入因特网，下列有关因特网接入技术的叙述中，错误的是________。

A. 单位用户可以通过局域网接入因特网

B. 家庭用户可以选择电话线、有线电视电缆等不同的传输介质及相关技术接入因特网

C. 家庭用户目前还不可以通过无线方式接入因特网

D. 不论用哪种方式接入因特网，都需要因特网服务提供商(ISP)提供服务

三、填空题

1. 通常把IP地址分为A、B、C、D、E五类，IP地址130.24.35.2属于________类。

2. IP地址是因特网中用来标识主机的信息，如果IP地址的主机号部分每一位均为________，则此地址称为广播地址。

3. 按IP协议的规定，在数据传输时发送方和接收方计算机的IP地址应放在____________的头部。

4. 如果对数据的实时性要求比较高，但对数据的准确性要求相对较低，一般可在传输层采用______协议。

5. 利用有线电视网同轴电缆接入计算机网，多个终端用户______________连接段线路的带宽。

四、简答题

1. 什么是因特网？简述因特网的产生与发展过程。

2. TCP/IP协议包括哪几层？

3. 什么是IP地址？IP地址可分为哪几类？各类别的子网掩码分别是什么？

4. 什么是因特网主机的域名？它与IP地址是什么关系？DNS的作用是什么？

5. 因特网的接入技术有哪几种(至少写出三种)？写出它们接入网络的方式、特点和使用设备。

4.4 因特网提供的服务

因特网在不同发展时期出现过许多应用服务，按照这些服务出现的先后次序，大致是：Telnet(远程登录)、Email(电子邮件)、USEnet(新闻组)、FTP(文件传输)、Archie(文

档检索)、WAIS(广域信息服务)、Gopher(信息查询)和 WWW(万维网)等。目前还在继续使用的主要服务种类有:Telnet、Email、FTP 和 WWW 等,USEnet 则是在特定范围内使用。本节主要介绍这些因特网服务,了解这些服务的基本原理与应用。

4.4.1 因特网通信服务

因特网提供了丰富的通信服务,包括电子邮件(E-mail)、文件传输(FTP)、远程登录(Telnet)、网络论坛、即时通信、网络游戏、个人主页、电子商务、P2P 内容下载、博客/微博、IP 电话、网络社交、云服务等。其中电子邮件、博客/微博、网络论坛等属于异步(非实时)通信;即时通信、IP 电话属于同步(实时)通信。

下面将重点介绍电子邮件、远程登录和文件传输等服务。

1. 电子邮件(E-mail)

电子邮件简称 E-mail,是利用计算机网络来发送或接收的邮件,它是因特网最基本、最重要、使用频率最高的服务系统之一。

(1) 电子邮件系统

电子邮件系统主要采用客户/服务器(C/S)工作模式。为大众提供邮件服务的商业公司都会在它们的服务器系统中分配出一台计算机或一套计算机系统来独立处理电子邮件业务,这台服务器就叫做“邮件服务器”。它是因特网邮件服务系统的核心。一方面,它负责接收用户送来的邮件,并根据邮件的目的地址将其传送到对方的邮件服务器中;另一方面,它负责接收从其他邮件服务器发来的邮件,并根据收件人的不同将邮件分发到各自的电子邮箱中,以等待邮箱的所有人去收取。

从用户角度讲,电子邮件分为用客户端电子邮件管理方式和 Web 方式两种。客户端电子邮件管理方式的管理软件有 Outlook Express、Foxmail、QQ(图 4-44)等,使用方便,占线时间少;用 Web 方式则不必安装与设置客户端软件,便于在临时场合的计算机上使用。电子邮件有快捷性、方便性、不受时区影响等特性。

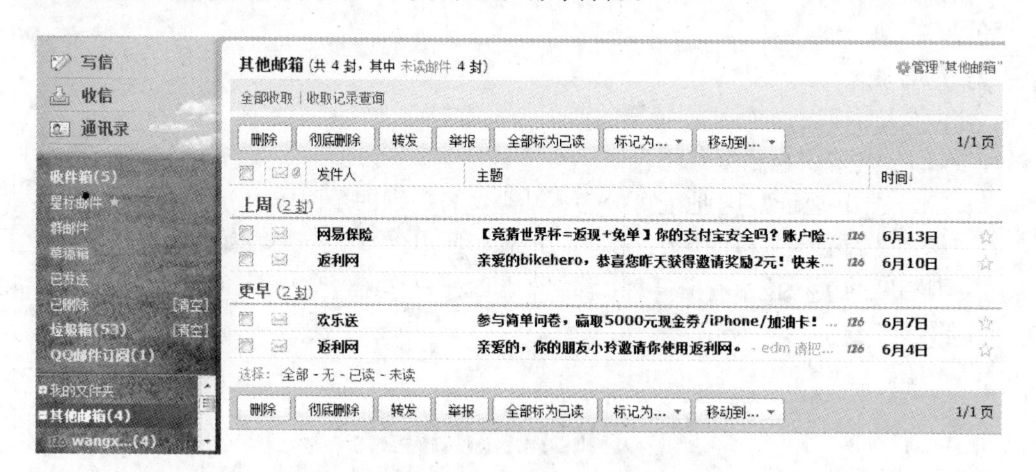

图 4-44 电子邮件示例

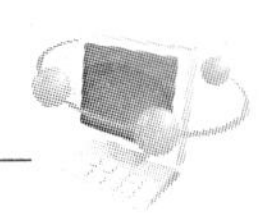

(2) 电子邮件地址

要使用电子邮件，用户必须申请一个电子邮箱。这个邮箱是由ISP向用户提供的，是ISP邮件服务器硬盘上的一个存储空间。电子邮箱有免费使用的，也有付费使用的。每个电子邮箱都有一个唯一的邮件地址，邮件地址由两部分组成：邮箱名和邮箱所在服务器的域名，两者之间用"@"隔开，表示"位于"之意。例如：zhouming@nuaa.edu.cn就是一个邮件地址，zhouming表示邮箱的名字，是由用户申请的；nuaa.edu.cn是邮箱所在服务器的域名，整个E-mail地址的含义是"在nuaa.edu.cn服务器上的zhouming"。

(3) 电子邮件协议

在电子邮件中主要的协议有SMTP(Simple Mail Transfer Protocol，简单邮件传输协议)、POP3(Post Office Protocol 3，邮局协议的第3个版本)、MIME(Multipurpose Internet Mail Extensions，多用途因特网邮件扩展类型)协议和IMAP(Internet Mail Access Protocol，邮件获取协议)。

SMTP协议：SMTP的一个重要特点是它在传送中能够采用接力方式传送邮件，邮件可以通过不同网络上的服务器以接力的方式传送。该协议包括有两种情况：一是电子邮件从客户机传输到服务器；二是从某一个服务器传输到另一个服务器。SMTP是个请求/响应协议，监测着25号端口，用于接收用户的邮件请求，并与远端电子邮件服务器建立SMTP连接。

POP3协议：当客户机需要服务时，客户端的软件(Outlook Express、Foxmail等)将与POP3服务器建立TCP连接，此后要经过POP3协议的三种工作状态：首先是认证过程，确认客户机提供的用户名和密码；认证通过后便转入处理状态，在此状态下用户可收取自己的邮件或删除邮件等；在完成响应的操作后客户机便发出退出命令，此后便进入更新状态，将做删除标记的邮件从服务器端删除掉。到此为止，整个过程即告完成(在Outlook Express中，是否删除邮件可由用户设置时选择)。

IMAP协议：IMAP是与POP3对应的一种协议。IMAP不仅与POP3同样提供方便的邮件下载服务，使用户能进行离线阅读，而且提供摘要浏览功能，可以让用户在阅读完所有的邮件到达时间、主题、发件人、大小等摘要信息后，再做出是否下载邮件的决定。它与POP3协议的主要区别是用户可以不用把所有的邮件全部下载，可以通过客户端直接对服务器上的邮件进行操作。

MIME协议：允许电子邮件传送格式丰富、形式多样的信息内容，支持普通文本、图片、声音、视频和超链接等，从而使邮件的表达能力更强，内容更丰富。

(4) 电子邮件工作过程

电子邮件系统工作过程分为以下几步，如图4-45。首先，发送方将写好的邮件发送给自己的邮件服务器，发送方的邮件服务器接收用户送来的邮件后，根据收件人地址发送给接收方的邮件服务器；然后，接收方的邮件服务器接收邮件，并根据收件人地址分发到相应的电子邮箱中；最后，接收方可以在任何时间或地点从自己的邮件服务器中读取邮件，并对它们进行处理。发送方将电子邮件发出后，通过什么样的路径到达接收方，不需要用户介入，一切都在因特网中自动完成。

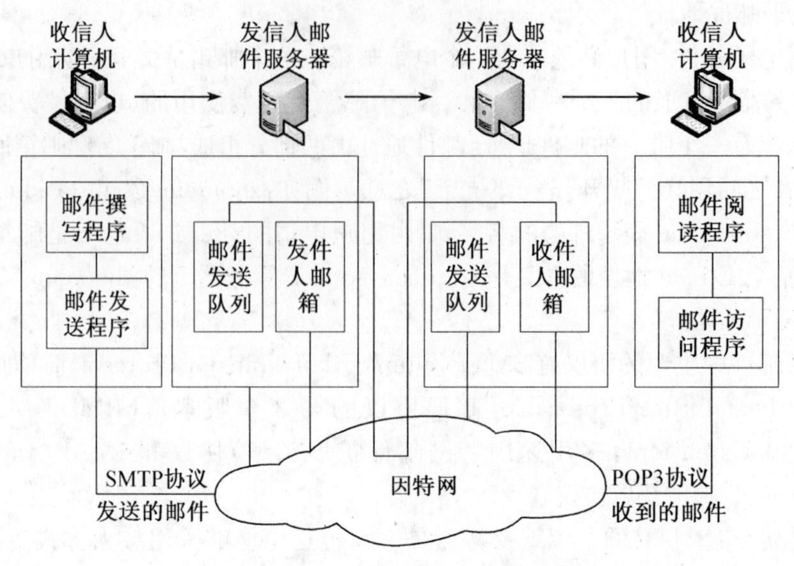

图 4-45　电子邮件工作原理

2. 即时通信

随着网络的快速发展和电脑终端的普及，传统而单纯的 E-mail 已无法满足人与人之间快速沟通的需求，纯文字沟通方式效率非常低而且也不符合人们日常的习惯，远未达到一种真正的沟通方式。因此，即时通信诞生了。

(1) 即时通信的基本概念和发展

即时通信(Instant Messenger，IM)，是指因特网上用以实时通信的系统服务，允许多人使用即时通信软件实时的传递文字信息、文档、语音以及视频等信息流。随着软件技术的不断提升以及相关网络配套设施的完善，即时通信软件的功能也日益丰富，除了基本通信功能以外，逐渐集成了电子邮件、博客、音乐、游戏等多种功能，而这些功能也促使即时通信已经不再是一个单纯的聊天工具，它已成为具有交流、娱乐、商务办公、客户服务等特性的综合化信息平台。

在早期的即时通信程序中，用户输入的每一个字符都会实时显示在双方的屏幕，且每一个字符的删除与修改也会实时的反应在屏幕上。这种模式比起使用 E-mail 更像是电话交谈。在现在的即时通信程序中，交谈中的另一方通常只会在本地端按下提交键(Enter 或是 Ctrl+Enter)后才会看到信息。

最早的即时通信软件是 ICQ，ICQ 是英文中“I seek you”的谐音，意思是“我找你”。四名以色列青年于 1996 年 7 月成立 Mirabilis 公司，并在 11 月份发布了最初的 ICQ 版本，在六个月内有 85 万用户注册使用。早期的 ICQ 很不稳定，尽管如此，还是受到大众的欢迎。ICQ 一经上市，迅速取得了广阔的市场，由于前景一片光明，所以同类软件迅速的跟进。因为其本身的技术并不复杂，所以很快几乎每一个国家都推出本土的 IM 软件，抢夺市场。

目前在因特网上受欢迎的即时通信软件包括 QQ、MSN Messenger(Windows Live Messenger)、ICQ、飞信、Skype、新浪 UC、Google Talk 和阿里旺旺等。

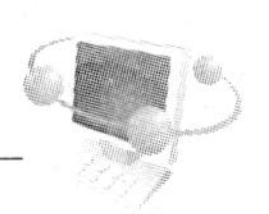

(2) 即时通信的原理

即时通信是一种基于因特网的通信技术，其技术原理包括客户/服务器(C/S)通信模式和对等通信(P2P)模式。

C/S模式以数据库服务为核心将连接在网络中的多个计算机形成一个有机的整体，客户机(Client)和服务器(Server)分别完成不同的功能。P2P模式是非中心结构的对等通信模式，每一个客户(Peer)都是平等的参与者，承担服务使用者和服务提供者两个角色。

当前使用的IM系统大都组合使用了C/S和P2P模式。在登录IM进行身份认证阶段是工作在C/S方式，随后如果客户端之间可以直接通信则使用P2P方式工作，否则以C/S方式通过IM服务器通信。举例来说，在上图中，发送方(A)希望和接收方(B)通信，必须先与IM服务器建立连接，从IM服务器获取到用户B的IP地址和端口号，然后A向B发送通信信息。B收到A发送的信息后，可以按照A的IP和端口直接与其建立TCP连接，与A进行通信。此后的通信过程中，A与B之间的通信则不再依赖IM服务器，而采用一种对等通信(P2P)方式。由此可见，即时通信系统结合了C/S模式与P2P模式，即首先客户端与服务器之间采用C/S模式进行通信，包括注册、登录、获取通信成员列表等，随后，客户端之间采用P2P通信模式交互信息(图4-46)。

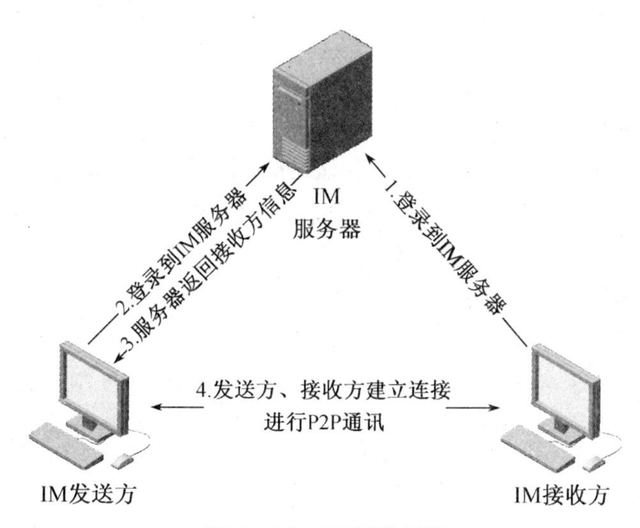

图4-46 IM通信原理

3. 文件传输(FTP)

用户将远程主机(网站)上的文件下载(download)到自己的磁盘中以及将本机上的文件上传(upload)到特定的远程主机(网站)上，这个过程被称为文件传输。文件传输是通过文件传输协议(File Transfer Protocol，FTP)来实现的。

(1) 文件传输协议FTP

文件传输FTP一般采用客户机/服务器工作方式，属于实时的联机信息服务。它通过FTP程序(服务器程序和客户端程序)在因特网上实现远程文件的传输。在用户计算机上安装一个客户端FTP程序(如CuteFTP、Windows自带的FTP命令、Leapftp、

FlashFXP 等)，通过这个程序可以实现对 FTP 服务器的访问。在文件传输工作中进行的是文件目录浏览和文件传送等有关的操作，可将这些文件取回到自己计算机中从容浏览或处理。FTP 是因特网的基本应用服务之一。

提示:

因特网上的文件服务器分为专用文件服务器和匿名文件服务器。

(1) 专用文件服务器是专供某些合法用户使用的资源。用户要想成为它的合法用户，必须经过该服务器管理员允许，并且获得一个账号，否则无法访问。当用户通过 FTP 客户端软件登录到 FTP 服务器上时，要求正确输入用户名和口令，才能取得访问权。

(2) 匿名文件服务器用 anonymous 作为用户名，以用户的电子邮件地址作为口令进行登录，为了文件服务器的安全，这些文件服务器只能查看和下载文件，不能修改和上传文件。

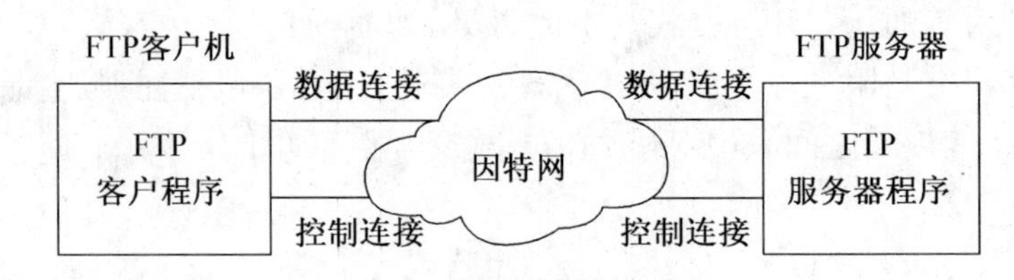

图 4-47　文件传输原理图

FTP 文件传输的特点是在客户程序和服务器程序之间建立两个 TCP 连接，即控制连接和数据连接，前者实现客户端向服务器传输 FTP 命令和服务器程序的响应的控制，后者实现文件内容的传输。其简要工作原理(图 4-47)如下：

a. FTP 客户端打开一个控制连接与服务器相连，通过该连接，客户端发送请求并接收应答。

b. 控制连接在整个会话期间一直存在。FTP 并不通过控制连接来接收数据，而是当请求文件传输时，服务器形成一个独立的数据连接，用于数据传输。

提示:

FTP 的主要特点：

(1) 提供文件的共享(计算机程序或数据)，可以一次传输一个文件或文件夹，也可以一次传输多个文件或文件夹。

(2) 支持间接使用远程计算机。

(3) 使用户共享文件时，不因各类主机文件存储器系统的差异而受影响，可靠且有效的传输数据。

(2) 访问 FTP 常用方法

用户在访问 FTP 服务器时可以采用 FTP 命令行、浏览器和 FTP 下载工具等方式来实现。

使用 Windows 中自带的 FTP 命令行，就可以直接访问 FTP 服务器，但是该程序是

字符界面下以命令提示符方式进行操作，很不方便，而且在不同的操作系统中，FTP 命令行软件的形式和使用方法各不相同。

目前，大多数浏览器软件都支持 FTP 文件传输协议。使用浏览器方式访问 FTP 服务器时，用户只需要在浏览器地址栏中输入如下格式的 URL 地址：

ftp://[用户名:口令@]FTP 服务器域名[:端口号]

通过浏览器访问 FTP 速度较慢，而且安全性能较差，因此大多用户会选择安装专门的 FTP 客户程序来访问 FTP 服务器，这类客户程序有：CuteFTP、LeapFTP 和 FlashFXP 等，这些软件都使用图形用户界面进行操作。

知识点归纳：

几种访问 FTP 方式比较如表 4-13 所示。

表 4-13 文件传输的方式

FTP 应用方式	特点
命令方式	直接使用，需记忆命令，较多灵活性
浏览器方式	界面和操作熟悉，但功能有限
FTP 工具	需安装软件，界面友好，使用方便

4. 远程登录(Telnet)

远程登录是因特网提供的最基本的信息服务之一，采用客户机/服务器工作方式，属于实时联机信息服务。远程登录时，客户机作为一个虚拟终端，即作为远程计算机的键盘和屏幕，可以浏览服务器的信息并操作服务器。远程登录工作是在客户程序与远程计算机建立的 TCP 连接的基础上进行的，依赖于 Telnet 协议。

远程登录最初是由 ARPANET 开发的，现在主要用于网络会话，允许用户登录远程主机系统。最初，远程登录只是让用户的本地计算机与远程计算机连接，从而成为远程主机的一个终端。如今一些较新的版本可在本地执行更多的处理，提供更好的响应，并且减少通过链路发送到远程主机的信息数量。

远程登录允许用户在远程机器上建立一个登录会话，然后通过执行命令来实现一般的服务，就像在本地操作一样。这样，我们便可以访问远程系统上所有可用的命令，并且系统设计员不需提供多个专用的服务器程序。

使用 Telnet 协议进行远程登录时需要满足以下条件：

(1) 在本地计算机上必须装有包含 Telnet 协议的客户程序。

(2) 必须知道远程主机的 IP 地址或域名。

(3) 必须知道登录标识与口令。

Telnet 远程登录服务分为以下 4 个过程：

(1) 本地与远程主机建立连接，实际上是建立一个 TCP 连接的过程，用户必须知道远程主机的 IP 地址或域名。

(2) 将本地终端上输入的用户名和口令及以后输入的任何命令或字符以网络虚拟终端(Net Virtual Terminal，NVT)格式传送到远程主机，是从本地主机向远程主机发送一个 IP 数据包的过程。

(3) 将远程主机输出的 NVT 格式的数据转化为本地所接收的格式送回本地终端,包括输入命令回显和命令执行结果。

(4) 最后,本地终端对远程主机进行撤销之前建立的 TCP 连接。

4.4.2 万维网信息服务

WWW(World Wide Web)即"环球网",俗称"万维网"、3 W 或 Web。它起源于欧洲粒子物理实验室(CERN)研制的基于 Internet 的信息服务系统。WWW 以超文本技术为基础,是一个由许多相互链接的超文本组成的系统,用面向文件的阅览方式替代通常的菜单的列表方式,提供具有一定格式的文本、图形、声音和动画等信息。WWW 将位于因特网上不同地点的相关数据信息有机地组织在一起,提供一种友好的信息查询接口。用户仅需提出查询要求,而到什么地方查询及如何查询则由 WWW 自动完成。因此,WWW 带来的是世界范围的超级文本服务,只要操纵电脑的鼠标,就可以通过 Internet 从全世界任何地方调来你所希望得到的文本、图像、视频和声音等信息。

WWW 的成功在于它制定了一套标准的、易为人们掌握的超文本标记语言 HTML、统一资源定位器 URL 和超文本传输协议 HTTP。

1. 超文本标记语言 HTML

超文本标记语言(Hyper Text Markup Language),是用来描述网页的一种语言,由万维网联盟(W3C,World Wide Web Consortium)制定和更新,作用是定义超文本文档的结构和格式。

"超文本"就是指页面内可以包含图片、链接,甚至音乐、程序等非文字元素。超文本标记语言是标准通用标记语言下的一个应用,也是一种规范,一种标准,它通过标记符号来标记要显示的网页中的各个部分。网页文件本身是一种文本文件,通过在文本文件中添加标记符,可以告诉浏览器如何显示其中的内容(如:文字如何处理、画面如何安排、图片如何显示等)。浏览器按顺序阅读网页文件,然后根据标记解释和显示其标记的内容。需要注意的是,不同的浏览器对同一标记可能会有不完全相同的解释,因而可能会有不同的显示效果。

超文本标记语言具有简易性、可扩展性、通用性以及多平台性等特点,功能强大且支持不同数据格式的文件嵌入,这也是万维网能够盛行的原因之一。

网页文件就是用 HTML 编写的,可在万维网上传输,能被浏览器识别显示的文本文件,其扩展名是.htm 和.html。网页是网站的基本信息单位,是万维网的基本文档。它由文字、图片、动画、声音等多种媒体信息以及链接组成,通过链接实现与其他网页或网站的关联和跳转。

网站由众多内容不同的网页构成,网页的内容可以体现网站的全部功能。通常把进入网站首先看到的网页称为首页或主页。新浪、网易、搜狐是国内比较知名的大型门户网站。

2. 统一资源定位器 URL

统一资源定位器(Uniform Resource Locator,URL)是一个世界通用的负责对万维

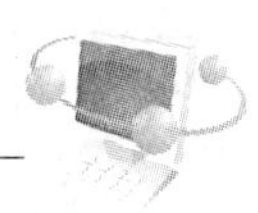

网上网页等资源定位的系统。URL通常用以下形式表示：

＜协议类型＞://＜主机域名或IP地址＞[:端口号]/[＜路径及文件名＞]

例如，地址 http://www.nuaa.edu.cn 中，http 表示客户端和服务器执行 http 传输协议，将 Web 服务器上的网页传输给用户的浏览器；主机域名 www.nuaa.edu.cn 指的是提供此服务的 Web 服务器的域名；端口号通常是默认的，如 web 服务器使用的是 80，一般不需要给出；/[＜路径及文件名＞]指的是网页在 Web 服务器硬盘中的位置和文件名，如果不明确指出，则以该网站主页 index.html 作为默认文件名。

3. HTTP 协议

HTTP(HyperText Transfer Protocol，超文本传输协议)是用于从 WWW 服务器传输超文本到本地浏览器的传送协议。它使得浏览器更加高效，提供了访问超文本信息的功能，是网页浏览器和服务器之间的应用层通信协议。HTTP 协议是用于分布式协作超文本信息系统的、通用的、面向对象的协议。通过扩展命令，它可用于类似的任务，如域名服务或分布式面向对象系统。WWW 使用 HTTP 协议传输各种超文本页面和数据。

HTTP 是一个应用层协议，由请求和响应构成，是一个标准的客户端/服务器模型。它的会话过程包括 4 个步骤：

(1) 建立连接：客户端的浏览器向服务器发出建立连接的请求，服务器给出响应就可以建立连接。

(2) 发送请求：客户端按照协议的要求通过连接向服务器发送自己的请求。

(3) 给出应答：服务器对客户端的要求做出应答，把结果(HTML 文件)返回给客户端。

(4) 关闭连接：客户端接到应答后关闭连接。

HTTP 协议是基于 TCP/IP 之上的协议，它不仅保证正确传输超文本文档，还确定传输文档中的哪一部分及相应内容显示次序等。

4. 万维网的工作原理

WWW 采用典型的客户端/服务器工作模式，分为 Web 客户端和 Web 服务器程序。客户端运行的 Web 客户机程序，是一个需要某些资源，为用户完成信息查询、网页请求与浏览任务的程序；而服务器运行的是 Web 服务器程序，是提供这些信息资源的程序。一个客户机可以向许多不同的服务器请求，一个服务器也可以向多个不同的客户机提供服务。

(1) Web 客户机程序

通常情况下，客户机是作为某个用户请求或类似于用户程序提出的请求而运行的，它首先启动与某个服务器的对话，服务器通常是等待客户机请求的一个自动程序。WWW 客户机又可称为浏览器。浏览器(图 4-48)由若干软件模块组成，包括一组客户程序、一组解释器和一个管理它们的控制程序。常用的浏览器主要包括 IE，Firefox，Safia，Opera 和 Chrome 等。

客户机的主要任务是：

a. 在用户单击或在地址栏输入某个链接点时启动一个请求；

b. 将请求发送给对方服务器；

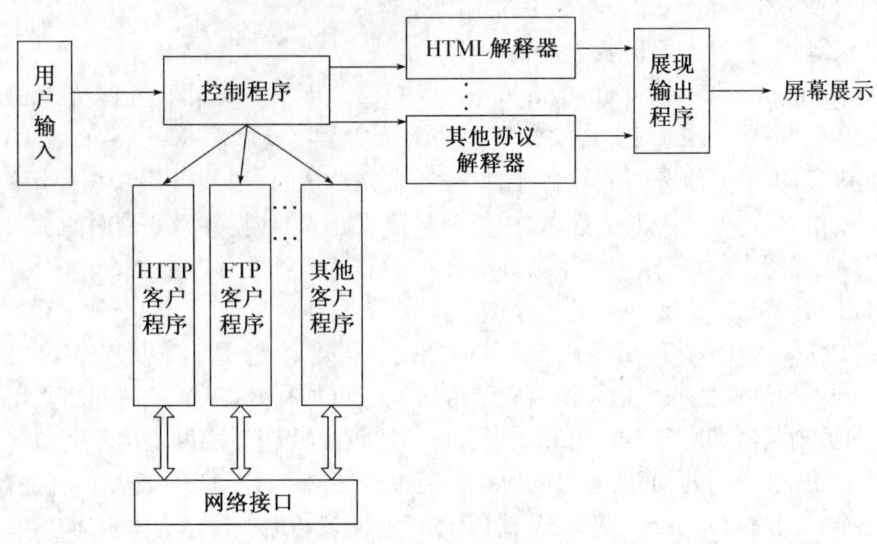

图 4-48　浏览器原理图

c. 收到服务器发回的网页后,解释并显示给用户。

提示:

通常 WWW 客户机不仅可以向 Web 服务器发出请求,还可以向其他服务器(例如 FTP、news、mail、telnet 等)发出请求。

(2) Web 服务器程序

Web 服务器保存着可以被 WWW 客户机共享的信息。任务是:

a. 接收客户机请求;

b. 请求的合法性检查,包括安全性屏蔽;

c. 针对请求获取并制作数据,包括 Java 脚本和程序、CGI 脚本和程序、为文件设置适当的 MIME 类型来对数据进行前期处理和后期处理;

d. 审核信息的有效性;

e. 把信息发送给提出请求的客户机。

(3) Web 工作原理

当用户访问 WWW 上一个网页,或者其他网络资源的时候,通常首先在浏览器上键入想要访问网页的统一资源定位符 URL,或者通过超链接方式链接到对应网页或网络资源。然后,URL 的服务器名部分将被分布于全球因特网数据库的域名系统(DNS)解析,并根据解析结果决定访问哪一个 IP 地址。

接下来向含有所要访问网页的服务器发送一个 HTTP 请求。通常情况下,构成该网页的文件,如 HTML 文件、图片等会很快地被逐一请求并发送回用户。浏览器接下来的工作是把 HTML、CSS 和其他接收到的文件所描述的内容,加上图像、链接和其他必须的资源显示给用户,这些就构成了人们所看到的"网页"(图 4-49)。

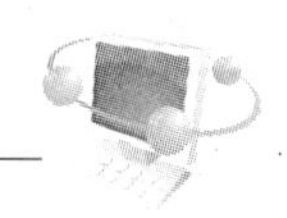

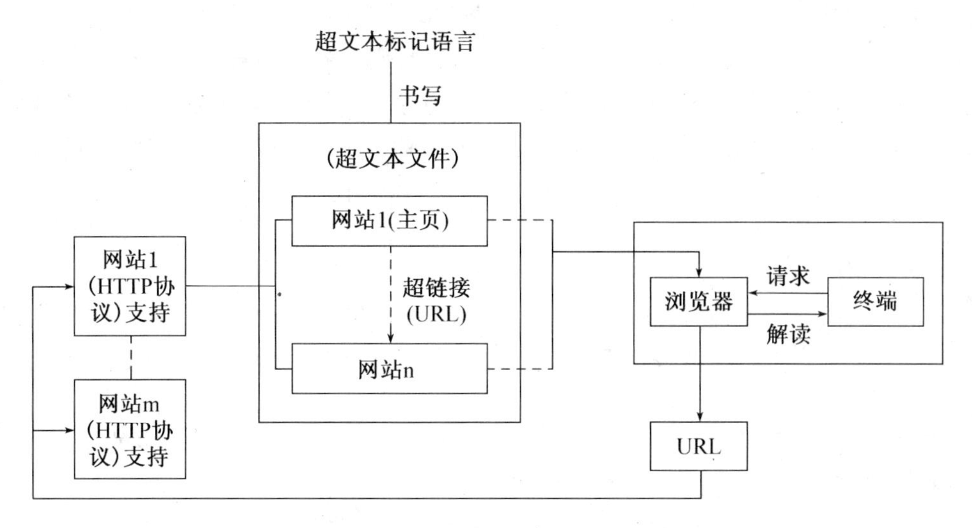

图4-49 万维网运行流程图

5. 网络搜索引擎

随着网络基础设施和信息科学技术的不断发展,网络已成为人们生活中的重要组成部分,网上信息也呈几何级数增长。面对众多繁杂无序的信息,如何能快速、准确、经济地查找到所需要的信息,成为人们迫切需要解决的问题,搜索引擎也就应运而生。

(1) 搜索引擎

搜索引擎(Search Engine)是指根据一定的策略、运用特定的计算机程序搜集因特网上的信息,在对信息进行组织和处理后,为用户提供检索服务的系统。

狭义上的搜索引擎仅指基于因特网的搜索引擎;广义上的搜索引擎除此之外还包括基于目录的信息检索服务。搜索引擎涉及信息检索、人工智能、计算机网络、分布式处理、数据库、数据挖掘、数字图书馆、自然语言处理等多领域的关键理论和技术,其核心是数据库的规模、索引数据库的质量和标引质量。

因特网上的信息浩瀚万千,而且毫无秩序,搜索引擎则把这些信息有序组织,供用户随时查阅。从使用者的角度看,搜索引擎提供一个包含搜索框的页面,在搜索框输入词语,通过浏览器提交后,搜索引擎就会返回用户输入内容相关的信息列表。

(2) 搜索引擎发展历史

1990年初,万维网尚未出现,为了在各个分散主机中查询文件,出现了Gopher等搜索工具。随着因特网的迅速发展,基于HTTP访问的Web技术迅速普及。在1994年1月,第一个既可搜索又可浏览的分类目录EINet Galaxy(Tradewave Galaxy)上线,它还支持Gopher和Telnet搜索。同年4月,Yahoo目录诞生,随着访问量和收录链接数的增长,开始支持简单的数据库查询。这就是早期的目录导航系统,他们的缺点是网站收录或者更新都要靠人工维护。

1998年10月,Google(谷歌)诞生。它是目前世界上最流行的搜索引擎之一,具备很多独特而且优秀的功能,并且在界面等方面实现了革命性创新。

在中文搜索引擎领域,1996年8月成立的搜狐公司是最早参与网络信息分类导航的

网站。但由于其人工分类提交的局限性,随着网络信息的暴增,逐渐被利用自动搜索机器人抓取并智能分类的新一代技术取代。百度中文搜索由超链分析专利发明人、前Infoseek(早期最重要的搜索引擎之一)资深工程师李彦宏和好友徐勇2000年1月创建,目前支持网页信息检索、图片、Flash、音乐等多媒体信息的检索。目前,它已占据中文搜索的主要市场。

(3) 工作原理

搜索引擎的工作原理大致为:

1) 搜集信息:搜索引擎的信息搜集基本都是自动的。搜索引擎利用自动搜索机器人连接上每一个网页上的超链接及链接的页面。理论上,若网页上有适当的超链接,机器人便可以遍历绝大部分网页。

2) 整理信息:搜索引擎整理信息的过程称为“创建索引”即按照一定的规则进行编排。这样,搜索引擎可迅速找到所要的资料。

3) 接收查询:用户向搜索引擎发出查询请求,搜索引擎接收查询并向用户返回资料。目前,搜索引擎返回主要是以网页链接的形式提供的,通过这些链接,用户便可访问含有自己所需资料的网页。通常搜索引擎会在这些链接下提供一小段来自这些网页的摘要信息以帮助用户判断此网页是否含有自己需要的内容。

(4) 搜索引擎分类

搜索引擎按其工作方式主要分为三种,分别是全文搜索引擎(FullText Search Engine)、垂直搜索引擎(Vertical Search Engine)和元搜索引擎(Meta Search Engine)。

全文搜索引擎是名副其实的搜索引擎,具代表性的有Google、百度(Baidu)等。它们都是通过从因特网上提取各个网站的信息(以网页文字为主)而创建的数据库。检索与用户查询条件匹配的相关记录,然后按一定的排列顺序将结果返回给用户,因此他们是真正的搜索引擎。

垂直搜索引擎是针对某一个行业的专业搜索引擎,是搜索引擎的细分和延伸,是对网页库中的某类专门的信息进行集成,定向分字段抽取出需要的数据进行处理后再以某种形式返回给用户。

元搜索引擎在接收用户查询请求时,同时在其他多个引擎上进行搜索,并将结果返回给用户。著名的元搜索引擎有InfoSpace、Dogpile、Vivisimo等。在搜索结果排列方面,有的直接按来源引擎排列搜索结果,有的则按自定的规则将结果重新排列组合。

(5) 分类检索

分类检索也称为目录索引,是因特网上最早提供WWW资源查询的服务,主要通过搜集和整理因特网的资源,根据搜索到的网页内容,将其网址分配到相关分类主题目录的不同层次的类目之下,形成像图书馆目录一样的分类树形结构索引。目录索引无需输入任何文字,只要根据网站提供的主题分类目录,层层点击进入,便可查到所需的网络信息资源(图4-50)。

6. 万维网的社会影响

万维网促进人们以史无前例的巨大规模相互交流,距离和时间无法阻碍人们通过网络来发展彼此的关系和升华人们的思想境界。网络甚至改变了人们对待事情的态度以及

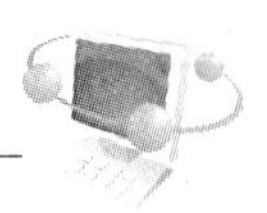

Baidu网站

新闻 网页 贴吧 知道 音乐 图片 视频 更多▾

百度一下 把百度添加到桌面 | 把本站设为主页

娱乐休闲
音乐 游戏 小说 电影
美女 图片 新闻 视频
体育 NBA 足球 军事
社区 笑话 星座 交友
QQ 动漫 小游戏

生活服务
天气 彩票 查询 股票
母婴 儿童 女性 职业
健康 汽车 房产 美食
银行 购物 旅游 地图
地方 宠物 政府 基金
团购 折扣 理财 贷款

电脑网络
邮箱 软件 硬件 杀毒
博客 搜索 科技 壁纸
聊天 手机 电视剧

文化教育

实用查询 更多>>
天气预报 火车票官网 网页QQ 快递 星座运程
北京时间 飞机票 股票 违章查询 在线翻译
网上地图 外汇牌价 彩票 双色球 手机号归属地 万年历

酷站大全
名站 百度 新浪·微博 腾讯·QQ空间 搜狐 网易·163邮箱 凤凰网 更多>>
视频 优酷网 奇艺高清 土豆网 搜狐视频 影视大全 迅雷看看 更多>>
购物 淘宝网 京东商城 当当网 卓越 拍拍 百度团购 美丽说 更多>>
新闻 新浪新闻 新华网 人民网 中央电视台 搜狐新闻 联合早报 更多>>
社交 人人网 开心网 QQ空间 百度贴吧 天涯社区 新浪微博 猫扑 更多>>
游戏 4399 7K7K 17173 pps游戏 百度游戏 赛尔号 穿越火线 更多>>
生活 58同城 赶集网 百姓网 携程 去哪儿 大众点评 12306 美食天下 更多>>
军事 中华网军事 铁血军事 新浪军事 凤凰网军事 米尔军情 环球网 更多>>
邮箱 163邮箱 126邮箱 雅虎邮箱 新浪邮箱 139邮箱 QQ邮箱 Hotmail 更多>>
音乐 百度音乐 一听音乐 酷狗音乐 酷我音乐 中国好声音 音悦台MV 更多>>
小说 起点 小说阅读网 潇湘书院 言情小说吧 红袖添香 纵横中文网 更多>>
财经 东方财富网 新浪财经 天天基金网 搜狐财经 金融界 股吧 更多>>
婚恋 世纪佳缘 百合交友 我们约会吧 珍爱网 非诚勿扰 更多>>
电脑 中关村在线 太平洋电脑网 华军软件园 天空软件站 新浪数码 更多>>
人才 前程无忧 中华英才 智联招聘 应届生求职 58招聘 赶集招聘 更多>>
银行 工商银行 建设银行 招商银行 农业银行 中国银行 交通银行 更多>>

图 4－50　分类检索

精神。情感经历、政治观点、文化习惯、表达方式、商业建议、艺术、摄影、文学都可以以人类历史上从来没有过的低投入方式实现数据共享。尽管使用万维网仍然要依靠于物化的工具，但信息的保存方式不再是使用如图书馆、出版物那样实在的东西。信息传播是经由网络来实现而无须搬运具体的书卷，或者手工的或实物的复制。数字的储存方式使在网络上可以比图书馆或者书籍更加有效率地查询信息资源，查询的方式也更加多元化。

万维网是人类历史上最深远、最广泛的传播媒介。它可以使用户和位于不同地区、时区的其他人相互联系。其使用人数远远超过通过具体接触或其他所有已经存在的通信媒介的总和所能达到的数目。

万维网是全世界性的，可以促进全球范围的人们相互包容理解，可以培育人们的相互同情和合作。因此人们应该珍惜这样一种工具，正确的使用网络会为全人类带来更多的财富。

自测题 4

一、判断题

1. 即时通信系统发展很快，现在使用 3G 手机也可以进行即时通信。　（　　）
2. IE 浏览器在支持 FTP 的功能方面，只能进入匿名的 FTP，无法上传。　（　　）
3. 因特网上有很多 FTP 服务器，其中有不少 FTP 服务器允许用户进行匿名登录。　（　　）
4. 发送邮件时，要求接收方必须同时在线，否则无法接收。　（　　）
5. 使用 Telnet 协议就可以进行远程登录，不需要其他任何条件。　（　　）

二、选择题

1. 因特网上的服务都是基于某一种协议，Web 服务是基于________。

A. Telnet 协议　B. SMTP 协议　C. HTTP 协议　D. SNMP 协议

2. 下列不属于 Internet 基本功能的是________。

A. 电子邮件　B. 文件传输　C. 远程登录　D. 图像处理

3. 在 Internet 上收发电子邮件，首先必须拥有一个________。

A. 个人主页　B. 电子邮箱　C. 邮政编码　D. 手机号码

4. 下列关于收发邮件的说法中，不正确的是________。

A. 向对方发送电子邮件时，并不要求对方计算机在线

B. 可以同时发送给多个接收者

C. 无须知道对方的邮件地址也能发送

D. 可执行文件也可以发送

5. FTP 是以下________服务的简称。

A. 文件处理　B. 文件传输　C. 文件转换　D. 文件下载

6. WWW 的缩写是________。

A. World Wide Wait　B. Website of World Wide

C. World Wide Web　D. World Waits Web

7. 与 Web 站点和 Web 页面密切相关的一个概念称“统一资源定位器”，它的英文缩写是________。

A. UPS　B. USB　C. ULR　D. URL

8. 某用户在 WWW 浏览器地址栏内键入一个 URL：http://www.nuaa.edu.cn/index.htm，其中“/index.htm”代表________。

A. 协议类型　B. 主机域名　C. 路径及文件名　D. 用户名

9. 万维网(WWW)信息服务是 Internet 上的一种最主要的服务形式，它进行工作的方式是基于________。

A. 单机　B. 浏览器/服务器　C. 对称多处理机　D. 客户机/服务器

10. Web 浏览器由许多程序模块组成，________一般不包含在内。

A. 控制程序和用户界面　B. HTML 解释器

C. 网络接口程序　D. DBMS

三、填空题

1. 每个电子邮箱都有一个唯一的邮件地址，邮件地址由两部分组成：邮箱名和________，两者之间用“@”隔开。

2. Internet 上的 Web 服务器的 URL 地址以________开始，而 FTP 服务器的 URL 地址以________开始。

3. 在 TCP/IP 协议中，Telnet 协议应用于________。

4. 用来描述网页，定义超文本文档的结构和格式的一种语言是________。

5. 即时通信是一种基于 Internet 的通信技术，其技术原理包括客户/服务器通信模式和________。

四、简答题

1. 请简要说出因特网为网络用户提供了哪些服务？
2. 什么是即时通信？即时通信和 E-mail 有什么区别？
3. 什么是网页，什么是 URL，什么是 HTTP 协议？
4. 电子邮件系统由哪些部分组成？它采用哪些协议？
5. 什么是搜索引擎？请举出几个常用的搜索引擎的名称。

4.5 网络信息安全

目前，随着计算机技术和通信技术的飞速发展，信息网络已经成为社会发展的重要基础设施，涉及各个国家的政府、军事、文教等诸多领域。其中存储、传输和处理的信息是有很大一部分是政府宏观调控决策、商业经济信息、银行资金转账、股票证券、能源资源数据、科研数据等重要的信息。有很多信息是敏感信息或是国家机密，所以不可避免会受到来自世界各地的各种人为攻击(例如信息泄漏、信息窃取、数据篡改、数据删添、计算机病毒等)。由于计算机网络具有连接形式多样、网络开放性、互连性等特点，因此，网络易受黑客、病毒、恶意软件的攻击。事实显示，计算机犯罪率迅速增加，各国的计算机系统特别是网络系统面临着很大的威胁，网络信息安全已成为一个至关重要的社会问题。

4.5.1　网络安全概述

1. 网络安全的基本概念

网络安全是一门涉及计算机科学、网络技术、通信技术、密码技术、信息安全技术、应用数学、数论、信息论等多种学科的综合性学科。

网络安全是指保护网络系统中的软件、硬件及信息资源、使之免受偶然或恶意的破坏、篡改和泄漏，保证网络系统的正常运行、网络服务不中断。

网络安全应具有以下几个方面的特征：

(1) 真实性鉴别：对通信双方的身份和所传送信息的真伪能准确地进行鉴别。

(2) 访问控制：控制用户对信息等资源的访问权限，防止未经授权使用资源。控制信息流向及行为的方式，保障系统依据授权提供相应的服务。对黑客入侵、口令攻击、用户权限提升、资源非法使用采取防范措施。

(3) 数据加密：保护数据秘密，未经授权其内容不会显露。确保信息不暴露给未授权的人或实体。在网络系统中每个层次上都有不同的防范措施来保证其机密性，如物理保密、信息加密、防窃听、防辐射等。

(4) 保证数据完整性：保护数据不被非法修改，使数据在传送前、后保持完全相同。只有得到授权的人才能修改数据，并且能够判别出数据是否已被篡改。即网络信息在存储、传输过程中保持不被删除、修改、伪造、乱序、重放、插入等。影响网络完整性的主要因素有设备故障，传输、处理、存储过程中受到的攻击、计算机病毒等，主要防范措施有校验和认证。

(5) 保证数据可用性:保护数据在任何情况(包括系统故障)下不会丢失。得到授权的人在任何时候都可以访问数据,保证合法用户对信息和资源的使用不易被拒绝。在网络环境下拒绝服务、破坏网络和破坏有关系统的正常运行都属于对可用性的攻击。

(6) 防止否认:防止接收方或发送方抵赖。

(7) 审计管理:监督用户活动、记录用户操作等。可提供历史事件的记录,对出现的问题提供调查的依据和手段。

2. 影响网络安全的因素

计算机网络由于系统本身存在不同程度的脆弱性,为各种动机的攻击提供了入侵或破坏系统的途径和方法。网络系统的脆弱性体现在以下几个方面:

(1) 硬件系统

体现在硬件的物理安全方面,由于人为或自然地原因造成设备的损坏,从而导致信息的泄露或失效。

(2) 软件系统

由于软件设计中的疏漏可能留下安全漏洞,这种漏洞可能存在于操作系统、数据库系统和应用软件系统。

(3) 网络及其通信协议

因特网是人们普遍使用的网络,由于最初的 TCP/IP 是在可信任的环境中开发出来的,所以它的协议族在总体设计上基本是没有考虑安全问题,很多安全问题是在后来的使用过程中发现,并在原协议中添加安全策略的。

综上所述,网络安全性的风险主要有四种基本安全威胁:信息泄露、完整性破坏、拒绝服务和非授权访问,而造成这些安全威胁的主要原因有内部操作不当、内部管理漏洞、外部威胁和犯罪。如系统管理员和安全管理员出现管理配置的操作失误,会导致事故的发生,又如 Linux 操作系统的核心代码是公开的,这是最易受攻击的目标。当攻击者发起攻击时可能先设法通过 Linux 的漏洞登录到一台主机上,然后以此为据点访问其余主机,攻击者到达目的主机前往往会先经过几个主机,这样,即使被攻击网络发现了攻击者从何处攻击,管理人员也很难顺次找到他们的最初据点,而且他们在窃取某台主机的系统特权后,在退出时会删除系统日志。因此,如何检测系统自身的漏洞,保障网络的安全,已成为一个日益紧迫的问题。

健全内部网络的管理机制,加强职工的安全教育,设置防火墙,建立监控系统是保障内部网络安全的重要举措。同时,多了解网络攻击的类型和常见新式,对网络安全也是大有益处的。

从安全属性来说,网络攻击的类型可以分为传输中断、窃听、篡改和信息伪造四种,如图 4 - 51 所示。传输中断指通信线路切断、文件系统瘫痪等,影响数据的可用性;窃听指文件或程序被非法拷贝,将危及数据的机密性;篡改攻击指破坏数据的完整性;信息伪造攻击指失去了数据(包括用户身份)的真实性。

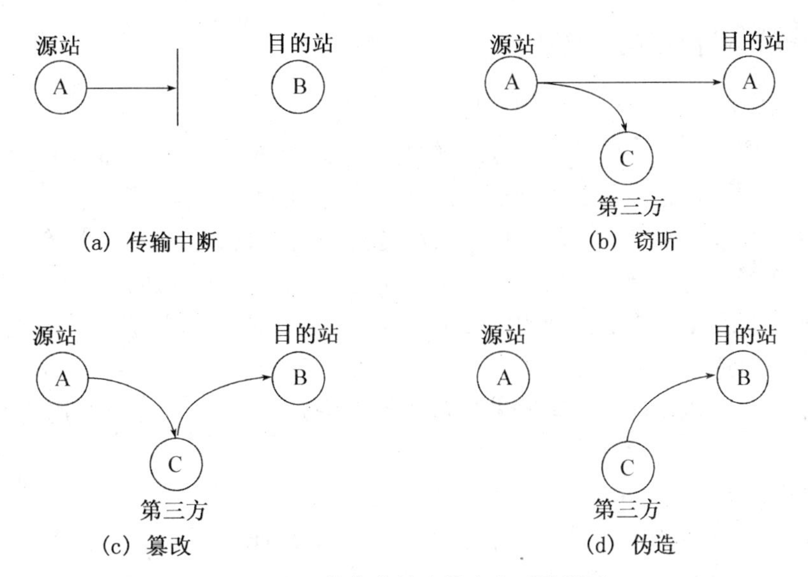

图 4－51　信息传输中的安全威胁类型

4.5.2　数据加密

数据加密又称密码学，它是一门具有悠久历史的技术，指通过加密算法和加密密钥将明文转变为密文，而解密则是通过解密算法和解密密钥将密文恢复为明文。数据加密目前仍是对信息进行保护的一种最可靠的办法，也是其他安全措施的基础。它利用密码技术对信息进行加密，实现信息隐蔽，使得只有合法的接收方才能读懂，其他任何人即使窃取了数据也无法得知其真实意思。

例如，把一段文本中的每一个英文字母用排列在其后的第四个字母替换，那么，本来一句“I am Jane”，加密后就变为：“M eq Neri”，从而起到了保密的功能。

4.5.3　数字签名

数字签名，就是只有信息的发送者才能产生的别人无法伪造的一段数字串，这段数字串同时也是对信息的发送者发送信息真实性的一个有效证明。

简单地说，所谓数字签名就是附加在数据单元上的一些数据或是对数据单元所作的密码变换。数据单元的接收者根据这种数据或变换来确认数据单元的来源及数据单元的完整性，并保护数据，防止被人伪造。它是对电子形式的消息进行签名的一种方法。

数字签名的主要功能就是保证信息传输的完整性、发送者的身份认证、防止交易中的抵赖发生。

数字签名技术是将摘要信息用发送者的私钥加密，与原文一起传送给接收者。接收者只有用发送者的公钥才能解密被加密的摘要信息，然后用 HASH 函数对收到的原文产生一个摘要信息，与解密的摘要信息对比。如果相同，则说明收到的信息是完整的，在传输过程中没有被修改，否则说明信息被修改过，因此数字签名能够验证信息的完整性。

数字签名是个加密的过程，数字签名验证是个解密的过程。

4.5.4 身份认证和访问控制

1. 身份认证

在计算机网络中,所有信息包括用户的身份信息都是用一组特定的数据来表示的,计算机只能识别用户的这一串数据,所有对用户的授权也是针对这一数字身份的授权。

如何保证以该数字身份进行操作的操作者就是这个数字身份合法拥有者本身,也就是说保证操作者的物理身份与数字身份相对应,这就是身份认证或身份鉴别。进行身份认证的目的就是为了防止欺诈和假冒攻击。身份鉴别一般在用户登录某个信息系统或者访问某个资源时进行。

身份鉴别必须能够快速准确地将对方的真伪判断出来。身份鉴别常用的方法有以下三种:

(1) 口令机制

使用口令、私有密钥或个人身份证号码等只有被鉴别对象本人才知道的信息来进行鉴别。例如用户的密码是由用户自己设定的,在网络登录时输入正确的密码,计算机就认为操作者就是合法用户。

这是目前最普遍使用的身份鉴别方法。口令一般是由数字、字母等字符构成的一串字符,需要强密码的还会包含特殊字符或控制字符。口令有容易泄漏、被猜中或是被窃听等特点,因此其安全性并不高。为防止口令泄漏,通常需要采取一些措施:限制非法登录次数,要求使用强密码,要求用户定期修改密码,不要使用与用户特征相关的口令(如用户名、生日、电话号码、身份证号码等)等。

(2) 令牌认证

使用如U盾、磁卡、IC卡等只有被鉴别对象本人才拥有的信物(令牌)来进行鉴别。基于令牌的身份认证方式是近几年发展起来的一种安全方便的身份认证技术。例如U盾就是一种USB接口的硬件设备,它内置单片机或智能卡芯片,可以存储用户的密钥或数字证书,利用U盾内置的密码算法实现对用户身份的认证。

若令牌丢失将导致他人轻易假冒,因此常使用双因素认证,就是令牌和口令同时使用。例如:使用银行卡和口令在ATM机上操作或使用U盾和口令在网银上操作。

(3) 生物识别

使用例如指纹、笔迹或说话声音等只有被鉴别对象本人才具有的生理或行为来进行鉴别。生物识别包含视网膜识别、虹膜识别、指纹识别、掌型识别、脸型识别、语音识别、签名识别、血管纹理识别、人体气味识别、DNA识别等。这种身份鉴别方法成本较高。

2. 访问控制

根据用户身份及其所属的组来限制用户对某些信息项的访问,或限制某些操作。访问控制通常用于网络管理员控制用户对服务器、目录、文件等网络资源的访问。例如对共享的某个文件的操作权限(读取、写入、修改等),如表4-14所示。

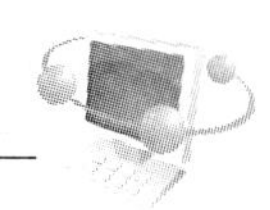

表 4-14　文件的访问控制举例

身份	权限					
	读取	写入	编辑	删除	打印	复制
董事长	✓	✓	✓	✓	✓	✓
总经理	✓				✓	✓
部门经理	✓				✓	
科长	✓				✓	
一般职员	✓				✓	
……						

4.5.5　防火墙与入侵检测

1. 防火墙

防火墙技术，最初是针对 Internet 网络不安全因素所采取的一种保护措施。防火墙就是用来阻挡外部不安全因素影响内部子网的屏障，其目的就是防止外部网络用户未经授权的访问。它是一种计算机硬件和软件的结合，使子网与 Internet 之间建立起一个安全网关（Security Gateway），从而保护子网免受非法用户的侵入，防火墙主要由服务访问政策、验证工具、包过滤和应用网关 4 个部分组成。计算机进行网络通信时的所有流入流出均要经过防火墙。

防火墙有多种不同的类型。传统的防火墙是一台专用的计算机，独立于路由器等其他网络设备。有一些防火墙是基于路由器的防火墙，设置在被保护网络和外部网络之间。有些系统在网络服务器中安装防火墙系统管理软件，同时在每台计算机上安装具有防火墙功能的网卡。直接与因特网连接的计算机，可以启用操作系统中自带的防火墙软件。防火墙对网络或单台计算机具有很好的保护作用。入侵者必须首先穿越防火墙的安全防线，才能接触目标计算机。

在具体应用防火墙技术时，还要考虑到两个方面：

一是防火墙是不能防病毒的，尽管有不少的防火墙产品声称其具有这个功能。二是防火墙技术的另外一个弱点在于数据在防火墙之间的更新是一个难题，如果延迟太大将无法支持实时服务请求。并且，防火墙采用滤波技术，滤波通常使网络的性能降低 50% 以上，如果为了改善网络性能而购置高速路由器，又会大大提高经济预算。

总之，防火墙是企业网安全问题的流行方案，即把公共数据和服务置于防火墙外，使其对防火墙内部资源的访问受到限制。作为一种网络安全技术，防火墙具有简单实用的特点，并且透明度高，可以在不修改原有网络应用系统的情况下达到一定的安全要求。

2. 入侵检测

入侵检测（Intrusion Detection），就是对入侵行为的发觉。它通过对计算机网络或计算机系统中若干关键点收集信息并对其进行分析，从中发现网络或系统中是否有违反安全策略的行为和被攻击的迹象。

入侵检测是防火墙的合理补充，帮助系统对付网络攻击，扩展了系统管理员的安全管理能力（包括安全审计、监视、进攻识别和响应），提高了信息安全基础结构的完整性。它从计算机网络系统中的若干关键点收集信息，并分析这些信息，看看网络中是否有违反安全策略的行为和遭到袭击的迹象。入侵检测被认为是防火墙之后的第二道安全闸门，在不影响网络性能的情况下能对网络进行监测，从而提供对内部攻击、外部攻击和误操作的实时保护。

4.5.6 计算机病毒防范

计算机病毒，是指编制或者在计算机程序中插入的破坏计算机功能或者毁坏数据，影响计算机使用，并能自我复制的一组计算机指令或者程序代码。

计算机病毒能在计算机中生存，通过自我复制进行传播，在一定条件下会被激活，从而给计算机系统造成损害甚至严重破坏系统中的软件、硬件和数据资源。例如木马病毒能偷偷记录用户的键盘操作，盗窃用户账号（如游戏账号，股票账号，甚至网上银行账号）、密码和关键数据，甚至使“中马”的电脑被别有用心者所操控，安全和隐私完全失去保证。

1. 计算机病毒的特点

（1）破坏性

计算机中毒后，可能会导致正常的程序无法运行，把计算机内的文件删除或受到不同程度的损坏。通常表现为：增、删、改、移。

（2）隐蔽性

计算机病毒具有很强的隐蔽性，有的可以通过病毒软件检查出来，有的根本就查不出来，有的时隐时现、变化无常，这类病毒处理起来通常很困难。

（3）传染性和传播性

计算机病毒不但本身具有破坏性，更有害的是具有传染性，一旦病毒被复制或产生变种，其速度之快令人难以预防。传染性是病毒的基本特征。在生物界，病毒通过传染从一个生物体扩散到另一个生物体。在适当的条件下，它可得到大量繁殖，并使被感染的生物体表现出病症甚至死亡。同样，计算机病毒也会通过各种渠道从已被感染的计算机扩散到未被感染的计算机，在某些情况下造成被感染的计算机工作失常甚至瘫痪。与生物病毒不同的是，计算机病毒是一段人为编制的计算机程序代码，这段程序代码一旦进入计算机并得以执行，它就会搜寻其他符合其传染条件的程序或存储介质，确定目标后再将自身代码插入其中，达到自我繁殖的目的。只要一台计算机染毒，如不及时处理，那么病毒会在这台电脑上迅速扩散，计算机病毒可通过各种可能的渠道，如U盘、硬盘、移动硬盘、计算机网络去传染其他的计算机。当您在一台机器上发现了病毒时，往往曾在这台计算机上用过的U盘已感染上了病毒，而与这台机器联网的其他计算机也许也被该病毒染上了。是否具有传染性是判别一个程序是否为计算机病毒的最重要条件。

（4）潜伏性

有些病毒像定时炸弹一样，让它什么时间发作是预先设计好的。比如黑色星期五病毒，不到预定时间一点都觉察不出来，等到条件具备的时候一下子就爆炸开来，对系统进行破坏。一个编制精巧的计算机病毒程序，进入系统之后一般不会马上发作，因此病毒可

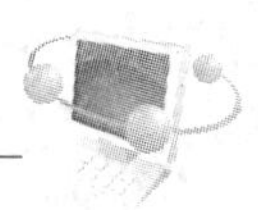

以静静地躲在磁盘或磁带里待上几天，甚至几年，一旦时机成熟，得到运行机会，就又要四处繁殖、扩散，继续危害。潜伏性的第二种表现是指，计算机病毒的内部往往有一种触发机制，不满足触发条件时，计算机病毒除了传染外不做什么破坏。触发条件一旦得到满足，有的在屏幕上显示信息、图形或特殊标识，有的则执行破坏系统的操作，如格式化磁盘、删除磁盘文件、对数据文件做加密、封锁键盘以及使系统死锁等。

2. 计算机病毒的预防

提高系统的安全性是防病毒的一个重要方面，但完美的系统是不存在的，过于强调提高系统的安全性将使系统多数时间用于病毒检查，系统失去了可用性、实用性和易用性，另一方面，信息保密的要求让人们在泄密和抓住病毒之间无法选择。加强内部网络管理人员以及使用人员的安全意识，很多计算机系统常用口令来控制对系统资源的访问，这是防病毒进程中，最容易和最经济的方法之一。另外，安装杀毒软件并定期更新也是预防病毒的重中之重。

提示：

安全使用计算机系统，预防计算机病毒的经验：

(1) 注意对系统文件、重要可执行文件和数据进行写保护；

(2) 不使用来历不明的程序或数据；

(3) 尽量不用软盘进行系统引导；

(4) 不轻易打开来历不明的电子邮件；

(5) 使用新的计算机系统或软件时，要先杀毒后使用；

(6) 备份系统和参数，建立系统的应急计划等；

(7) 专机专用；

(8) 利用写保护；

(9) 安装杀毒软件；

(10) 分类管理数据。

3. 计算机病毒的消除

检测与消除计算机病毒最常用的方法是使用专门的杀毒软件。常见的杀毒软件有金山毒霸、360、瑞星、诺盾、卡巴斯基等。杀毒是指电脑在被恶意程序篡改系统文件，电脑系统无法正常运作后用一些杀毒的程序，来杀掉病毒。反病毒则包括了查杀病毒和防御病毒入侵两种功能。但是，由于病毒程序与正常程序在形式上是相似的，而且杀毒程序的目标是指定的，因此杀毒软件开发与更新总是滞后于新病毒的出现，会检测不出或无法消除某些病毒。

计算机病毒是人为制造的，所以要加强对计算机系统的管理，采取预防病毒入侵的措施，自觉遵守规章制度，不断加强社会的精神文明建设，才能保证计算机系统的安全。

自测题5

一、判断题

1. 确保计算机网络信息安全的目的是为了保证计算机网络能高速运行。　　(　　)

2. 金融系统采用实时复制技术将本地数据传输到异地的数据中心进行备份，将有利于信息安全和灾难恢复。 ( )

3. 在网络环境下，数据安全就是指数据不能被外界访问。 ( )

二、选择题

1. 如果发现计算机磁盘已染有病毒，则一定能将病毒清除的方法是________。

A. 将磁盘格式化

B. 删除磁盘中所有文件

C. 使用杀毒软件进行杀毒

D. 将磁盘中文件复制到另外一个磁盘中

2. 在网上进行银行卡支付时，常常在屏幕上弹出一个动态“软键盘”，让用户输入银行账户密码，其最主要的目的是________。

A. 方便用户操作　　B. 防止“木马”盗取用户输入的信息

C. 提高软件的运行速度　　D. 为了查杀“木马”病毒

3. 用户开机后，在未进行任何操作时，发现本地计算机正在上传数据，不可能出现的情况是________。

A. 上传本机已下载的视频数据

B. 上传本机已下载的“病毒库”

C. 本地计算机感染病毒，上传本地计算机的敏感信息

D. 上传本机主板上 BIOS ROM 中的程序代码

4. 计算机防病毒技术目前还不能做到________。

A. 预防病毒侵入　　B. 检测已感染的病毒

C. 杀除已检测到的病毒　　D. 预测将会出现的新病毒

5. 下面关于身份鉴别(身份认证)的叙述中，正确的是________。

A. 使用口令进行身份鉴别最为安全可靠

B. 使用“双因素认证”(如银行卡＋口令)的方法安全性比单因素认证(仅口令)高得多

C. 数字签名的效力法律上还不明确，所以尚未推广使用

D. 根据人的生理特征(如指纹、人脸)进行身份鉴别在单机环境下还无法使用

6. 下列有关因特网防火墙的叙述中错误的是________。

A. 因特网防火墙可以是一种硬件设备

B. 因特网防火墙可以由软件来实现

C. 因特网防火墙也可以集成在路由器中

D. Windows XP 操作系统不带有软件防火墙功能

7. 下面关于网络信息安全的叙述中，正确的是________。

A. 数据加密是为了在网络通信被窃听的情况下，也能保证数据内容的安全

B. 数字签名的主要目的是对数据进行加密

C. 使用防火墙的目的是允许单位内部的计算机访问外网，而外界计算机不能访问内部网络

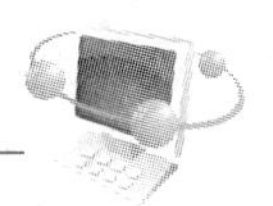

D. 所有黑客都是利用微软产品存在的漏洞对计算机网络进行攻击与破坏的

8. 下列关于“木马”病毒的叙述中，错误的是________。

A. 不用来收发电子邮件的电脑，不会感染“木马”病毒

B. “木马”运行时比较隐蔽，一般不会在任务栏上显示出来

C. “木马”运行时会占用系统的 CPU 和内存等资源

D. “木马”运行时可以截获键盘输入的口令、账号等机密信息，发送给黑客

三、填空题

1. ________技术通常是设置在内部网络和外部网络之间的一道屏障，其目的是防止网内受到有害的和破坏性的入侵。

2. 在计算机网络中，________用于验证信息发送方的真实性。

3. 在计算机网络中，通过授权管理来实施的信息安全措施是________。

四、简答题

1. 身份鉴别的方法有哪些？请你列举出你用过哪几种？

2. 什么是数据加密和数字签名？它们有什么应用？

3. 防火墙的作用是什么？

4. 如何防止计算机受到病毒和木马攻击？

第5章 数字媒体及应用

数字媒体是指在计算机中以二进制数的形式记录、处理、传播、获取过程的信息载体，通常包括数字化的数值、文字、图形、图像、声音、视频和动画等感觉媒体，和表示这些感觉媒体的表示媒体(编码)等，通称为逻辑媒体，以及存储、传输、显示逻辑媒体的实物媒体。但通常意义下所称的数字媒体常常指感觉媒体。

数字媒体的发展通过影响消费者行为深刻地影响着各个领域的发展，消费业、制造业等都受到来自数字媒体的强烈冲击，数字媒体将成为全产业未来发展的驱动力和不可或缺的能量。有关数值信息的基本知识已在第1章作了介绍。本章将依次介绍文本信息的处理、图像与图形信息的处理、声音信息的处理和视频信息的处理。

5.1 文本与文本处理

人们在工作、学习、生活中均离不开文字，文字在计算机中被称作为“文本”，通常计算机文本包括了文字信息、数值信息和符号信息，计算机中处理的文字和数值等对象均采用二进制编码表示。

文本是基于特定字符集的、具有上下文相关性的一串字符流，主要由英文字符集ASCII码表所规定的字符集(主要包括英文字母的大小写、数字和特殊符号等)和汉字信息交换码所规定的中文字符集(字母、数字、特殊符号、汉字等)组合而成，通常前者被称为西文字符，后者称为中文字符。

计算机在处理文本信息过程中主要包括：文本准备、文本编辑、文本处理、文本存储、文本传输和文本展现等。如图5-1所示，根据文本处理要求的不同，在处理过程中将会有很大的差别。

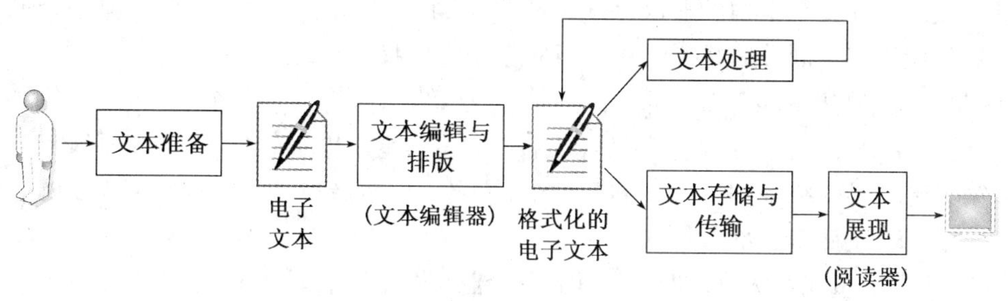

图 5-1　计算机中文本的处理过程

5.1.1　字符的编码

计算机中的信息包括数据信息和控制信息，数据信息又可分为数值和非数值信息。非数值信息和控制信息包括了字母、各种控制符号、图形符号等，它们都以二进制编码方式存入计算机并得以处理，这种对字母和符号进行编码的二进制代码称为字符代码。本节主要介绍西文字符和汉字字符的编码标准。

1. 西文字符的编码

目前计算机中使用最广泛的西文字符集及其编码是 ASCII 字符集和 ASCII 码，即美国标准信息交换码，有关西文字符的编码可参考第 1 章的 1.2.3 小节。

提示：

（1）基本的 ASCII 字符集共有 128 个字符，其中有 96 个可打印字符，包括常用的字母、数字、标点符号等，另外还有 32 个控制字符，标准 ASCII 码使用 7 个二进位对字符进行编码；

（2）虽然标准 ASCII 码是 7 位编码，但由于计算机处理信息的基本单位为字节（1Byte=8bit），所以一般仍以一个字节来存放一个 ASCII 字符。每一个字节中多出来的一位（最高位）在计算机内部通常保持为 0（在数据传输时可用作奇偶校验位）；

（3）字母和数字 ASCII 码的记忆是非常简单的，我们只要记住了一个字母或数字的 ASCII 码（例如记住 A 为 65，数字 0 的 ASCII 码为 48），大小写字母之间的 ASCII 码值相差 32 或 20H，则可以推算出其他字母或数字的 ASCII 码。

例 5-1：大写字母“A”的 ASCII 码为十进制数 65，则 q 的 ASCII 码的十六进制数是多少？

解答 1： a＝A＋32＝65＋32＝97；q＝a＋16＝97＋16＝113＝71H；

解答 2： A＝65＝41H；a＝A＋20H＝61H；q－a＝16＝10H；q＝a＋10H＝61H＋10H＝71H。

2. 中文字符的编码

中文文本主要由汉字组成，为了满足国内在计算机中使用汉字的需要，中国国家标准总局发布了一系列的汉字字符集国家标准编码，统称为 GB 码，即国标码。

（1）GB2312 汉字编码

《信息交换用汉字编码字符集・基本集》（GB2312—1980）是由中国国家标准总局 1980 年发布，1981 年 5 月 1 日开始实施的一套国家标准。GB2312 是一个简体中文字符集，其中收录了682个全角的非汉字字符和6763个常用汉字。每个字符对应一个唯一的字符编码，便于在不同计算机系统中进行汉字信息转换。

GB2312字符集由三部分组成。第一部分是字母、数字和各种符号，包括拉丁字母、希腊字母、日文平假名及片假名字母、俄语西里尔字母等共682个，统称为GB2312图形符号；第二部分是一级常用汉字，共3755个，按照汉语拼音排列；第三部分是二级常用汉字，共3008个，按照偏旁部首排列。

由于字符数量比较大，GB2312采用了二维矩阵编码法对所有字符进行编码。所有汉字分布在一个94行94列的方阵，行号称为"区号"，列号称为"位号"，每个汉字字符均由区号、位号合成表示，称为字符的区位码。例如汉字"宙"出现在第54区的第70位上，其区位码为54 70，其中区号为54，位号为70，对应的二进制编码为：00110110和01000110，而这两个编码在西文字符ASCII码中表示为6和F。这种冲突将导致在解释编码时到底表示的是一个汉字还是两个西文字符将无法判断。

为了避免与西文字符的存储发生冲突，GB2312字符在进行存储时，所有字符均采用2个字节表示，每个字节的最高位均规定为1，如图5-2所示。这种高位均为1的双字节汉字编码称为GB2312汉字的机内码(简称"内码")。

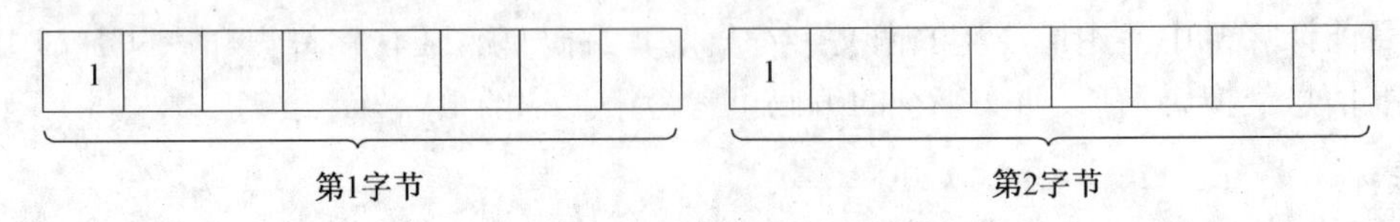

图5-2　GB2312汉字内码表示形式

提示：

(1) ASCII码通常采用单字节进行编码，其字符编码范围为00H～7FH；

(2) GB2312汉字采用双字节进行编码。汉字分布在94行94列的区位码表中，汉字区位码的表示范围是0101～9494，转换为十六进制的表示范围是0101 H～5E5E H，为了避免中西文字符编码产生混淆，将区位码的区号和位号各加上A0H，得到的即为机内码，因此，GB2312汉字机内码的表示范围是A1A1H～FEFEH；

(3) 汉字区位码往往采用十进制表示，若要计算汉字的机内码，首先将区位码的区号和位号所对应的十进制数值转换为十六进制数值，然后再加上A0A0 H，得到的就是汉字的机内码。

(4) 区位码、国标码、机内码之间的转换关系如图5-3所示：

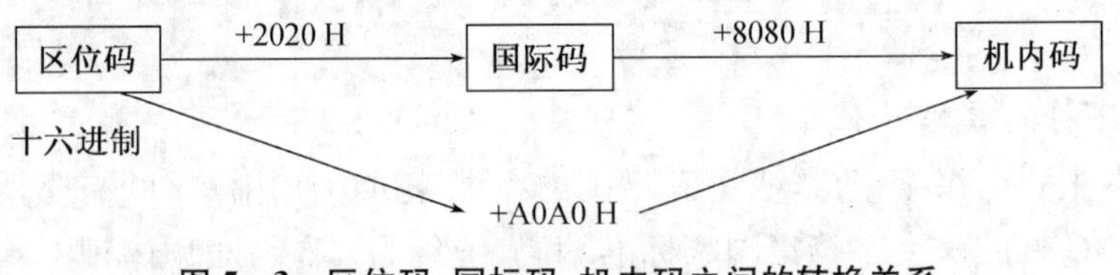

图5-3　区位码、国标码、机内码之间的转换关系

注意:

区位码转换为国标码或机内码之前,需要将区位码的区号和位号分别转换成十六进制数,然后再按照图5-3的关系进行转换。

例5-2:汉字"宙"的区位码为5470,其机内码是?

解答:区位码$=(5470)_{10}=3646$ H,

$$\begin{array}{rrrr} & 36 & 46 & \text{H} \\ + & \text{A0} & \text{A0} & \text{H} \\ \hline & \text{D6} & \text{E6} & \text{H} \end{array}$$

所以"宙"的机内码为D6E6。

例5-3:在中文Windows环境下,西文使用标准ASCII码,汉字采用GB2312编码,现有一段文本的内码为:CAD558E3A4C2B77E,则在这段文本中,含有的多少个汉字字符和多少个西文字符?

解答:ASCII码采用单字节编码,字符编码范围为00～7FH,GB2312汉字机内码采用双字节编码,字符编码范围是A1A1H～FEFEH,若字符编码的第一个值在0～7之间,则为西文字符,若字符编码的第一个值在A～F之间,则为中文字符,按照此规则,CAD5、E3A4、C2B7属于汉字字符,58和7E属于西文字符,因此这段文本中,含有3个汉字和2个西文。

(2) GBK汉字内码扩充规范

GBK字符集是我国1995年发布的国家标准扩展字符集,是在GB2312标准基础上的内码扩展规范,满足特殊场合繁体字的应用。

GBK使用了双字节编码方案,其编码范围从8140至FEFE(剔除xx7F),共收录了21003个汉字,882个符号,共计21885个字符,完全兼容GB2312标准,支持国际标准ISO/IEC10646-1和国家标准GB13000-1中的全部中日韩汉字,并包含了BIG5编码中的所有汉字,但是不兼容BIG5字符集编码。

由于GBK编码与GB2312编码保持向下兼容,因此与GB2312相同的字符,其编码也相同,新增加的繁体字和符号另行编码,其第1个字节的最高位为"1",第2个字节的最高位为"1"或"0",如图5-4所示。

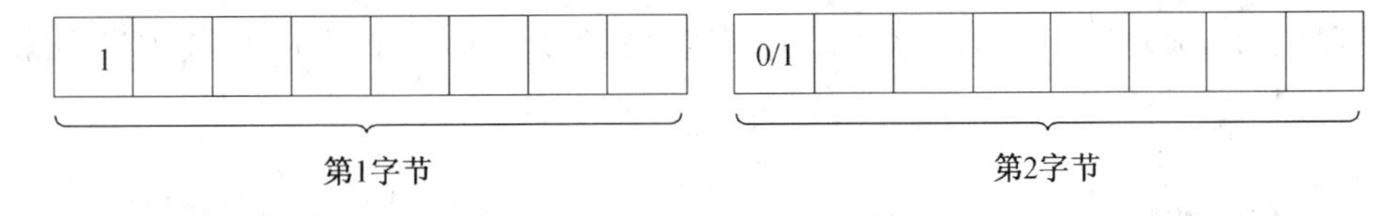

图5-4　GBK汉字内码表示形式

(3) BIG5汉字编码标准

"大五码"(BIG5)是1984年由台湾13家厂商与台湾地区财团法人信息工业策进会为五大中文套装软件(宏基、神通、佳佳、零壹、大众)所设计的中文内码,也称为BIG5中文内码。收录13060个繁体汉字,808个符号,总计13868个字符,采用双字节编码,但与我国汉字编码并不兼容，普遍使用于台湾、香港等地区。BIG5 虽普及于中国的台湾、香港与澳门等繁体中文通行区，但长期以来并非当地的国家标准，只是业界标准。

(4) UCS/Unicode 编码

UCS/Unicode 编码为每种语言中的每个字符设定了统一并且唯一的二进制编码，以满足跨语言、跨平台进行文本转换、处理的要求。UCS/Unicode 是所有其他字符集标准的一个超集，它保证与其他字符集是双向兼容的，也就是说，如果你将任何文本字符串翻译到 UCS/Unicode 格式，然后再翻译回原编码，你不会丢失任何信息。

UCS/Unicode 在计算机中具体实现时可以采用几种不同的编码方案。常见的是"UTF-8"单字节可变长编码和"UTF-16"双字节可变长编码。如图 5-5 所示。

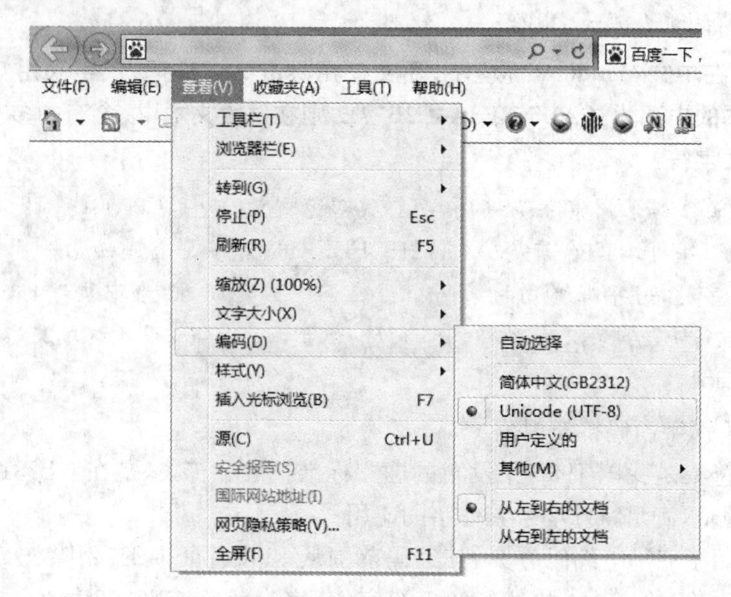

图 5-5　IE 浏览器在浏览网页时字符编码的选择

(5) GB18030 汉字编码标准

GB18030 实际上是 Unicode 字符集的另一种编码方案。它也采用不等长的编码方法，单字节编码(128 个)表示 ASCII 码字符，与 ASCII 码兼容；双字节编码(23940 个)表示汉字，与 GBK、GB2312 保持向下兼容；还有约 158 万个四字节编码用于表示 UCS/Unicode 中的其他字符。GB18030 既与 GB2312、GBK 编码标准保持向下兼容，又与国际标准 UCS/Unicode 接轨(包含中日韩统一表意文字，共 70244 个汉字)。我国汉字编码标准表示范围如图 5-6 所示。

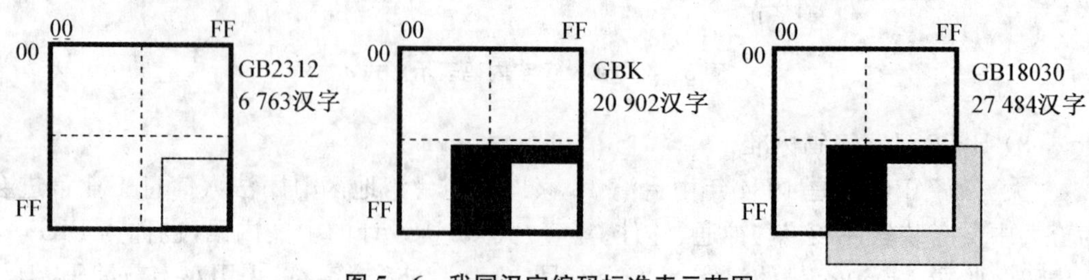

图 5-6　我国汉字编码标准表示范围

知识点归纳：

我国汉字编码标准与UCS/Unicode字符编码在字符个数、编码方法和兼容性等三个方面的对比，如表5-1所示。

表5-1　我国颁发的编码标准与UCS/Unicode字符编码

字符编码标准	GB2312	GBK	GB18030	UCS/Unicode
字符个数	6763个汉字	21003个汉字	近3万个汉字（包括GBK汉字和CJK及其扩充的汉字）	近10万多字符，其中汉字与GB18030相同，但不兼容
编码方法	双字节存储，每个字节的最高位均为“1”	双字节存储，第一个字节的最高位为“1”	部分单字节、部分双字节、部分4字节表示，单字节编码与ASCII码相同，双字节编码与GBK相同	UTF-8采用单字节可变长编码 UTF-16采用双字节可变长编码
兼容性	编码保持向下兼容			编码不兼容

5.1.2　文本的分类

文本是计算机处理中最主要的数字媒体。根据是否具有排版格式，文本可分为简单文本和丰富格式化文本；根据文本内容组织方式的不同，文本可分为线性文本和超文本两大类。

1. 简单文本（纯文本）

简单文本是由一连串的字符组成的，除了用于表达正文内容的字符（包括汉字）及“回车”、“换行”、“制表”等有限的几个打印（显示）控制字符之外，几乎不包含任何其他格式信息和结构信息。这种文本通常称为纯文本，Windows附件中的“记事本”程序编辑处理的文本就是简单文本，其文件后缀名是.txt。

简单文本呈现为一种线性结构，就是写作和阅读均按顺序进行。简单文本是最通用的文本文件格式，文件体积小，阅读不受限制，几乎所有的文字处理软件都能识别和处理，但是它不能插入图片、表格等，不能建立超链接。如图5-7所示。

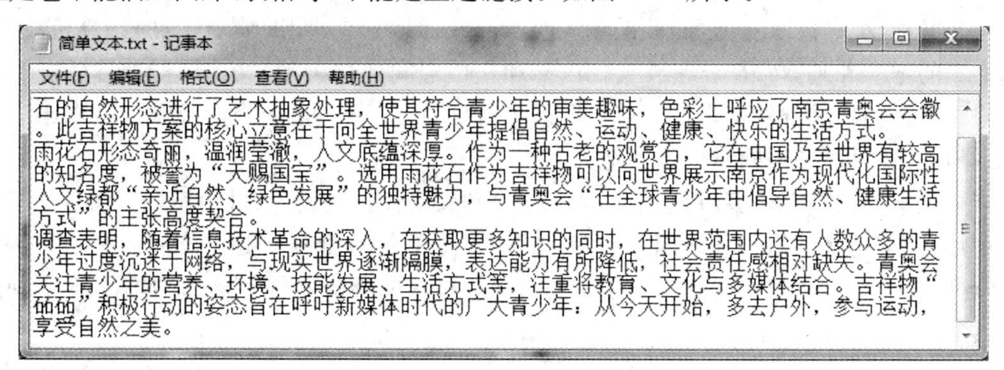

图5-7　简单文本案例

2. 丰富格式文本

为了满足不同领域文本展现的要求，人们往往需要对纯文本进行必要的加工，使文本更加整齐、醒目、美观、大方，常见的格式化操作：对文字的字体、字号、颜色、字形(加粗、斜体、下划线、字符边框、字符阴影、上标、下标等)、字符间距、段落缩进、行距、段落间距、页面大小、页面布局、页面方向等进行设置，格式化文本的过程也称为"排版"(page layout)。对纯文本进行格式控制和结构说明的文本称为"丰富格式文本"(rich text，fancy text 或 formatted text)。例如，使用微软公司 Word 软件生成的 DOC 文件，使用 Adobe 公司 Acrobat 软件生成的 PDF 文件，使用 FrontPage 软件生成的 HTML 文件等，都是常用的丰富格式文本。

由于不同的文本处理软件使用的格式控制和结构说明信息并不统一，因此不同的软件制作的丰富格式文本相互不兼容。为了便于不同的丰富格式文本能在不同的软件和系统中互相交换使用，一些公司联合提出了一种中间格式，称为 RTF 格式。所有在 PC 机上流行的文字处理软件，都可以输入和输出 RTF 文件，从而达到丰富格式文本互相交换使用的目的。在 Windows 系统中，"附件"包含的"写字板"的默认格式为. rtf。

在实际应用中，往往需要在文本中插入图、表、公式，甚至声音和视频，这种由文字、图像、声音、视频等多种信息媒体复合而成的文本也是一种丰富格式文本。含有声音或者视频信息的文本，有时也称为多媒体文档(Multimedia Document)。如图 5-8 所示。

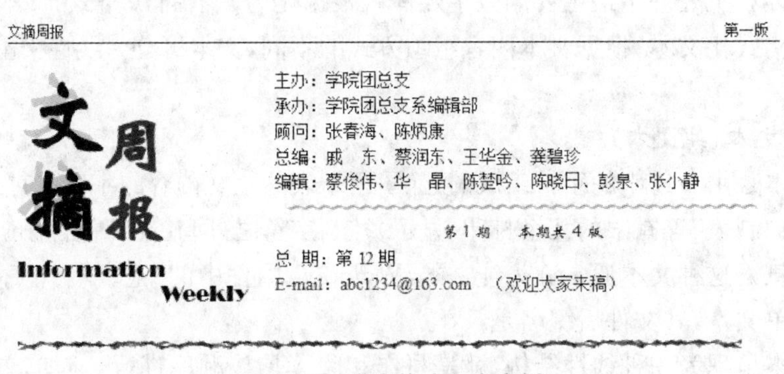
文摘周报 第一版

文摘周报
Information Weekly

主办：学院团总支
承办：学院团总支系编辑部
顾问：张春海、陈炳康
总编：戚　东、蔡润东、王华金、龚碧珍
编辑：蔡俊伟、华　晶、陈楚吟、陈晓日、彭泉、张小静

第1期　本期共4版

总 期：第 12 期
E-mail：abc1234@163.com　(欢迎大家来稿)

图 5-8　丰富格式文本案例

3. 超文本

超文本是一种按信息之间关系非线性地存储、组织、管理和浏览信息的计算机技术。超文本的本质和基本特征就是在文档内部和文档之间建立关系，文本以非线性(网状)结构组织信息。超文本的基本特征就是可以超链接文档，可以指向当前或其他文档中有标记的地方，也可以指向网络中的其他文档。

超文本的格式有很多，目前最常使用的是超文本标记语言(标准通用标记语言下的一个应用)及丰富文本格式。我们日常浏览的网页上的链接都属于超文本。一个超文本由若干文本块组成，每个文本块包含了指向其他文本块的超链，以便实现文本阅读时的快速跳转。

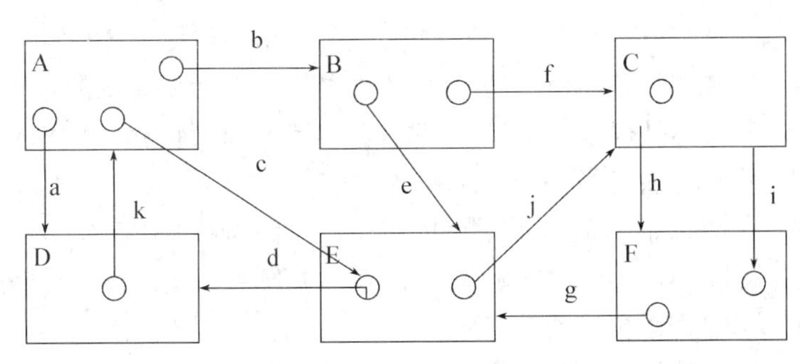

图 5-9　超文本结构图

超文本通常具备以下三个要素：

(1) 节点(Node)：存储和表达信息的单元。一个节点可以是一个信息块，也可以是一个由若干个节点组成的信息块。节点的内容可以是音频、图形、图像、视频、动画、屏幕、窗口、文件或小块信息等，也可以是程序。每个节点包含一个主题，其大小视主题而定。

(2) 链(Link)：各节点之间的信息连接。每个节点都有若干个指向其他节点或从其他节点指向该节点的指针，该指针称为链。链通常是有向的，即从链源(源节点)指向链宿(目的节点)。链源可以是热字、热区、图元、热点或节点等。链是超文本的核心，其定义了超文本的结构，提供了浏览和查询节点的能力。

(3) 网络(Net)：由节点和链组成的非单一的、非顺序的有向图。如图 5-9 所示，其中，A～F 代表节点，a～k 代表链。超文本如图 5-10 所示。

图 5-10　超文本案例

HTML(HyperText Mark-up Language)即超文本标记语言(标准通用标记语言下的一个应用)或超文本链接标示语言，是目前网络上应用最为广泛的语言，也是构成网页文档的主要语言。HTML 文件是由 HTML 命令组成的描述性文本，HTML 命令可以说明文字、图形、动画、声音、表格、链接等。HTML 文件的结构包括头部(Head)、主体(Body)两大部分,其中头部描述浏览器所需的信息,而主体则包含所要说明的具体内容。

HTML 文档制作不是很复杂,且功能强大,支持不同数据格式的文件镶入,这也是 WWW 盛行的原因之一,其主要特点如下:

(1) 简易性,HTML 版本升级采用超集方式,从而更加灵活方便;

(2) 可扩展性,HTML 语言的广泛应用带来了加强功能,增加标识符等要求,HTML 采取子类元素的方式,为系统扩展带来保证;

(3) 平台无关性,尽管使用 PC 机的人很多,但使用 MAC 等其他机器的大有人在,HTML 可以使用在广泛的平台上。

知识点归纳:

常见文本格式的类型及特点,如表 5-2 所示。

表 5-2 常见文本的类型及特点

文本类型	特点	在计算机内的表示	文件扩展名	用途
简单文本	没有字体、字号和版面格式的变化,文本在页面上逐行排列,也不含图片和表格	由一连串与正文内容对应的字符的编码所组成,几乎不包含任何其他的格式信息和结构信息	.txt	网上聊天 短信 文字录入 OCR 输入等
丰富格式文本(线性文本)	有字体、字号、颜色等变化,文本在页面上可以自由定位和布局,还可插入图片和表格	除了与正文对应的字符编码之外,还使用某种“标记语言”所规定的一些标记来说明该文本的文字属性和排版格式等	.doc .rtf .htm .html .pdf	公文 论文 书稿 网页等
丰富格式文本(超文本)	除丰富格式文本(线性文本)的特点外,文本中还含有超链,使文本呈现为一种网状结构	与丰富格式文本(线性文本)的表示相同,但还应包含用于指出“链源”和“链宿”的标记	.doc .rtf .htm .html .pdf .hlp	与丰富格式文本(线性文本)用途类似,以及软件的联机文档(帮助文件)等

5.1.3 文本准备

使用计算机处理文本之前,首先需要向计算机中的文本编辑软件输入相应的文本字符信息,然后对其文本进行编辑、排版、处理等操作。常见的字符输入方法有:人工输入和自动识别输入。人工输入通常是指利用键盘、手写笔、语音等方式输入字符,人工输入速度较慢且成本高,不适合大批量文字资料的输入。自动识别输入通常是将纸质文本通过识别技术自动转换为文字的编码,该输入方式速度快且效率高,常见的自动识别介质有印刷体和手写体两种,后者识别率较低。如图 5-11 所示。

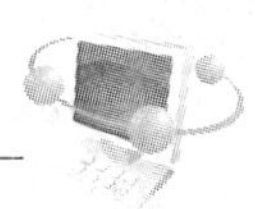

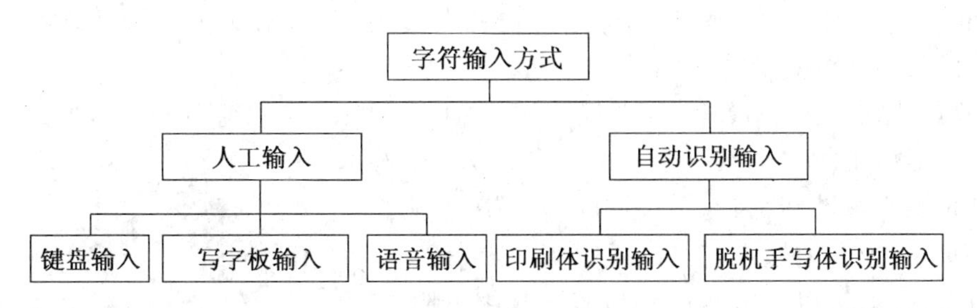

图5-11　字符的常见输入方式

1. 键盘输入

键盘是PC机最基本的输入设备，利用英文键盘输入汉字时必须使用一个或多个键进行组合表示汉字，这种方法称为汉字的"键盘输入编码"。汉字键盘输入编码方案很多，能够被用户广泛接受的编码方案一般需要具备下列特点：易学习、易记忆、效率高、重码少、容量大、具有记忆功能和联想功能等。键盘输入编码方法大致分为以下四类：

(1) 数字编码，使用一串数字表示汉字，如电报码、区位码(参考5.1.1小节)等，其特点是不容易记忆；

(2) 字音编码，使用汉语拼音进行编码，如搜狗拼音、QQ拼音、微软拼音，其优点是简单易学，缺点是重音字引起的重码较多；

(3) 字形编码，按照汉字字形进行编码，如五笔字型和表形码等，其优点是重码少，缺点是编码不规则，需要记忆学习；

(4) 形音编码，利用汉字的首拼音及组成汉字的基本单元笔画和少数高频部件来对汉字编码，吸取了字音编码和字形编码的优点、编码规则适当简化、重码率更少，是更高效的汉字输入法，但掌握起来并不容易。

键盘输入时，输入法切换键：Ctrl+Shift；中英文输入法切换：Ctrl+Space(空格键)。例如：搜狗输入法的工具栏如图5-12所示。

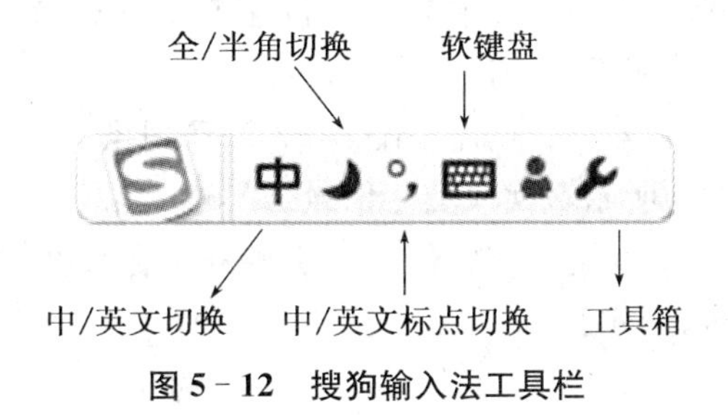

图5-12　搜狗输入法工具栏

提示：

汉字的输入编码与汉字的内码是不同的概念，不能混淆。

2. 手写输入

手写输入方式适合不习惯键盘输入的人群或无键盘场合的应用。随着智能手机、掌上电脑等智能机的普及应用，手写识别技术也进入了规模应用时代。手机通过内置的触控笔或手指在手机屏幕上手写，手机通过内部的识别系统把手写的各种字体转换为手机可识别的标准字体显示在手机屏幕上，这样就大大地提高了输入速度。目前具有手写输入的手机大部分出现在智能手机上。

手写绘图输入设备最常见的是手写板（也叫手写仪），其作用和键盘类似。在手写板的日常使用中，除用于文字、符号、图形等输入外，还可提供光标定位功能，因而可以同时替代键盘与鼠标，成为一种独立的输入工具。手写板主要分为电阻压力板、电容板以及电磁压感板等。其中电阻板技术最为古老，而电容板由于手写笔无需电源供给，多应用于便携式产品。电磁板则是目前最为成熟的技术，已经被市场所认可，应用最为广泛。如图5－13所示。

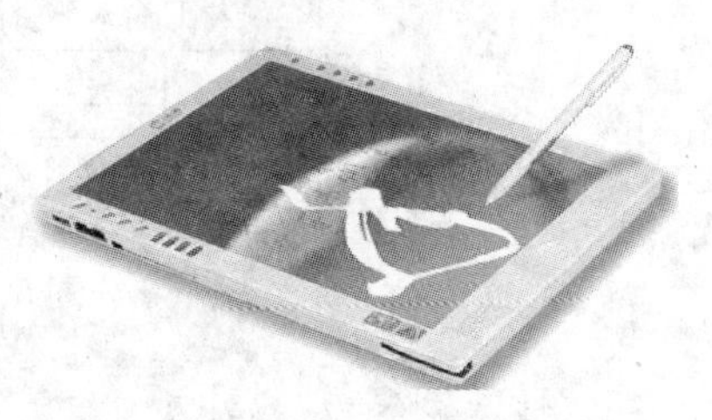

图5－13　手写板

3. 语音输入

语音输入是根据操作者的讲话，电脑识别汉字的输入方法（又称声控输入），它是用与主机相连的话筒读出汉字的语音。微软 Office 2003 以上级别都可以使用语音输入。

语音输入即嘴巴打字、麦克风输入法。它是目前世界上最简便、最易用的输入法，只要你会说话，它就能打字。它是一款功能齐全、界面友好、易学易用、可以快速方便地进行语音输入的软件。

语音识别技术主要包括特征提取技术、模式匹配准则及模型训练技术三个方面。目前常用的语音识别技术和文语转换技术有讯飞、语音大师等。语音输入技术也广泛地应用于即时通信软件，如QQ、微信、易信等。

4. 条形码识别输入

条形码(Barcode)是将宽度不等的多个黑条和空白，按照一定的编码规则排列，用以表达一组信息的图形标识符。常见的条形码是由反射率相差很大的黑条（简称条）和白条（简称空）排成的平行线图案。条形码可以标出物品的生产国、制造厂家、商品名称、生产日期、图书分类号、邮件起止地点、类别、日期等许多信息，因而在商品流通、图书管理、邮政管理、银行系统等许多领域都得到广泛的应用。

条形码的扫描需要扫描器，扫描器利用自身光源照射条形码，再利用光电转换器接受反射的光线，将反射光线的明暗转换成数字信号。不论是采取何种规则印制的条形码，都由静区、起始字符、数据字符与终止字符组成。有些条码在数据字符与终止字符之间还有校验字符。如图5－14(a)所示。

二维条码(2-Dimensional Barcode)是用某种特定的几何图形，按一定规律在平面（二维方向上）分布的黑白相间的图形记录数据符号信息，在代码编制上，巧妙地利用构成计算机内部逻辑基础的"0"、"1"比特流的概念。使用若干个与二进制相对应的几何形体来表示文字数值信息，通过图像输入设备或光电扫描设备自动识读以实现信息自动处理，它具有条码技术的一些共性，每种码制有其特定的字符集，每个字符占有一定的宽度，具有一定的校验功能等。同时还具有对不同行的信息自动识别功能及处理图形旋转变化等特点。可以用二维码表示数据、文字、图像等文件。二维条码是大容量、高可靠性信息实现存储、携带并自动识读的最理想的方法。如图5－14(b)所示。

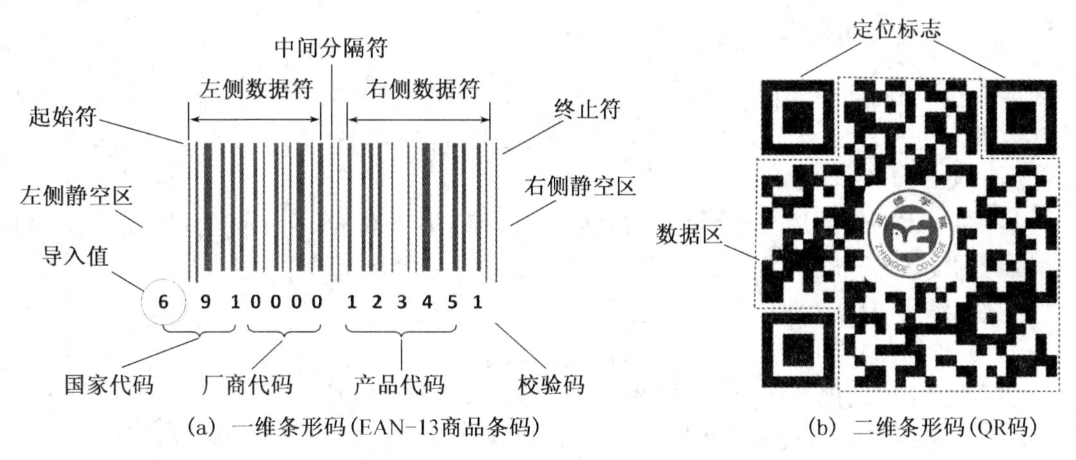

(a) 一维条形码(EAN-13商品条码)　　(b) 二维条形码(QR码)

图 5-14　一维条形码和二维条形码

目前网络中提供了多种二维码生成器，如图 5-15 所示。用户可以将信息(数字，网址，文字以及名片信息等)输入到二维码生成器中，生成相应的二维码，然后进行保存应用。

图 5-15　在线二维码生成器

条形码自动识别输入特点如下：

(1) 输入速度快：与键盘输入相比，条码输入的速度是键盘输入的 5 倍，并且能实现"即时数据输入"；

(2) 可靠性高：键盘输入数据出错率为三百分之一，利用光学字符识别技术出错率为万分之一，而采用条码技术误码率低于百万分之一；

(3) 采集信息量大：利用传统的一维条码一次可采集几十位字符的信息，二维条码更可以携带数千个字符的信息，并有一定的自动纠错能力；

(4) 灵活实用：条码标识既可以作为一种识别手段单独使用，也可以和有关识别设备组成一个系统实现自动化识别，还可以和其他控制设备连接起来实现自动化管理。

5.1.4 文本编辑、排版与处理

将文本中的文字、图形、图片、表格等对象录入计算机后，需要对它们进行一定的排版、编辑和处理，以便实现文本的保存、复制、管理、传输和检索。

1. 文本编辑和排版

编辑文本的目的是使文本正确、清晰、美观，便于用户浏览，在不同的场合，文本编辑和排版的要求差异较大，用户可根据文本编辑要求对文本进行排版。

文本编辑与排版的主要功能如下：

(1) 添加、删除、修改文本中字、词、句子、段落等；

(2) 文字格式化：设置字体、字号、字形、字符间距、字符颜色、文字效果等；

(3) 段落格式化：设置段落缩进、行距、首行缩进、对齐方式、段落间距等；

(4) 特殊对象的添加与编辑：表格、自选图形、组织结构图等对象的绘制与编辑；

(5) 页面设置：设置纸张大小、页面方向、页边距、每页行数每行字符数、分栏、页眉页脚等；

(6) 其他操作：书签和超链接的设置、邮件合并、数学公式等。

为了方便用户编辑与排版，几乎所有的文本编辑软件的用户界面都可以做到"所见即所得"，每一个编辑操作效果在屏幕上都可以看到，即打印出来的效果与屏幕上保持一致。

常见的文字处理软件都具有丰富的文本编辑与排版功能，如金山 WPS、Microsoft Word、Microsoft FrontPage、Adobe Acrobat Reader 等。

2. 文本处理

文本编辑与排版主要是解决文本外观布局的问题，文本处理主要是对文本中所含文字信息的形、音、义等进行分析和处理。使用计算机对文本中的字、词、短语、句子、篇章进行识别、转换、分析、理解、压缩、加密和检索等有关的处理。

常见的文本处理内容如下：

(1) 字数统计，词频统计，简/繁体相互转换，汉字/拼音相互转换；

(2) 词语排序，词语错误检测，文句语法检查；

(3) 自动分词，词性标注，词义辨识；

(4) 关键词提取，文摘自动生成，文本分类；

(5) 文本检索(关键词检索、全文检索)，文本过滤；

(6) 文语转换(语音合成)，文种转换(机器翻译)；

(7) 篇章理解，自动问答，自动写作等；

(8) 文本压缩，文本加密，文本著作权保护等。

基本文本处理操作在一些文字处理软件(如 Microsoft Word)中均已实现，复杂处理操作需要独立的软件进行处理。

3. 常用文本处理软件

(1) 通信文本处理软件

电子邮件是网络环境下用户通信的主要手段，由于电子邮件内嵌的文本编辑器功能较为简单，用户可以利用专业的邮件编辑器进行处理，如 Microsoft OutLook Express、

Foxmail、QQ等。

(2) 办公文本处理软件

目前广泛被用户使用的办公文本处理软件是我国自行开发的 WPS 2012、永中 Office、Microsoft Office 2010 套件中的 Word。Word 文本处理软件操作简单直观，主要应用于文字处理，常见文本处理有：字数统计、自动编写摘要、中文简繁体转换和术语转换、英文拼写检查和英语同义词检查、语法和格式检查、字符检索、中英词语翻译、语音识别、文档保护等。

(3) 出版文本处理软件

出版行业的文字处理软件，除了文字编辑处理功能外，更注重排版功能。我国方正集团公司的"飞腾"排版软件、美国 Adobe 公司的 PageMaker 和 Adobe Acrobat 都是典型的出版文本处理软件。Adobe 公司的 Acrobat 软件被广为使用，它使得文字、字符、格式、颜色、图形、图像、超链、声音和视频等信息都封装在一个文件中，是网络中论文发布和出版的主要形式，完美实现了纸张印刷和电子出版的统一。

(4) 网络信息发布文本处理软件

应用于网络信息发布的文本处理软件主要有 FrontPage 和 Dreamweaver。由于 Frontpage 属于 Office 套件之一，所以操作界面与其他 Office 套件相似，初学者易于学习。Dreamweaver 是 Macromedia 公司开发的可视化的网页设计和网站开发工具，是基于 Web 数据库的动态 Web 应用。支持 ASP、ASP. NET、JSP 和 PHP 等服务器语言。

5.1.5　文本展现

文本在编辑处理完成后，可以通过屏幕浏览或打印机输出。文本展现的过程主要有以下几个步骤：

(1) 首先对文本的格式进行描述并解释；

(2) 然后生成文字和图表的映像；

(3) 最后传送到显示器显示或打印机打印输出。

负责文本输出的软件为文本阅读器或浏览器，可以是独立的软件，如 Adobe Acrobat Reader、Microsoft Internet Explorer 等，也可以是嵌入在文本处理软件中的一个模块，如 Microsoft Word。

无论是西文还是中文字符，它们的形状有两种描述方法：点阵描述和轮廓描述，如图 5-16 所示。

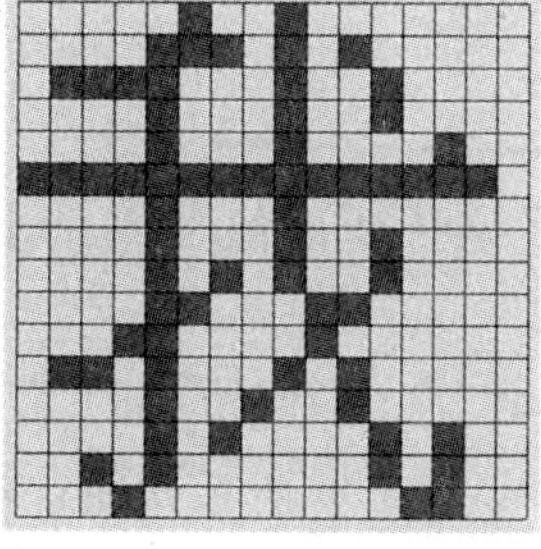

(a) 点阵描述

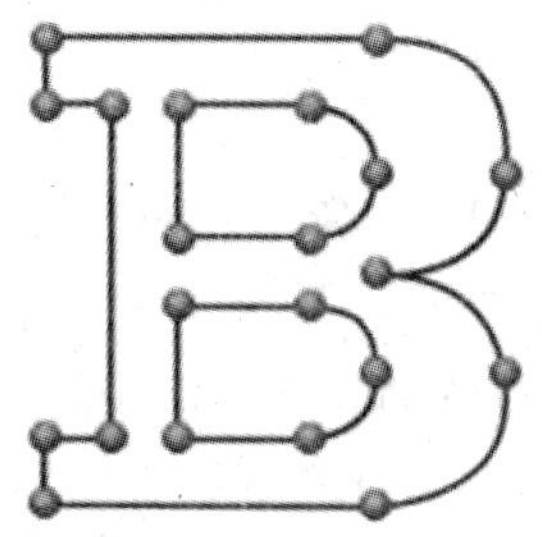

(b) 轮廓描述

图 5-16　点阵描述和轮廓描述

每一个字符的形状经过精心设计后，其描述信息都已预先存放在计算机内，同一种字体所有字符的形状描述信息集合在一起称为字形库，简称字库。不同的字体（如宋体、楷体、黑体等）对应不同的字库。

提示：

1. 若某用户通过输入法输入汉字时没有出现应有的汉字，最有可能的是该输入法支持的字库比较少，建议切换其他输入法，比如手写汉字。

2. 若字体设置时没有对应的字体选择，可以下载对应字体，如楷体 GB2312，并将该字体安装至“控制面板”中的“字体”下。

例 5-4：按 16×16 点阵存放 GB2312 中的所有汉字（共 6763 个），大约需要占用多大的存储空间？

解答：如图 5-15 所示，点阵字体是把每一个字符都分成 16×16 或 24×24 个点，然后用每个点的虚实来表示字符的轮廓。点阵字体也叫位图字体，其中每个字形都以一组二维像素信息表示。

一个汉字需用 16×16 点阵显示，一个字节（Byte）有 8 位（bit），一位代表一个点，故一个字节只能表示 8 点，一个 16×16 点阵汉字要占 256 个点。6763 个汉字共需 6763×(16×16/8)B=216416B≈211 KB，取 2 的整数次方，故大约需要占用 256 KB 存储空间。

目前比较流行一种专用的电子书阅读器（e-book device，e-book reader），它是一种浏览电子图书的工具。屏幕的大小决定了可以单屏显示字数的多少。而应用于电子书阅读器屏幕的技术有电子纸技术、LCD 等显示技术。可以阅读网上绝大部分格式的电子书，如 PDF、CHM、TXT 等。

基于电子纸技术的电子书阅读器是一种很轻巧的平板式阅读器，相当于一本薄薄的平装书，能储存约 200 本电子图书。它具有重量轻，大容量，电池使用时间长，大屏幕等特点，是办公无纸化的新选择。部分电子书阅读器具备调节字体大小的功能，并且能显示 JPEG、GIF 格式的黑白图像和 Word 文件、RSS 新闻订阅。

电子纸显示屏通过反射环境光线达到可视效果，因此看上去更像普通纸张。这种显示屏的能效非常高，因为这种显示屏一旦开启，就不再需要电流来维持文字的显示，而只有翻页时才消耗能量。

自测题 1

一、判断题

1. 在 ASCII 码表中，数字和英文字母按照 ASCII 码值从大到小排列的顺序为：数字、小写字母、大写字母。（　　）

2. 在 24×24 点阵的汉字字库中，存储每个汉字字形码所需的字节是 72 B。（　　）

3. 汉字输入的编码方法有数字编码、字音编码、字形编码和形音编码等 4 种，在同一种汉字编码字符集中，使用不同的编码方法向计算机输入的同一个汉字，它们的内码是相同的。（　　）

4. 只要是在同一字符下，文本的输出所使用的字库都是相同的。（　　）

5. 使用 Word、PowerPoint、Frontpage 等软件都可以制作、编辑和浏览超文本。（　　）

二、选择题

1. 下列文件类型中，不属于丰富格式文本的文件类型是________。
   A. DOC 文件　B. TXT 文件　C. PDF 文件　D. HTM 文件

2. 下列汉字编码标准中，不支持繁体汉字的是________。
   A. GB2312—80　B. GBK　C. BIG 5　D. GB18030

3. 在 ASCII 编码中，字母 A 的 ASCII 编码为 41H，那么字母 g 的编码为________。
   A. 47H　B. 67H　C. 68H　D. 79H

4. 设某汉字的区位码为(2710) D，则其________。
   A. 机内码为(BBAA)H　B. 国标码为(3B3A)H
   C. 国标码为(4730) H　D. 机内码为(9B8A)H

5. 若内存中相邻 2 个字节的内容为十六进制 65 78，则它们不可能是________。
   A. 1 条指令的组成部分　B. 1 个汉字的机内码
   C. 1 个 16 位整数　D. 2 个英文字母的 ASCII 码

6. 关于超文本和超媒体的说法中，________是正确的。
   A. 超文本和超媒体所描述的对象是相同的
   B. 超文本和超媒体组织信息的结构是相同的
   C. 超文本和超媒体是对同一事物的不同表述
   D. 超文本和超媒体是两种完全不同的信息管理技术

7. 超文本（超媒体）由许多节点和超链组成。下列关于节点和超链的叙述，错误的是________。
   A. 把节点互相联系起来的是超链
   B. 超链的目的地可以是一段声音或视频
   C. 节点可以是文字，也可以是图片
   D. 超链的起点只有是节点中的某个句子

8. 文本编辑的目的是使文本正确、清晰、美观，下列________操作属于文本编辑而不属于文本处理功能。
   A. 添加页眉和页脚　B. 统计文本中字数
   C. 文本压缩　D. 识别并提取文本中的关键词

9. 不同的文本处理软件使用的格式控制和结构说明信息并不统一，不同的丰富格式文本互不兼容，因此一些公司联合提出了一种中间格式，称为________。
   A. DOC　B. PDF　C. HTML　D. RTF

10. 丰富格式文本的输出展现过程包含许多步骤，其中不包含________。
   A. 对文本的格式描述进行解释　B. 对字符和图、表的映像进行压缩
   C. 传送到显示器或打印机输出　D. 生成字符和图、表的映像

三、填空题

1. 1 KB的内存空间能存储512个汉字内码,约存________个24×24点阵汉字的字形码。

2. 在中文Windows环境下,西文使用标准ASCII码,汉字采用GB2312编码,现有一段文本的内码为:BC E3 F7 A8 75 D4 A3 46 77,则在这段文本中,含有的汉字和西文字符的个数分别为________。

3. 我国汉字编码标准主要有GB2312、GBK和________。

4. 超文本采用________状结构来组织信息。

5. 文本的展现主要有两种方式:在屏幕上浏览和________输出。

四、简答题

1. GB2312、GBK和GB18030三种汉字编码标准有什么区别和联系?

2. 你常用的汉字键盘输入方法是哪一种?试阐述其优缺点,并提出改进意见。

3. 试举例数字电子文本的类型及扩展名分别是什么?

4. Microsoft Word具有哪些处理功能?

5. 下载并安装Adobe Acrobat Reader阅读器,并上网下载一篇关于"文本处理"的pdf格式文档。

5.2 图像与图形

计算机中处理的图像一般分为两种:一种是通过专业输入设备(扫描仪、数码相机)捕捉实际画面产生的图像,也称为取样图像、点阵图像或位图图像,简称图像(Image);另一种是用计算机绘制合成的图像,也称为矢量图形(Vector Graphics),简称图形(Graphics)。

数字图像的两种表现形式:位图图像和矢量图形。

1. 位图图像

位图图像由像素组成,每个像素都被分配一个特定位置、颜色和亮度值。图像上每一个点称为像素。如图5-17所示。位图图像的特点如下:

(1) 文件所占的存储空间大,对于高分辨率的彩色图像,用位图存储所需的储存空间较大,像素之间独立,所以占用的硬盘空间、内存和显存比矢量图都大;

(2) 位图放大到一定倍数后,会产生锯齿,位图是由最小的色彩单位"像素点"组成的,所以位图的清晰度与像素点的多少有关;

(3) 位图图像在表现色彩、色调方面的效果比矢量图更加优越,尤其在表现图像的阴影和色彩的细微变化方面效果更佳。

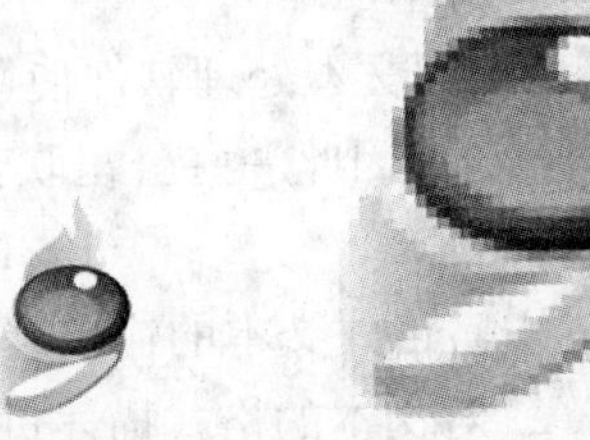
(a) 原图　　(b) 放大后

图5-17 位图图像放大效果图

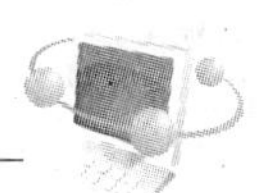

常见位图图像的格式有 bmp、jpg、gif、psd、tif、png 等。

2. 矢量图形

矢量图形也称为矢量图，矢量图是根据几何特性来绘制图形，矢量可以是一个点或一条线，矢量图只能由软件生成，文件占用内在空间较小，这种类型的图像文件包含独立的分离图像，可以自由无限制的重新组合。它的特点是放大后图像不会失真，和分辨率无关，适用于图形设计、文字设计和一些标志设计、版式设计等。如图 5－18 所示。矢量图形的特点如下：

(a) 原图

(b) 放大后

图 5－18　矢量图形放大效果图

(1) 文件小，图像中保存的是线条和图块的信息，所以矢量图形文件与分辨率和图像大小无关，只与图像的复杂程度有关，图像文件所占的存储空间较小；

(2) 图像可以无级缩放，对图形进行缩放，旋转或变形操作时，图形不会产生锯齿效果；

(3) 可采取高分辨率印刷，矢量图形文件可以在任何输出设备打印机上以打印或印刷的最高分辨率进行打印输出；

(4) 大部分位图都是由矢量导出来的，也可以说矢量图就是位图的源码，源码是可以编辑的；

(5) 矢量图形的缺点是难以表现色彩层次丰富的逼真图像效果。

5.2.1　数字图像的获取与数字化

数字图像由数组或矩阵表示，数字图像是由模拟图像数字化得到的、以像素为基本元素的、可以用数字计算机或数字电路存储和处理的图像。

1. 获取图像的方法

从现实世界中获得数字图像的过程称为图像的获取(capturing)，所使用的设备称为图像获取设备。常见图像的获取方式主要有以下几种：

(1) 网上下载

通过一些专业收集图像素材的网站可以下载所需图片，常见提供图片下载的网站：全景 http://www.quanjing.com/，百度网站 http://image.baidu.com/，千图网 http://www.58pic.com/等。

(2) 利用 Windows 系统的截图功能

利用 Windows 系统中的截图功能，可使用快捷键对屏幕上的图像进行截取，PrintScreen 可以截取整个屏幕至剪贴板，Alt＋PrintScreen 组合键可以截取活动窗口至剪贴板。

(3) 专业抓图软件

在 Windows 平台下有很多抓图软件可以方便的截取屏幕图像，如 FastStone Capture、Snaglt、HyperSnap 等，QQ 通信软件也可以在登录的情况下截取图片。

(4) 扫描仪采集图像

扫描仪利用光电技术和数字处理技术,以扫描方式将图形或图像信息转换为数字信号的装置。通过捕获图像并将之转换成计算机可以显示、编辑、存储和输出的数字化输入设备。部分扫描仪既可以获取2D图像也可以获取3D图像。关于扫描仪的工作原理请参考2.4小节。

(5) 数码相机或手机拍摄图像

数码相机或手机主要用于拍摄采集静态图像,图像暂存在存储卡中,需要时将存储卡放入专用读卡器中或将数码相机、手机通过USB与主机连接,将图片复制至计算机中。

2. 图像数字化过程

图像数字化是将连续色调的模拟图像经取样量化后转换成数字影像的过程。图像数字化运用的是计算机图形和图像技术。图像数字化的步骤大致分为以下几个步骤,如图5-19所示。

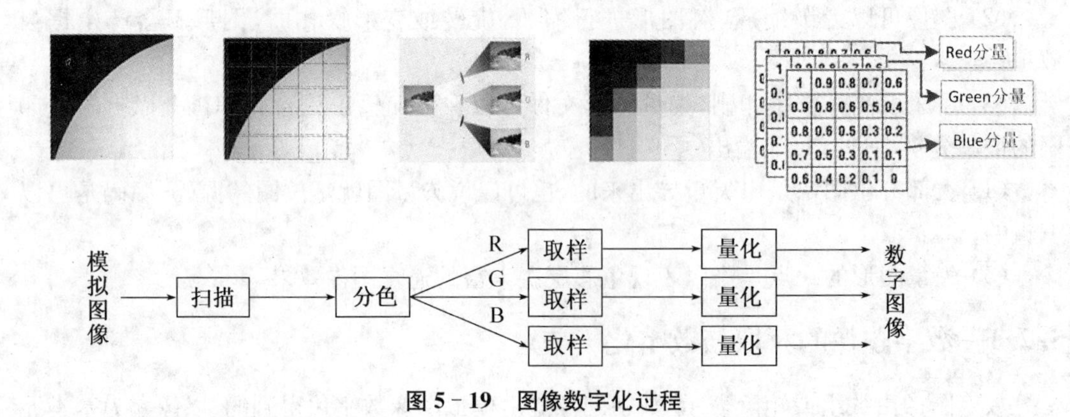

图5-19　图像数字化过程

(1) 扫描。将图像的画面分成M×N个网格,每个网格称为一个取样点,用亮度值来表示。这样,一幅模拟图像可转换为M×N个取样点组成的一个阵列。

(2) 分色。将彩色图像的取样点的颜色分解成3个基色(例如R、G、B三基色),如果不是彩色图像(即灰度图像或黑白图像),则每一个取样点只有一个亮度值。

(3) 取样。测量每个取样点的每个分量(基色)的亮度值,数字取样图像由M(列)×N(行)个取样点组成,取样点是组成数字取样图像的基本单位,称为"像素",彩色图像的像素通常由3个彩色分量组成,灰度图像和黑白图像的像素只包含1个亮度分量。

(4) 量化。对取样点的每个分量进行A/D转换,把模拟量的亮度值使用数字量(一般是8位至12位的正整数)来表示。

通过以上步骤获取的数字图像通常被称为取样图像,又简称为"图像"。

5.2.2　图像的表示与压缩编码

1. 数字(取样)图像的主要参数

取样图像在计算机中存储时,除了需要像素数据之外,还必须获得如下关于图像的主要参数或属性:

(1) 图像大小

图像大小也称为图像分辨率，由图像的水平分辨率×垂直分辨率组成，往往是指图像中存储的信息量，是每英寸图像内有多少个像素点。若图像大小小于屏幕或窗口的大小，则图像会完整的显示在屏幕或窗口上；若图像大小超过了屏幕或窗口的大小，则屏幕或窗口只显示图像的一部分，剩余的部分需要通过拖动滚动条才能看到。

(2) 颜色空间的类型

颜色模型是指某个三维颜色空间中的一个可见光子集，它包含某个颜色域的所有颜色。颜色模型主要有 RGB、HSB、YUV、CMYK 等。RGB 颜色模型通常使用于彩色显示器；CMYK 颜色模型应用于印刷工业，如彩色打印机；HSB 颜色模型是用户台式机图形程序的颜色表示；YUV 颜色模型主要在现代彩色电视信号传输时使用。理论上这些颜色模型可以相互转换。

(3) 图像深度

图像深度也称像素深度，是指描述图像中每个像素的数据所占的位数。图像的每一个像素对应的数据通常可以是 1 位(bit)或多位，用于存放该像素的颜色、亮度等信息，数据位数越多，对应的图像颜色种类越多。黑白图像的每个像素只有一个分量，且只用 1 个二进位表示，其取值仅"0"(黑)和"1"(白)两种；灰度图像的每个像素也只有一个分量，一般用 8～12 个二进位表示，其取值范围是：$0\sim2^n-1$，可表示 2^n 个不同的亮度。彩色图像的每个像素有三个分量，分别表示三个基色的亮度，假设 3 个分量分别用 n，m，k 个二进位表示，则可表示 2^{n+m+k} 种不同的颜色。

除了以上参数，图像还包括色调、饱和度、色相、亮度、对比度、色彩通道、图像的层次等其他参数。

例 5－5：若一幅单色图像的像素深度为 8 位，则可显示多少种不同亮度等级？

解答：8 位单色图像的不同亮度等级总数$=2^8=256$ 种。

例 5－6：若一幅彩色图像由 R、G、B 三基色组成，其颜色分量的像素深度分别为 6、3、3，则该图像可显示多少种不同的颜色？

解答：彩色图像的像素深度$=6+3+3=12$，可显示颜色数目$=2^{\text{像素深度}}=2^{6+3+3}=2^{12}=4096$ 种。

2. 图像的压缩编码

数字图像通常要求很大的比特量，这给图像的传输和存储带来相当大的困难，要占用很多的资源，花很高的费用。图像分辨率越高，图像的像素深度越深，数字化后的图像数据库就越大，显示效果越好。一幅图像数据量的计算公式如下：

图像数据量＝水平分辨率×垂直分辨率×像素深度/8(单位：B)

例 5－7：一架数码相机一次可以连续拍摄 65536 色的 1024×768 的彩色相片 40 张，如不进行数据压缩，则 Flash 存储器容量为多少？

解答：能拍摄 65536 色颜色的图片，其像素深度为 16 位，图像的颜色数目$=2^{16}=65536$。

一张图像的数据量=水平分辨率×垂直分辨率×像素深度/8

=1024×768×16/(8×1024×1024)=1.5 MB

Flash 存储器容量=单张图像的数据量×相片张数=1.5MB*40=60 MB。

表 5-3 列出了几种不同参数的取样图像在压缩前的数据量。由此可看出，单幅(静止的)数字图像，在未压缩前，其数据量也很大。为了节省存储空间，降低传输要求，在不影响图像观看的前提下，要尽可能的压缩图像。

表 5-3　不同图像的数据量(未压缩)

图像大小 \ 颜色数目	8 位(256 色)	16 位(65536 色)	24 位(1600 万色)
640×480	300 KB	600 KB	900 KB
1024×768	768 KB	1.5 MB	2.25 MB
1280×1024	1.25 MB	2.5 MB	3.75 MB

例 5-8:以电话拨号上网为例，理想状态下的最高速度为 56 kb/s，若传输一幅分辨率为 640×480 的 6.5 万种颜色的未压缩图像，需要多少传输时间？若压缩倍数为 10，则压缩后需要传输多少时间？(小数点保留 2 位)

解答:压缩前需要传输的时间=图像数据量/传输速度=640×480×16/(56×1000)≈87.77 s;

压缩后需要传输的时间=压缩前传输的时间/压缩倍数≈8.78 s。

由于数字图像中的数据相关性很强，往往存在很大的冗余度，因此，图像可以进行大幅度的数据压缩。另外，由于受视力的影响，用户通常允许图像有一定的失真。当信道的分辨率不及原始图像的分辨率时，降低输入的原始图像的分辨率对输出图像分辨率影响不大。再加上用户对原始图像的信号不全都感兴趣，可用特征提取和图像识别的方法，丢掉大量无用的信息，提取有用的信息，使必须传输和存储的图像数据大大减少。

图像数据压缩的目的是在满足一定图像质量条件下，用尽可能少的比特数来表示原始图像，以提高图像传输的效率和减少图像存储的容量。

数据压缩通常分为两种类型:无损压缩和有损压缩。

(1) 无损压缩算法中删除的仅仅是图像数据中冗余的信息，因此在解压缩时能精确恢复原图像，重建的图像与原始图像完全相同。无损压缩的压缩比很少有能超过 3:1 的，常用于要求高的场合。例如:哈夫曼编码、算术编码、行程长度编码等。

(2) 有损压缩是通过牺牲图像的准确率以实现较大的压缩率，如果容许解压图像有一定的误差，则压缩率可显著提高。有损压缩重建之后的图像与原始图像虽有一些误差，但不影响人们对图片的正确理解和应用。例如:预测编码、频率域方法等。

评价图像数据压缩技术的重要指标如下:

(1) 压缩比:图像压缩前后所需的信息存储量之比，压缩比越大越好。

(2) 压缩算法:利用不同的编码方式，实现对图像的数据压缩。

(3) 重建图像的质量:压缩前后图像存在的误差大小，用来衡量图像的失真性。仅有

损压缩存在一定的失真。

全面评价一种编码方法的优劣，除了看它的编码效率、实时性和失真度以外，还要看它的设备复杂程度，是否经济与实用。

国际标准化协会(ISO)、国际电子学委员会(IEC)、国际电信协会(ITU)等国际组织制定了多媒体数据压缩标准。一个是静止帧、黑白或彩色图像的压缩，是面向静止的单幅图像(JPEG)；另一个是连续帧、黑白或彩色图像的压缩，是面向连续的视频影像(MPEG)。

3. 常用图像文件格式

图像已经成为互联网中计算机存储和处理的主要数字媒体，不同的用户需要表达不同的情境和风格，因此对于图片的显示要求各不相同，当我们进行网络通信和娱乐时，往往也少不了图片的装饰。那么平常我们接触的图像到底有哪些呢？常见的图像文件格式又有哪些呢？如表5-4所示。

表5-4　常用图像文件格式

图像名称	压缩编码方法	性质	典型应用	开发公司(组织)
BMP	不压缩	无损	Windows应用程序	Microsoft
GIF	LZW	无损	因特网	CompuServe
TIF	RLE，LZW(字典编码)	无损	桌面出版	Aldus，Adobe
PSD	不压缩	无损	Photoshop	Adobe
PNG	LZ77派生的压缩算法	无损	因特网等	W3C
JPEG	DCT(离散余弦变换)，Huffman编码	大多为有损	因特网，数码相机等	ISO/IEC
JPEG2000	小波变换，算术编码	无损，有损	因特网，数码相机等	ISO/IEC

(1) BMP格式

BMP是英文Bitmap(位图)的简写，它是Windows操作系统中的标准图像文件格式，能够被多种Windows应用程序所支持。其特点是包含的图像信息较丰富，几乎不进行压缩，因而导致占用磁盘空间过大。因此，目前BMP在单机环境下比较流行。

(2) GIF格式

GIF是英文Graphics Interchange Format(图形交换格式)的缩写。GIF格式的特点是压缩比高，磁盘空间占用较少，所以这种图像格式迅速得到了广泛的应用。GIF不仅可以存储单幅静止图像，还可以同时存储若干幅静止图像进而形成连续的动画，使之成为当时支持2D动画为数不多的格式之一。GIF可指定透明区域，使图像具有非同一般的显示效果。GIF图像格式还增加了渐显方式，在图像传输过程中，用户可以先看到图像的大致轮廓，然后随着传输过程的继续而逐步看清图像中的细节部分。

GIF的缺点是不能存储超过256色的图像。尽管如此，这种格式仍在网络上被大量应用，这和GIF图像文件小、下载速度快、可用许多具有同样大小的图像文件组成动画等优势是分不开的。

(3) TIFF格式

TIFF(Tag Image File Format)是Mac中广泛使用的图像格式，它由Aldus和微软联

合开发，最初是出于跨平台存储扫描图像的需要而设计的。它的特点是图像格式复杂、存储信息多。正因为它存储的图像细微层次的信息非常多，图像的质量也得以提高，故而非常有利于原稿的复制。

该格式有压缩和非压缩两种形式，其中压缩可采用 LZW 无损压缩方案存储。不过，由于 TIFF 格式结构较为复杂，兼容性较差，因此有时软件可能不能正确识别 TIFF 文件(现在绝大部分软件都已解决了这个问题)。目前在 Mac 和 PC 机上移植 TIFF 文件也十分便捷，因而 TIFF 现在也是微机上使用最广泛的图像文件格式之一。

(4) PSD 格式

PSD 格式是著名的 Adobe 公司的图像处理软件 Photoshop 的专用格式 Photoshop Document(PSD)。PSD 其实是 Photoshop 进行平面设计的一张“草稿图”，它里面包含有各种图层、通道、遮罩等多种设计的样稿，以便于下次打开文件时可以修改上一次的设计。在 Photoshop 所支持的各种图像格式中，PSD 的存取速度比其他格式快很多，功能也很强大。

(5) PNG 格式

PNG(Portable Network Graphics)的原名称为“可移植性网络图像”，是网上接受的最新图像文件格式。PNG 能够提供长度比 GIF 小 30%的无损压缩图像文件。它同时提供 24 位和 48 位真彩色图像。由于 PNG 非常新，所以目前并不是所有的程序都可以用它来存储图像文件，但 Photoshop 可以处理 PNG 图像文件，也可以用 PNG 图像文件格式存储。

(6) JPEG 格式

JPEG 也是常见的一种图像格式，它由联合照片专家组开发。JPEG 文件的扩展名为. jpg 或. jpeg，其压缩技术十分先进，它用有损压缩方式去除冗余的图像和彩色数据，取得极高的压缩率的同时能展现十分丰富生动的图像，换句话说，就是可以用最少的磁盘空间得到较好的图像质量。

JPEG 具有调节图像质量的功能，允许使用不同的压缩比例对文件压缩。主要应用在网络、光盘读物、数码相机、手机等设备中。目前各类浏览器均支持 JPEG 这种图像格式，因为 JPEG 格式的文件尺寸较小，下载速度快，使得 Web 页有可能以较短的下载时间提供大量美观的图像，JPEG 同时也就顺理成章地成为网络上最受欢迎的图像格式。

(7) JPEG2000 格式

JPEG2000 同样是由 JPEG 组织负责制定的，也称为“ISO15444”，与 JPEG 相比，它具备更高压缩率以及更多新功能的新一代静态影像压缩技术。

JPEG2000 作为 JPEG 的升级版，其压缩率比 JPEG 高约 30%左右。JPEG2000 同时支持有损和无损压缩，无损压缩对保存一些重要图片是十分有用的。JPEG2000 的一个极其重要的特征在于它能实现渐进传输，这一点与 GIF 的“渐显”有异曲同工之妙，即先传输图像的轮廓，然后逐步传输数据，不断提高图像质量，让图像由朦胧到清晰显示，而不必像现在的 JPEG 一样，由上到下慢慢显示。

JPEG2000 可应用于传统的 JPEG 市场，如扫描仪、数码相机等，亦可应用于新兴领域，如网络传输、无线通讯等。

5.2.3 数字图像处理及应用

1. 数字图像处理

数字图像处理(Image Processing)是指用计算机对图像进行分析,以达到所需结果的技术,又称影像处理。使用数码照相机、数码摄像机、扫描仪、医学CT机、X光机等设备获取图像,并对图像进行去噪、增强、复原、分割、提取特征、压缩、存储、检索等操作处理。图像处理技术的主要内容包括图像压缩,增强和复原,匹配、描述和识别三个部分。常见的处理有图像数字化、图像编码、图像增强、图像复原、图像分割和图像分析等。通常对图像进行处理的主要目的如下:

(1) 提高图像的视感质量。如进行图像的亮度、彩色变换,增强、抑制某些成分,对图像进行几何变换等,以改善图像的质量。

(2) 图像复原与重建。图像复原就是要尽可能恢复退化图像的本来面目,它是沿图像退化的逆过程进行处理。如对航拍的照片进行图像校正,对拍摄多年的老照片消除退化的影响等。

(3) 图像分析。提取图像中所包含的某些特征或特殊信息,这些被提取的特征或信息往往为计算机分析图像提供便利。提取特征或信息的过程是模式识别或计算机视觉的预处理。提取的特征可以包括很多方面,如频域特征、灰度或颜色特征、边界特征、区域特征、纹理特征、形状特征、拓扑特征和关系结构等。

(4) 图像数据的变换、编码和压缩,便于图像的存储和传输。

(5) 图像的存储、管理、检索,以及图像内容与知识产权的保护等。

不管是何种目的的图像处理,都需要由计算机和图像专用设备组成的图像处理系统对图像数据进行输入、加工和输出。

2. 图像处理软件

图像处理软件是用于处理图像信息的各种应用软件的总称,专业的图像处理软件有Adobe的Photoshop系列;基于应用的处理管理、处理软件Picasa等;还有国内很实用的大众型软件彩影,非主流软件有美图秀秀,动态图片处理软件有Ulead GIF Animator,Gif Movie Gear等;常用的图像编辑软件:Windows中的画图软件(Paint)和映像软件(Imaging for Windows),Office中的Microsoft Photo Editor软件,ACD System公司的ACDSee等。

Photoshop功能非常强大,它支持多种图像格式和色彩模式,能同时进行多色层处理。而它的图像变形功能用来制作特殊的视觉效果,它强大的滤镜功能则能够制作出许多奇特的效果。在现实生活中,被广泛地应用于艺术设计、印刷排版、广告设计、数码照片的后期处理、网页设计等诸多领域。其主要功能包括:图像的缩放显示、区域的选择、调整图像尺寸、校正颜色、图像旋转与翻转、图像的变形与增强、图像的滤镜操作、绘图功能、文字编辑功能、图层操作等。

随着数码相机应用越来越广泛,因此对数码照片进行修饰和编辑的要求也越来越高。对数码照片进行修复和增强,往往是指对由于拍摄条件、相机本身或拍摄方式等原因引起的照片偏差,如由于受到逆光或强光照射的影响,拍摄出来的相片会在暗部和高亮部交界

处出现紫色的色边，摄影界常称之为“紫边”；如使用闪光灯拍摄时，人或动物肉眼的毛细血管被意外拍摄，导致拍摄的照片眼部呈现红色，摄影界常称之为“红眼”；如由于环境光影响，白色物体呈现非白色，我们的肉眼能够根据环境光判断原本的颜色，但数码相机因无法判断，而导致拍摄的照片白平衡不准确的情况，照片编辑软件的修复和增强功能。

3. 数字图像的应用

数字图像是多媒体环境下用于获取和交换信息的主要媒介，因此图像处理应用领域将涉及人类生活和工作的各个方面，随着图像的广泛应用，图像处理应用领域也随之不断扩大。数字图像在以下领域中有着重要的应用。

(1) 航天和航空技术方面。图像无论是在成像、存储、传输过程中，还是在判读分析中，都必须采用很多数字图像处理方法。利用陆地卫星所获取的图像进行资源调查、灾害检测、资源勘察、农业规划和城市规划。

(2) 生物医学工程方面。如利用X射线、超声、计算机断层扫描(CT)、核磁共振等技术所形成的图像，对病人进行病理分析和疾病诊断。

(3) 通信工程方面。当前通信的主要发展方向是声音、文字、图像和数据结合的多媒体通信。具体地讲是将电话、电视和计算机以三网合一的方式在数字通信网上传输。如传真、可视电话、视频会议等。

(4) 工业和工程方面。如自动装配线中检测零件的质量、并对零件进行分类，印刷电路板疵病检查等，先进的设计和制造技术中研制具备视觉、听觉和触觉功能的智能机器人。目前已在工业生产中的喷漆、焊接、装配中得到有效的利用。

(5) 军事公安方面。如军事目标的侦察、制导和警戒；公安业务指纹识别，人脸鉴别，不完整图片的复原，以及交通监控、事故分析等。目前已投入运行的高速公路不停车自动收费系统(Electronic Toll-Collecting System，ETC)中的车辆和车牌的自动识别就是图像处理技术的应用。

(6) 文化艺术方面。如电视画面的数字编辑，动画的制作，电子图像游戏，纺织工艺品设计，服装设计与制作，发型设计，文物资料照片的复制和修复，运动员动作分析和评分等等。

(7) 机器人视觉。机器视觉作为智能机器人的重要感觉器官，主要进行三维景物理解和识别，是目前处于研究之中的开放课题。机器视觉主要用于军事侦察、危险环境的自主机器人，邮政、医院和家庭服务的智能机器人，装配线工件识别、定位，太空机器人的自动操作等。

(8) 视频和多媒体系统。电视制作系统广泛使用的图像处理、变换、合成，多媒体系统中静止图像和动态图像的采集、压缩、处理、存储和传输等。

(9) 电子商务。如身份认证、产品防伪、水印技术等。

总之，图像处理技术应用领域相当广泛，已在国家安全、经济发展、日常生活中充当越来越重要的角色，对国计民生的作用不可低估。

5.2.4 计算机图形

1. 计算机图形的基本概念

在计算机技术中，图形(Graphic)通常是指以点、直线、圆、椭圆、弧线、扇形和矩形等

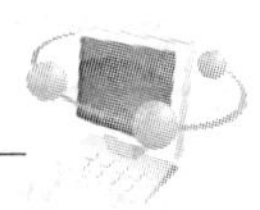

几何图元为基本元素构成的画面。计算机图形主要分为两类，一类是由线条组成的图形，如工程图、等高线地图、曲面的线框图等；另一类是类似于照片的明暗图（Shading），也就是通常所说的真实感图形。

计算机图形学（Computer Graphics，简称CG）主要是研究如何使用计算机描述并生成图像的原理、方法与技术。计算机图形学主要研究图形或图像的计算机生成，两个主要方向是建模技术（又称造型技术）和绘制技术（又称图像合成）。建模技术又分为计算机辅助几何设计和自然景物建模。前者，追求建模的精确度、可靠性和建模速度；后者，追求真实感（或逼真度）和绘制速度。其真实感与实时性两者高度的结合，是计算机图形学的更高境界。如图5-20所示。

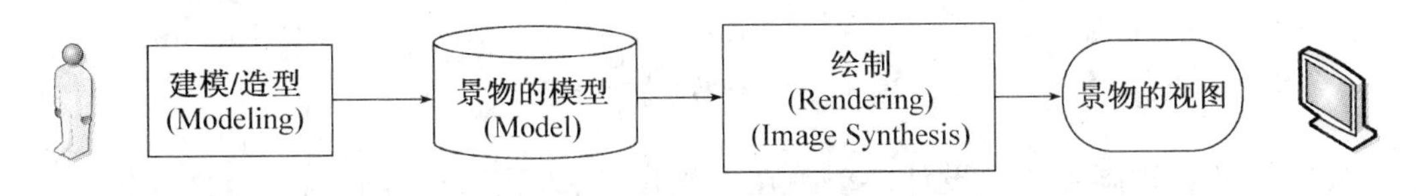

图5-20　景物的建模与图像的合成

2. 计算机图形的应用

利用计算机绘制图形时，既可以生成实际景物的图像，也可以生成假想或抽象景物的图像，如科幻片、动画片、工程产品图等；计算机不仅可以生成静止的图像，还可以生成动态的图像。计算机图形处理技术广泛应用于计算机辅助设计（CAD）、计算机辅助制造（CAM）、计算机动画、创意设计、可视化科学计算及地形地貌和自然资源模拟等领域。具体应用如下：

（1）计算机辅助设计。利用计算机及其图形设备帮助设计人员进行设计工作。CAD已在建筑设计、电子和电气、科学研究、机械设计、软件开发、机器人、服装业、出版业、工厂自动化、土木建筑、地质、计算机艺术等各个领域得到广泛应用。如图5-21所示。

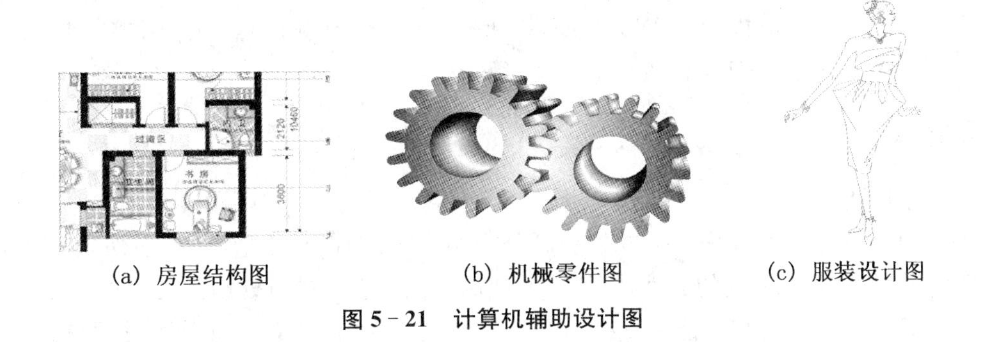

(a) 房屋结构图　　(b) 机械零件图　　(c) 服装设计图

图5-21　计算机辅助设计图

（2）计算机辅助制造。在机械制造业中，利用电子数字计算机通过各种数值控制机床和设备，自动完成离散产品的加工、装配、检测和包装等制造过程。计算机辅助制造系统分为硬件和软件两方面：硬件方面有数控机床、加工中心、输送装置、装卸装置、存储装置、检测装置、计算机等，软件方面有数据库、计算机辅助工艺过程设计、计算机辅助数控程序编制、计算机辅助工装设计、计算机辅助作业计划编制与调度、计算机辅助质量控制等。

(3) 计算机辅助制图。利用计算机制作各种地形图、交通图、天气图、海洋图、石油开采图等。可以方便快捷地制作和更新地图，也可以用于地理信息的管理、查询和分析。对作战指挥和军事训练均可发挥很大的作用，对于城市管理、国土规划、石油勘查、气象预报等提供了有效的工具。如图 5-22 所示。

(a) 地形图

(b) 交通图

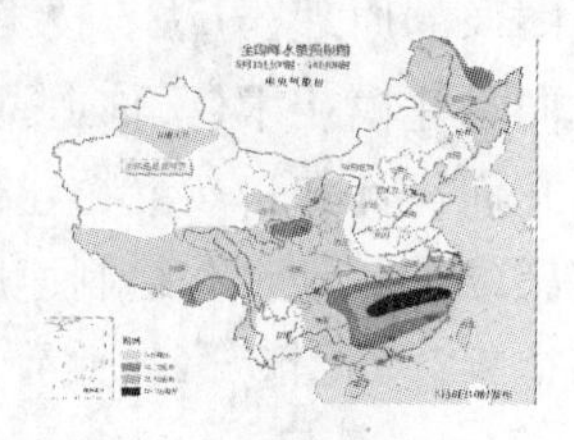

(c) 天气图

图 5-22　计算机辅助制图

(4) 计算机动画和艺术设计。动画在场景设计、人物造型等画面均由计算机完成。还可以应用在工艺美术、装潢设计、电视广告等行业。

计算机图形除了上述应用之外，还在电子游戏、出版、计算机辅助教学(CAI)、数据处理等方面有着重要的应用。

3. **计算机绘图软件**

计算机绘图软件也称为矢量绘图软件，它能精确地表示三维物景，并通过计算生成所需的不同视图，还能方便地对每个图像元素进行编辑和修改。矢量图常用的技术标准有 GKS、PHIGS、OpenGL、WMF、VRML、CGM、STEP 等，常用的绘图软件有 AutoCAD、CorelDrew、Protel、ARCInfo、3DS MAX、SuperMap GIS 等。

计算机既可以绘制 2D 图形，也可以绘制 3D 图形。在办公事务处理、平面设计、电子出版等领域，经常使用 2D 矢量绘图软件。如 Corel 公司的 CorelDraw，Adobe 公司的 Illustrator，Macromedia 公司的 FreeHand，微软公司的 Microsoft Visio 等。另外，如要绘制简单的 2D 图形，可以使用 Word、Excel、PowerPoint 等内嵌的矢量绘图工具，可在文本、工作表或幻灯片的任意位置处插入图形。

自测题 2

一、判断题

1. 计算机中的“图”按其生成方法可分为两大类：图像与图形，两者在外观上并无明显区别，但各自具有不同的属性，一般需要使用不同的软件进行处理。　(　　)

2. GIF 图像文件格式能够支持透明背景和动画，文件比较小，因此在网页中广泛使用。　(　　)

3. TIF 文件格式是一种在扫描仪和桌面出版领域中广泛使用的图像文件格式。　(　　)

4. PhotoShop 是有名的图像编辑处理软件之一。　(　　)

5. 医院中通过 CT 诊断疾病属于数字图像处理的重要应用之一。　(　　)

6. 使用计算机生成假想景物的图像，其主要的 2 个步骤是建模和绘制。　(　　)

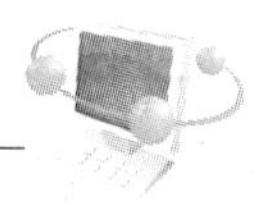

7. 计算机辅助绘制地图是数字图像处理的典型应用之一。　(　　)

8. Windows 中的画图软件是计算机图像的编辑软件。　(　　)

二、选择题

1. 下列关于数字图像的描述中错误的是________。
   A. 图像大小也称为图像分辨率
   B. 图像位平面的数目决定了彩色分量的数目
   C. 颜色的描述方法(颜色空间)不止 RGB 一种
   D. 像素深度决定一幅图像中允许包含的像素的最大数目

2. 对图像进行处理的目的不包括________。
   A. 图像分析　　B. 图像复原和重建
   C. 提高图像的视感质量　　D. 获取原始图像

3. 图像处理软件有很多功能,以下________不是通用图像处理软件的基本功能。
   A. 图像的缩放显示
   B. 调整图像的亮度、对比度
   C. 在图片上制作文字,并与图像融为一体
   D. 识别图像中的文字和符号

4. 计算机中使用的图像文件格式有多种。下面关于常用图像文件的叙述中错误的是________。
   A. JPG 图像文件不会在网页中使用
   B. BMP 图像文件在 Windows 环境下得到几乎所有图像应用软件的广泛支持
   C. TIF 图像文件在扫描仪和桌面印刷系统中得到广泛应用
   D. GIF 图像文件能支持动画,数据量很小

5. 下列关于计算机图形的应用中,错误的是________。
   A. 可以用来设计电路图
   B. 可以用来绘制机械零部件图
   C. 计算机只能绘制实际存在的具体景物的图形,不能绘制假想的虚拟景物的图形
   D. 可以制作计算机动画

6. AutoCAD 是一种________软件。
   A. 多媒体播放　　B. 图像编辑　　C. 文字处理　　D. 矢量绘图

三、填空题

1. 图像数据压缩的一个主要指标是________,它用来衡量压缩前、后数据量减少的程度。

2. 图像数据压缩可分成无损压缩和有损压缩两种。其中,________是指压缩后的图像数据进行还原时,重建的图像与原始图像虽有一定误差,但不影响人们对图像含义的正确理解。

3. 数字图像的获取步骤大体分为四步:扫描、分色、取样、量化,其中量化的本质是对每个取样点的分量值进行________转换,即把模拟量使用数字量表示。

4. 在 TIF、JPEG、GIF 和 WAV 文件格式中，________不是图像文件格式。

四、简答题

1. 数字图像的获取步骤有哪些？一般采用哪些专用的设备获取图像？

2. 一幅具有真彩色、其分辨率为 1280×1024 的数字图像，若压缩倍数为 10，则压缩后它的数据量是多少？

3. 常用的图像文件有哪些？其图像各有什么特点？主要适合哪些应用？

4. 使用计算机制作合成图像(计算机图形)的软件有哪些？分别应用于什么领域？

5.3 数字声音及应用

声音是携带信息的重要媒体，对音频的处理技术是多媒体技术研究中的一个重要组成部分。早期的 PC 虽然带有扬声器，但它只能实现简单的发声功能。自从 PC 机配置声卡后，计算机才能真正实现声音录放、合成等功能。本节分别介绍声音的获取、表示、编辑与应用，以及计算机合成的声音。

5.3.1 波形声音的获取与播放

从物理学的角度上讲，声音是一种机械波，由物体振动产生，并在弹性介质(如空气)中传播，如人类语音由声带振动产生，弦乐器声音由弦振动产生等。用声波来表示声音，可由多个不同频率的谐波组成。

1. 声音的基本参数

声音的三要素是音调、音色和音强。音调指声音的高低；音色指具有特色的声音；音强指声音的强度，也称音量。而这三要素取决于声音信号的两个基本参数：频率和振幅。

(1) 频率

声音的频率表示声波每秒中出现的周期数目，以赫兹(Hz)为单位。频率反映出声音的音调高低。频率越高，音调越细越尖；频率越低，音调越粗越低。声音按频率可分为三类：

a. 次音(亚音)信号：指频率低于 20 Hz 的声音；

b. 音频(Audio)信号：指频率范围在 20 Hz～20 kHz 之间的声音；

c. 超音频(超声波)信号：指频率高于 20 kHz 的声音。

这三类声音中个人的听觉器官只能感知到音频信号，其他声音信号人耳无法听到。因此在多媒体技术中，处理的声音信号主要就是音频信号，包括乐器演奏的声音、语音、汽笛声、风雨声及自然界的各种声音等。例如：人的语音频率范围是 300～3400 Hz；其他可听见的声音频率是 20～20 kHz，通常称为全频带声音。

(2) 振幅

声波的振幅决定声音的强度，振幅越高，声音越强；振幅越低，声音越弱。常用的幅度单位是分贝(db)，体现的是声强。

2. 声音信号的数字化

声音是模拟信号，计算机只能处理离散的二进制数据，无论是何种多媒体数据，若需

要用计算机进行存储、处理或输出，首先需要将原来的模拟信号数字化，即将连续的模拟数据转变成离散数据，这些离散数据均采用计算机可以处理的二进制形式表示。

在音频信号处理过程中，模拟音频信号输入一般通过麦克风或录音机产生，再由声卡中的模数转换器对模拟音频信号进行数字化转换，再压缩编码后，转换成二进制数据，并在计算机内传输和存储。在数字音频回放时，由数模转换器解码可将二进制编码恢复成原始的声音信号，通过音响设备输出，如图 5－23 所示。

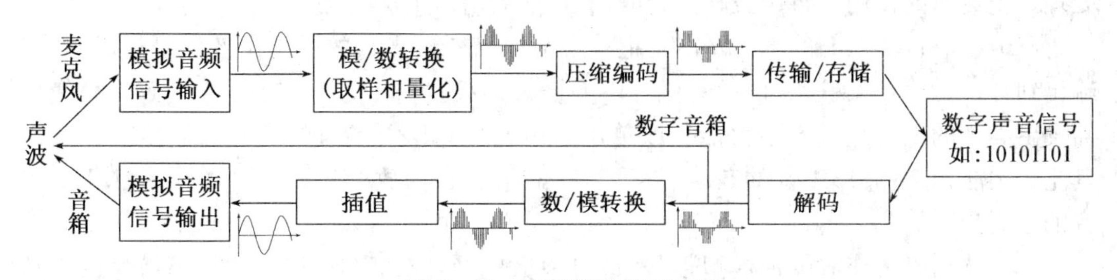

图 5－23 音频信号处理过程

在音频信号数字化过程中，取样、量化和编码是必不可少的三个步骤。实现时间上的离散过程称为取样，实现幅度上的离散过程称为量化，而压缩编码的目的则是为了尽可能在保证音频效果的前提下减少音频文件的数据率。

（1）取样

取样是把模拟音频信号在时间域上，按照设定的固定时间间隔，读取音频信号波形的幅度值，再用若干位二进制数表示。经过取样后，从原来随时间连续变化的模拟信号转变为离散信号。取样时间间隔称为取样周期，它的倒数称为取样频率，单位为赫兹（Hz）。取样频率直接影响到声音的质量，取样频率越高，每秒采集的样本多，声音的保真度越好，但所需的数据存储量越大，因此要根据需要权衡合适的取样频率。若要将数字声音不失真地还原成原始声音，取样频率至少要高于声音信号本身最高频率的两倍。因此，语音信号的取样频率一般为 8 kHz，音乐信号的取样频率应在 40 kHz 以上。

（2）量化

量化的目的是将取样后的信号波形幅度值进行离散化处理，样本从模拟量转化成数字量。取样得到的每个样本一般使用 8 位、12 位或 16 位二进制整数表示，通常量化位数也称为量化精度。量化位数越多，所得的量化值越接近原始波形的取样值，声音的保真度越高。

（3）编码

取样、量化后的信号还不便于存储和传输，还需要把它转换成某种数字编码表示，这一过程称为编码。编码的主要目的是对数据进行压缩，以减少数据量，并按照某种格式将数据进行组织，以便计算机进行存储、处理和传输。

提示：

模拟声音信号数字化的优点：

（1）数字声音在复制和重放时不会失真；

（2）数字声音易于被计算机编辑和处理；

(3) 数字声音易于进行特效处理;

(4) 数字声音能进行数据压缩,传输时抗干扰能力强;

(5) 数字声音易与文字、图像等其他媒体相互结合(集成)组成多媒体等。

3. 波形声音的获取设备

日常环境中的声音必须通过声音获取设备(麦克风和声卡)数字化之后才能由计算机处理。麦克风的作用是将声波转换为电信号,然后由声卡进行数字化。

声卡(Sound Card)的基本功能是把来自话筒、磁带、光盘的原始声音信号加以转换,输出到耳机、扬声器、扩音机、录音机等声响设备,或通过音乐设备数字接口(MIDI)使乐器发出美妙的声音。声卡不仅能获取单声道声音,而且还能获取双声道(立体声)声音。其主要功能包括:波形声音的获取;波形声音的重建与播放;MIDI 声音的输入;MIDI 声音的合成与播放。

声卡从话筒中获取声音模拟信号,通过模数转换器(ADC),将声波振幅信号取样转换成一串数字信号,存储到计算机中。重放时,这些数字信号送到数模转换器(DAC),以同样的取样速度还原为模拟波形,放大后送到扬声器发声,这一技术称为脉冲编码调制技术(PCM)。声卡以数字信号处理器(DSP)为核心,DSP 在完成数字声音的编码、解码及声音编辑操作中起着重要的作用。声卡的工作原理如图 5-24 所示,它利用 PCI 或 PCI-E 总线与主机进行数据交换,混音器(Mixer)的目的是将不同的声音信号进行混音,并提供音量控制功能。

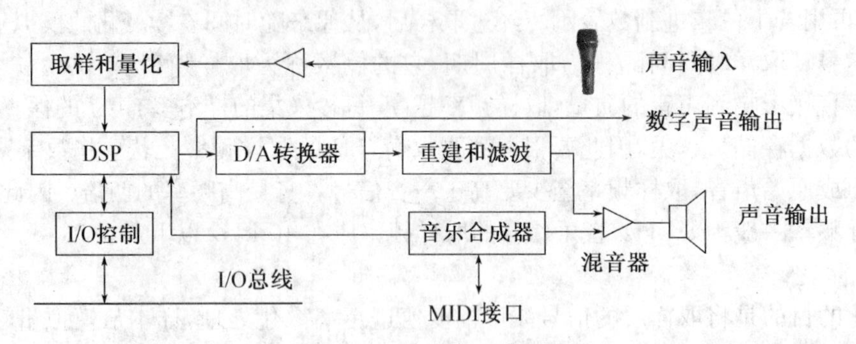

图 5-24 声卡的工作原理

随着集成电路技术的发展,绝大多数 PC 机(特别是笔记本电脑)的声卡已经与主板集成在一起,不再做成独立的插卡。

除了利用声卡进行在线(On-Line)声音获取之外,也可以使用数码录音笔进行离线(Off-Line)声音获取,然后再通过 USB 接口直接将已经数字化的声音数据送入计算机中。数码录音笔的原理与上述过程基本相同,不过由于带宽的原因,它一般适合于录制语音。

4. 声音的重建与播放

计算机输出声音的过程称为声音的播放,通常分为两步。首先要把声音从数字形式转换成模拟信号形式,这个过程称为声音的重建(Reconstruction),然后再将模拟声音信号经过处理和放大送到扬声器发出声音,如图 5-23 所示。

声音的重建是声音信号数字化的逆过程，它也分为三个步骤。首先对数字声音进行解码，把压缩编码的数字声音恢复为压缩编码前的状态；然后进行数模(D/A)转换，把声音样本从数字量转换为模拟量；最后进行插值处理，通过插值，把时间上离散的一组样本转换成在时间上连续的模拟声音信号。声音的重建也是由声卡完成的。

声卡输出的声音需送到音箱去发音。音箱有普通音箱和数字音箱之分，普通音箱接收的是重建的模拟声音信号，数字音箱则可直接接收声卡输出的数字声音信号，避免信号在传输中发生畸变和受到干扰，其音响效果更加突出。如图5-25所示。

模拟音箱

数字音箱

图5-25　普通音箱与数字音箱

数字音箱的主要特点：

(1) 信噪比高

数字音响记录形式是二进制码，重放时只需判断“0”或“1”。因此，记录媒介的噪声对重放信号的信噪比几乎没有影响。而模拟音响记录形式是连续的声音信号，在录放过程中会受到诸如磁带噪声的影响，要叠加在声音信号上而使音质变差。尽管模拟音响采取了降噪措施，但无法从根本上加以消除。

(2) 失真度低

在模拟音响录放过程中，磁头的非线性会引入失真，为此必须采取交流偏磁录音等措施，但失真仍然存在。而在数字音响中，磁头只工作在磁饱或无磁两种状态，表示1和0，对磁头没有线性要求。

(3) 重复性好

数字音响设备经多次复印和重放，声音质量不会劣化。传统的模拟盒式磁带录音，每复录一次，磁带所录的噪声都要增加。

(4) 适应性强

数字音响所记录的是二进制码，各种处理都可作为数值运算进行，且可不改变硬件，仅用软件操作，便于微机控制，故适应性强。

(5) 便于集成

数字化音箱便于采用超大规模集成电路，并使整机调试方便，性能稳定，可靠性高，便于大批量生产，可以降低成本。

5.3.2　波形声音的表示与应用

1. 波形声音的主要参数

经过数字化的波形声音是一种使用二进制表示的串行比特流(Bit Stream)，它遵循

一定的标准或规范进行编码,其数据是按时间顺序组织的。

波形声音的主要参数包括:取样频率、量化位数、声道数目、使用的压缩编码方法以及数码率(Bit Rate)。数码率也称为比特率,简称码率,它指的是每秒钟的数据量(b/s)。数字声音未压缩前,其计算公式为:

(1) 波形声音的码率=取样频率×量化位数×声道数

(2) 压缩后的码率=未压缩前的码率/压缩倍数

(3) 声音的数据量=码率×声音的持续时间

表 5-5 是电话数字语音和 CD 唱片上记录的高保真全频带立体声数字声音的主要参数。

表 5-5　两种常用数字声音的主要参数

声音类型	声音信号带宽(Hz)	取样频率(kHz)	量化位数(bits)	声道数	未压缩时的码率
数字语音	300～3400	8	8	1	64 kb/s
CD 立体声	20～20000	44.1	16	2	1411.2 kb/s

例 5-9:声音信号数字化时,若取样频率为 44.1 kHz,声道数为 2,量化位数 16,由此可知该声音的未经压缩的码率为________ kB/s,若压缩倍数为 10,则压缩后的码率为________ kB/s。(小数点保留 2 位)

解答:波形声音的码率=取样频率×量化位数×声道数

=44.1 kHz×16 b×2/8=176.40 kB/s

若压缩倍数为 10,则压缩后的码率=未压缩前的码率/压缩倍数

=176.4/10=17.64 kB/s

例 5-10:取样频率为 44.1 kHz、量化精度为 16 位、持续时间为两分钟的双声道声音,未压缩时,数据量是________ MB。(小数点保留 2 位)

解答:声音的数据量=码率×声音的持续时间

=取样频率×量化位数×声道数×声音的持续时间

=44.1 kHz×16 b×2×120 s/(8×1024) ≈20.67 MB

2. 波形声音的文件类型及应用

波形声音经过数字化之后数据量很大,特别是全频带声音。以 CD 盘片上所存储的立体声高保真的全频带数字音乐为例,1 小时的数据量大约是 635 MB。为了降低存储成本和提高通信效率(降低传输带宽),对数字波形声音进行数据压缩是十分必要的。

波形声音的数据压缩也是完全可能的。其依据是声音信号中包含有大量的冗余信息,再加上还可以利用人的听觉感知特性,因此,产生了许多压缩算法。一个好的声音数据压缩算法通常应做到压缩倍数高,声音失真小,算法简单,编码器/解码器的成本低。

按照不同的应用要求,波形声音的编码方案很多,文件格式也不相同。表 5-6 列举了目前主要波形声音的文件类型、编码及主要应用。

表 5-6　波形声音的文件类型、编码及主要应用

音频格式	文件扩展名	编码类型	效果	开发者	主要应用
WAV	. wav	未压缩	声音达到 CD 品质	微软公司	支持多种取样频率和量化位数，获得广泛支持
FLAC	. flac	无损压缩	压缩比为 2∶1 左右	Xiph. Org 基金会	高品质数字音乐
APE	. ape	无损压缩	压缩比为 2∶1 左右	Matthew T. Ashland	高品质数字音乐
M4A	. m4a	无损压缩	压缩比为 2∶1 左右	苹果公司	QuickTime，iTunes，iPod，Real Player
MP3	. mp3	有损压缩	MPEG-1 audio 层 3 压缩比为 8∶1～12∶1	ISO	因特网，MP3 音乐
WMA	. wma	有损压缩	压缩比高于 MP3 使用数字版权保护	微软公司	因特网，音乐
AC3	. ac3	有损压缩	压缩比可调，支持 5. 1、7. 1 声道	美国 Dolby 公司	DVD，数字电视，家庭影院等
AAC	. aac	有损压缩	压缩比可调，支持 5. 1、7. 1 声道	ISO MPEG-2/MPEG-4	DVD，数字电视，家庭影院等

在表 5-6 中，WAV 是 Microsoft Windows 的标准数字音频文件，是 Windows 平台通用的音频格式。WAV 文件没有经过压缩处理，因此数据量较大，不利于声音文件的存储和传输。

FLAC、APE 和 M4A 均采用了无损压缩，数据量比 WAV 文件小一半，可音质却相同。

MPEG-1 声音压缩编码是国际上第一个高保真声音数据压缩的国际标准，它分为三个层次：层 1(Layer l)的编码较简单，主要用于数字盒式录音磁带；层 2(Layer 2) 的算法复杂度中等，其应用包括数字音频广播(DAB)和 VCD 等；层 3(Layer 3) 的编码最复杂，主要应用于因特网上的高质量声音的传输。"MP3 音乐"就是一种采用 MPEG-1 层 3 编码的高质量数字音乐，它能以 8～12 倍左右的压缩比降低高保真数字声音的存储量，使一张普通 CD 光盘上可以存储大约 100 首 MP3 歌曲。

WMA 是微软公司开发的声音文件格式，采用有损压缩以减少数据流量，但保持音质的效果，其压缩比一般可达 1～18 倍。生成的文件大小只有对应 MP3 文件的一半。WMA 在文件中增加了数字版权保护的措施，防止非法下载和拷贝。

杜比数字 AC3(Dolby Digital AC3) 是美国杜比公司开发的多声道全频带声音编码系统，它提供的环绕立体声系统由 5 个全频带声道和 1 个超低音声道组成，6 个声道的信息在制作和还原过程中全部数字化，信息损失很少，具有真正的立体声效果，在数字电视、DVD 和家庭影院中广泛使用。

AAC 音频属于高级音频编码，是 MPEG-2 规范的一部分。AAC 的音频算法比

MP3 等音频文件的压缩能力更强，它支持多达 48 个音轨、15 个低频音轨、更多种取样频率和比特率、多种语言的兼容能力、更高的解码效率。AAC 是有损压缩的一种，音质有失真，不过在可接受范围内。

语音是一种特殊的波形声音，再加上它是人们交换信息的主要媒体，因此对数字语音进行专门的压缩编码处理是十分必要的。数字语音可以采用像全频带声音那样的基于感觉模型的压缩方法(称为波形编码)，例如国际电信联盟 ITU G. 711 和 G. 721 采用的都是这样的方法，前者是 PCM 编码，后者是 ADPCM(自适应差分脉冲编码调制)编码。它们的码率虽然比较高(分别为 64 kb/s 和 32 kb/s)，但能保证语音的高质量，且算法简单、易实现，在固定电话通信系统中得到了广泛应用。由于它们采用波形编码，便于计算机编辑处理，所以在多媒体文档中也被广泛使用，例如多媒体课件中教员的讲解，动画演示中的配音，游戏中角色之间的对白等。

电话也是传送和接受语音信号的主要通信设备，随着微电子、计算机和通信技术的迅速发展，电话已经从固定电话向移动电话、模拟电话向数字电话、单一功能电话向智能电话的方向发展。

目前智能手机不仅具备传统电话的语音通信，还具备个人电脑的功能。一般智能手机具有如下一些特点：

(1) 具备无线接入互联网的能力，即需要支持 GSM 网络下的 GPRS 或者 CDMA 网络的 CDMA 1X 或 3G(WCDMA、CDMA－2000、TD-SCDMA)网络，甚至 4G(FDD-LTE、TDD-LTE)。

(2) 具有开放的操作系统，安装了丰富的常用软件，包括 PIM(个人信息管理)、日程记事、任务安排、多媒体播放器、浏览网页、电子邮件、定位导航、QQ、微信、游戏、阅读、电子商务等丰富的第三方软件。

(3) 具有应用扩展性，可以方便地安装和卸载应用软件，使手机功能不断扩展。

(4) 具有个性化设置功能，可以根据个人喜好调整用户界面，扩展手机功能，升级和更新软件，实现与市场的同步。

(5) 具有多任务处理功能，允许客户同时打开多个应用软件，操作使用效率高。

智能手机使用的主流操作系统有安卓(Android)、iOS(iPhone 手机)、Windows Phone、BlackBerry(黑莓手机)和 Symbian(塞班，诺基亚手机)等。

为了确保智能手机的稳定和安全，建议使用手机时注意以下几点：

(1) 手机尽量避免受潮和强烈的震动；

(2) 在安装软件时要确定来源可靠；

(3) 尽可能避免同时打开多个程序，不用的程序要退出，不能直接用挂机键，否则程序仍在后台运行，给系统带来不必要的负担；

(4) 管理好手机上的程序和文件，确保不能删除系统文件；

(5) 经常备份手机中的重要资料，特别是刷机前一定要做好备份。

为了在因特网环境下开发数字声音的实时应用，例如网上的在线音频广播，实时音乐点播(边下载边收听)，必须做到按声音播放的速度从因特网上连续接收数据，这一方面要求数字声音压缩后数据量要小，另一方面还要使声音数据的组织适合于流式(streaming)

传输，这种媒体就称为“流媒体”。常见的声音流媒体有 Real Networks 公司的 RA(Real Audio)数字音频，微软公司的 WMA(Windows Media Audio)数字音频等，它们都能直接从网络上播放音乐，而且可以随网络带宽的不同而调节声音的质量，在保证大多数人听到流畅声音的前提下，令带宽较富裕的听众获得较好的音质。

5.3.3　波形声音的编辑与播放

波形声音设备通过麦克风获取声音，并通过声卡进行数字化后储存到内存或者磁盘上的波形文件中。数字化的波形声音是一种使用二进制表示的串行比特流，它遵循一定的标准或者规范编码，其数据是按时间顺序组织的，文件扩展名为“wav”。在制作多媒体文档时，人们越来越多地需要自己录制和编辑数字声音。目前使用的声音编辑软件有多种，它们能够方便直观地对波形声音(wav 文件)进行各种编辑处理。声音编辑软件一般包括如下功能：

(1) 基本编辑操作。例如声音的剪辑(删除、移动或复制一段声音，插入空白等)，声音音量调节(提高或降低音量，淡入、淡出处理等)，声音的反转，持续时间的压缩/拉伸，消除噪音，声音的频谱分析等。

(2) 声音的效果处理。包括混响、回声、延迟、频率均衡、和声效果、动态效果、升降调、颤音等。

(3) 格式转换功能。如将不同取样频率和量化位数的波形声音进行转换，将不同文件格式的波形声音进行相互转换，将 wav 格式声音与 MP3 声音进行相互转换，将 wav 音乐转换为 MIDI 音乐等。

(4) 其他功能。如分轨录音，为影视配音，刻录 CD 唱片等。如图 5-26 所示。

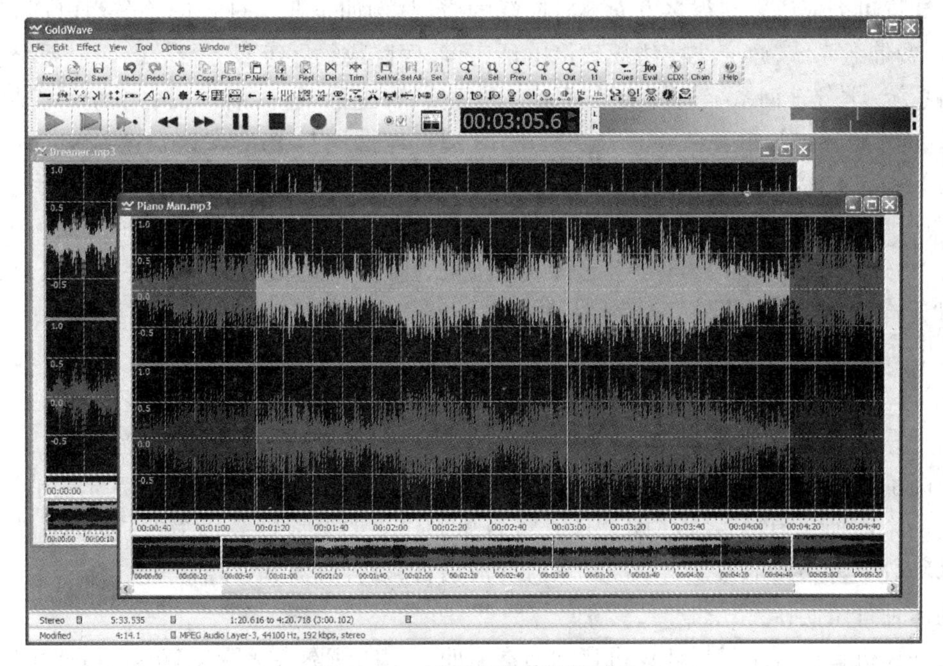

图 5-26　波形声音的编辑软件

Windows 操作系统中自带了一个应用软件，即 Windows 媒体播放器（Windows Media Player，简称 WMP），它是一个通用的数字媒体播放软件。该软件可以播放的文件格式包括 MP3、WMA、WAV、MIDI 等，也可以播放 CD、DVD、BD 光盘中的音视频文件。同时，它还具有管理功能，支持播放列表，支持从光盘上抓取音轨复制到硬盘，支持刻录 CD 光盘，支持与便携式音乐设备（如 MP3 播放器）进行同步，还能连接 WindowsMedia.com 网站，提供在线服务。

常见的媒体播放器有：网页播放器（如 Adobe Flash Player）、音乐播放器（如 QQ 音乐、酷狗音乐盒等）、视频播放器（如 iTunes、PPTV、QQ 影音、暴风影音等）、图片播放器（如 Flash 播放器）。

5.3.4 计算机合成声音

与计算机合成图像一样，计算机也可以合成声音。计算机合成声音大致分为两类，一类是计算机合成的语音（话音），另一类是计算机合成的音乐（MIDI），它们都有许多重要的应用。

1. 语音合成

语音合成（Speech Synthesis）是利用电子计算机和一些专门装置模拟人制造语音的技术。语音合成，又称文语转换（Text to Speech，简称 TTS）技术，能将任意文字信息实时转化为标准流畅的语音朗读出来，相当于给机器装上了人工嘴巴。它涉及声学、语言学、数字信号处理、计算机科学等多个学科技术，是中文信息处理领域的一项前沿技术。

一般来说，对计算机合成的语音希望能达到如下要求：发音清晰可懂，语气语调自然，说话人可选择，语速可变化等。

计算机合成语音在很多方面都有广泛的应用，例如企业信息查询等各类电话查询系统、话费催缴系统、政府法律法规政策电话咨询、医院或餐厅等服务行业的叫号系统、车站广播系统、学分查询系统、语音通知系统、语音信箱、电话银行、语音报名系统等。另外有声 E-mail 服务也是语音合成的主要应用，它通过电话网与 Internet 互连，以电话或手机作为 E-mail 的接收终端，借助文语转换技术，用户能收听 E-mail 的内容，满足各类移动用户使用 E-mail 的要求。文语转换还能为计算机辅助教学（CAI）课件或游戏的解说词自动配音，这样即使脚本经常修改，配音成本也大为降低。此外，文语转换在文稿校对、语言学习、语音秘书、自动报警、残疾人服务等方面都能发挥很好的作用。

2. 音乐合成

计算机合成音乐，或称电脑音乐、数字化音乐，是计算机技术和音乐艺术相融合的产物。计算机音乐的特点之一正是声音的数字化处理，数字化的声音和声音处理技术极大地提高了音响效果的保真度，丰富了音乐的表现力，使音乐的音响质量和音乐构造能力表现出一个前所未有的巨大飞跃。计算机音乐制作主要是以计算机为控制中心、以 MIDI 技术和数字音频技术为控制手段和信息交流语言、以合成器、取样器等电子乐器为音频终端的一种音乐制作方式。

计算机合成音乐是指计算机自动演奏乐曲。乐曲演奏会一般是演奏人员使用乐器按照乐谱进行演奏，因此，计算机合成音乐同样具备三个要素："乐器"、"乐谱"、"演奏人员"。

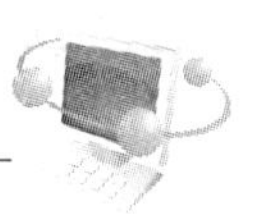

其中音乐合成器相当于“乐器”，MIDI 文件相当于“乐谱”，媒体播放器相当于“演奏人员”。目前在计算机中描述乐谱的标准语言是 MIDI（Musical Instrument Digital Interface，乐器数字接口）。MIDI 系统基本设备配置包括 MIDI 控制器、MIDI 端口、音序器、合成器和扬声器。如图 5－27 所示。

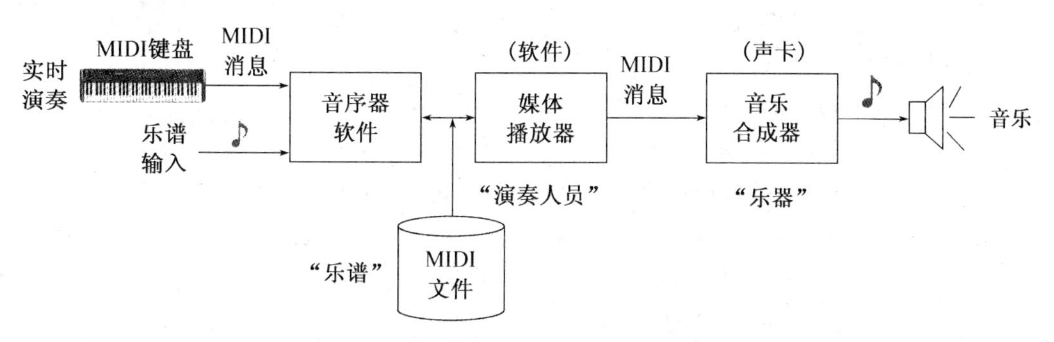

图 5－27　MIDI 音乐的制作与播放

（1）MIDI 控制器：如电子琴等，是当作乐器使用的一种设备，键盘本身并不会发出声音，只是在用户按键时发出按键信息，产生 MIDI 数据流，数据流由音序器录制生成 MIDI 文件。

（2）MIDI 端口：连接其他设备的端口，包括 MIDI In（输入）、MIDI Out（输出）、MIDI Thru（穿越）三种。

（3）音序器：为 MIDI 作曲而设计的计算机程序或电子装置，用于记录、编辑和播放 MIDI 声音文件。音序器有硬件音序器和软件音序器两种，目前大多数为软件音序器。

（4）合成器：利用数字信号处理器或其他芯片产生音乐或声音的电子装置。主要功能是解释 MIDI 文件中的指令符号，然后生成所需要的声音波形，经放大后由扬声器播出。合成器能像电子琴一样模仿几十种不同的乐器发出各种不同音色、音调的音符声音。

（5）扬声器：播放音乐的设备。

相对于数字音频来说，MIDI 具有以下几个优点：

（1）MIDI 文件比数字音频文件更小，MIDI 存储的是指令，而不是声音波形，表示相同音乐时，其数据量比 CD 少 3 个数量级，比 MP3 少 2 个数量级。

（2）易于编辑。在音序器的帮助下，用户可自由地改变音调、音色以及乐曲速度等。

（3）MIDI 可以模拟乐器进行演奏，可用计算机作曲。

另外，MIDI 也有几个方面的不足：

（1）与高保真波形声音相比，音质较差，只能合成音乐，无法表示语音信号。

（2）若 MIDI 的播放设备与制作 MIDI 时使用的设备不一样，就无法保证播放的最佳效果。

自测题 3

一、判断题

1. MP3 是目前流行的一种音频文件格式，它采用 MPEG－3 标准对数字音频进行压缩编码。　　（　　）

2. 声音重建是声音信号数字化的逆过程，它分为三个步骤，首先解码，然后 A/D 转

换,最后是插值处理。 (　　)

3. 声音输出的波形信号需送到音箱去发音。音箱有普通音箱和数字音箱,普通音箱接受的是重建的模拟声音信号,数字音箱则可直接接受数字声音信号,由音箱自己完成声音的重建。 (　　)

4. MIDI 能合成歌曲。 (　　)

二、选择题

1. 下列关于声卡的叙述,错误的是________。

A. 声卡既可以获取和重建声音,也可以进行 MIDI 音乐的合成

B. 声卡不仅能获取单声道声音,而且还能获取双声道声音

C. 声卡的声源可以是话筒输入,也可以是线路输入(从其他设备输入)

D. 将声波信号转换为电信号也是声卡的主要功能之一

2. 关于声卡的叙述,下列说法正确的是________。

A. 计算机中的声卡只能处理波形声音而不能处理 MIDI 声音

B. 将声波转换为电信号是声卡的主要功能之一

C. 声波经过话筒转换后形成数字信号,再输给声卡进行数据压缩

D. 随着大规模集成电路技术的发展,目前多数 PC 机的声卡已集成在主板上

3. 声卡是获取数字声音的重要设备,下列有关声卡的叙述中,错误的是________。

A. 声卡既负责声音的数字化,也负责声音的重建与播放

B. 因为声卡非常复杂,所以只能将其做成独立的 PCI 插卡形式

C. 声卡既处理波形声音,也负责 MIDI 音乐的合成

D. 声卡可以将波形声音和 MIDI 声音混合在一起输出

4. 数字声音获取时,影响其码率大小的因素有多个,下面________不是影响声音码率的因素。

A. 取样频率　　B. 声卡的类型　　C. 量化位数　　D. 声道数

5. 获取数字声音时,为了保证对频带宽度达 20 kHz 的全频道音乐信号取样时不失真,其取样频率应达到________以上。

A. 40 kHz　　B. 8 kHz　　C. 12 kHz　　D. 16 kHz

6. 人们的说话声音必须数字化之后才能由计算机存储和处理。假设语音信号数字化时取样频率为 16kHz,量化精度为 16 位,数据压缩比为 2,那么一分钟数字语音的数据量是________。

A. 960 kB　　B. 480 kB　　C. 120 kB　　D. 60 kB

7. 文件扩展名为 WMA 的数字媒体,其媒体类型属于________。

A. 动画　　B. 音频　　C. 视频　　D. 图像

8. MIDI 是一种计算机合成的音乐,下列关于 MIDI 的叙述,错误的是________。

A. 同一首乐曲在计算机中既可以用 MIDI 表示,也可以用波形声音表示

B. MIDI 声音在计算机中存储时,文件的扩展名为. mid

C. MIDI 文件可以用媒体播放器软件进行播放

D. MIDI 是一种全频带声音压缩编码的国际标准

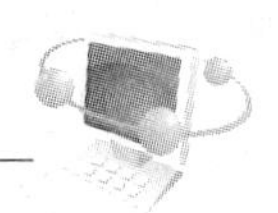

三、填空题

1. 声音获取设备包括麦克风和________。前者的作用是将声波转换为电信号。后者既参与声音的获取，也负责声音的重建，它控制并完成声音的输入与输出。

2. 计算机使用的声音获取设备包括麦克风和声卡。麦克风的作用是将声波转换为电信号，然后由声卡进行________。

3. CD唱片上的音乐是一种全频带高保真立体声数字音乐，它的声道数目一般是________个。

4. 1994年由JVC、Philips等公司联合定义了一种在CD光盘上存储数字视频和音频信息的规范——VCD，该规范规定了将________编码格式的音频/视频数据记录在CD光盘上的文件系统的标准。

5. MPEG-1的声音压缩编码按算法复杂程度分成________个层次，分别应用于不同场合，MP3只是其中的一个层次。

6. 现在流行的所谓“MP3音乐”是一种采用国际标准________压缩编码的高质量数字音乐，它能以10倍左右的压缩比大幅减少其数据量。

四、简答题

1. 数字波形声音的获取过程主要分为哪几个步骤？如何使用PC机进行录音，怎样得到比较高的声音质量？

2. 数字波形声音的码率主要包含哪些参数？码率的计算方法是？

3. 全频带声音的压缩编码有哪些常用标准？一张CD唱片可以播放多长时间的音乐或歌曲？

4. 声卡有哪些主要组成部分？具有哪些功能？在PC机上使用哪些软件可以播放波形声音和MIDI音乐？

5. 计算机合成语音有哪些主要的应用？

6. MIDI音乐与波形声音表示的音乐有什么区别？

5.4 数字视频及应用

视频(Video)是随着时间变化连续播放多幅静止图像而产生的带有动感的图像序列，它是通过电子技术手段在相应的设备(如摄像机、电视机、计算机显示器等)上实现的。通常，视频又被称为活动图像或运动图像。常见的视频有电视和计算机动画。电视能传输和再现真实世界的图像与声音，是重要广播和视频信息的传播工具。计算机动画是计算机制作的一组图像序列，属于计算机合成的视频。

5.4.1 数字视频基础

1. 模拟视频

模拟视频(Analog Video)是以连续的模拟信号方式存储、处理和传输的视频信息，所

用的存储介质、处理设备及传输网络都是模拟的。如:采用模拟摄像机拍摄的视频画面,通过模拟通信网络(有线、无线)传输,使用模拟电视接收机接收、播放,或者用盒式磁带录像机将其作为模拟信号存放在磁带上等。模拟视频具有以下特点:

(1) 以连续的模拟信号形式记录视频信息;

(2) 用隔行扫描方式在输出设备(如电视机)上还原图像;

(3) 用模拟设备编辑处理;

(4) 用模拟调幅的手段在空间传播;

(5) 使用模拟录像机将视频作为模拟信号存放在磁带上。

模拟视频技术广泛应用于广播式电视节目的制作、存储和传输等方面。与数字视频相比,模拟视频存在不足,比如,模拟视频只能在模拟信道中传输,图像也会随传输频道和距离的变化而产生较大衰减,不适合数字化网络传输,更不便于编辑、检索和分类等。

目前世界上常用的模拟广播视频标准有 3 个:PAL、NTSC 和 SECAM,不同标准在刷新速率、颜色编码系统及传送频率等指标有所差异,中国和大多数欧洲国家使用 PAL 标准。

PAL 制式的彩色电视画面是一种光栅扫描图像,一般都采用隔行扫描方式,第一遍扫描奇数行,第二遍扫描偶数行,扫描时间均为 1/50 s,即刷新频率为 50 Hz,每一遍扫描形成一部分视频图像,两遍扫描形成的图像组合起来,构成一帧完整的视频画面,其帧频为 25 帧/s,场频为 50 场/s。PAL 制式的彩色电视信号在远距离传输时,使用亮度信号 Y 和两个色度信号 U、V 来表示,这种方法有两个优点:

(1) 能与黑白电视接收机保持兼容,Y 分量由黑白电视接收机直接显示而无需做进一步处理;

(2) 可以利用人眼对两个色度信号不太灵敏的视觉特性来节省电视信号的带宽和发射功率。

2. 数字视频

数字视频(Digital Video)是以离散的数字信号方式表示、存储、处理和传输的视频信息,所用的存储介质、处理设备及传输网络都是数字化的。如:采用数字摄像设备直接拍摄的视频画面,通过数字宽带网络(光纤网、数字卫星网等)传输,使用数字化设备(数字电视接收机或模拟电视加上机顶盒、多媒体计算机)接收播放或用数字化设备将视频信息存储在数字存储介质(光盘、磁盘、数字磁带等)上,如 VCD、DVD、BD 等。数字视频具有以下特点:

(1) 以离散的数字信号形式记录视频信息。

(2) 用逐行扫描方式在输出设备(如显示器)上还原图像。

(3) 用数字化设备编辑处理。

(4) 通过数字化宽带网络进行传输。

(5) 可将视频信息存储在数字存储媒体上。

多媒体技术中的数字视频主要是指以多媒体计算机为核心的数字视频处理体系。要使多媒体计算机能够对视频进行处理,除了直接拍摄数字视频信息外,还必须把来自于模拟视频源——电视机、模拟摄像机、录像机、影碟机等设备的模拟视频信号转换成数字视

频。与模拟视频相比，数字视频具有以下优点：

(1) 计算机可直接编辑处理。数字视频可由计算机进行采集、编码、编辑、存储、传输等处理，也能通过专门的视频编辑软件，进行精确的剪裁、拼接、合成以及其他各种效果编辑等技术处理，并能提供动态交互能力。

(2) 复制不失真，再现性好。数字视频可以不失真地进行无限次复制，其抗干扰能力是模拟视频信号无法比拟的。数字视频也不会因存储、传输和复制而产生图像质量的退化，从而能够准确地再现图像。

(3) 适用于数字网络。在计算机网络环境下，数字视频信息可以很方便地实现资源的共享。数字视频信号可长距离传输而不会产生信号衰减。

数字视频的缺陷是数据量巨大，因而需要进行适当的数据压缩才能适合一般设备进行处理。播放数字视频时需要通过解压缩还原视频信息，因而处理速度较慢。

3. 视频卡与视频获取设备

数字视频技术已经广泛应用于广播式电视节目的制作、存储和传输等方面，用来取代传统的模拟信号的广播电视系统。目前，有线电视网络播放和传输的虽然已经是数字视频信号，但它需要经过机顶盒解码并转换为模拟电视信号后才能被电视机播放和显示。PC机中用于视频信号数字化的插卡称为视频采集卡，简称视频卡，它能将输入的模拟视频信号(及其伴音信号)进行数字化然后存储在硬盘中。数字化之后的视频图像，经过彩色空间转换(从YUV转换为RGB)，然后与计算机图形显示卡产生的图像叠加在一起，用户可在显示器屏幕上指定一个窗口监看(监听)其内容。

通常，在获取数字视频的同时还能使用数字信号处理器(DSP)进行音频和视频数据的压缩编码。由于压缩编码的计算量比较大，能进行高分辨率画面实时压缩处理的视频卡成本较高，结构也比较复杂。视频采集模块包括视频解码器、模/数转换器(ADC)、信号转换器三个部分。视频解码器可将模拟视频信号解码为分量视频信号，如YUV分量。模/数转换器完成对分量视频信号的采集、量化等数字化工作。信号转换器完成将采集到的YUV分量信号转换为RGB信号。如图5-28是视频卡的组成以及它和图形卡、主机之间的关系。

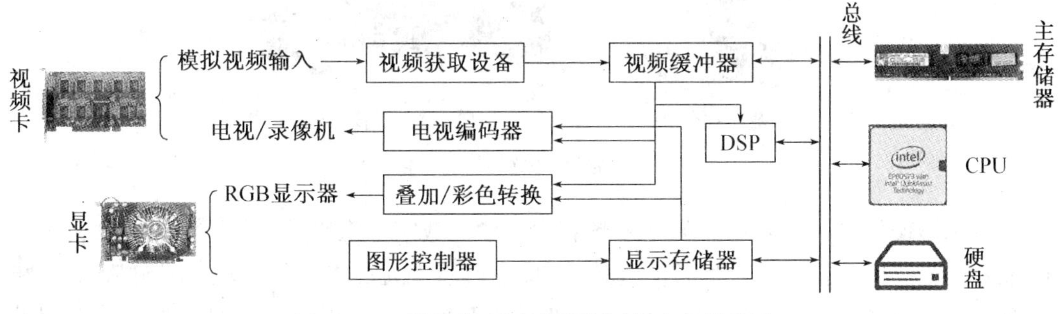

图5-28　视频卡、显卡(图形卡)与主机的关系

另一种可以在线获取数字视频的设备是数字摄像头，数字摄像头可以将视频采集设备产生的模拟视频信号转换成数字信号，进而将其储存在计算机里，不再需要专门的视频采集卡来进行模数转换。数字摄像头可以直接捕捉影像，然后通过 USB 接口传送到计算机里。

摄像头的分辨率是指摄像头解析图像的能力，即摄像头的影像传感器的像素数。最高分辨率就是指摄像头能最高分辨图像的能力的大小，即摄像头的最高像素数。现在市面上较多的 30 万像素 CMOS 的最高分辨率一般为 640×480，50 万像素 CMOS 的最高分辨率一般为 800×600。分辨率的两个数字表示的是图片在长和宽上占的点数的单位，一张数码图片的长宽比通常是 4∶3。速度在每秒 30 帧以下，镜头的视角可达到 45～60 度。

在实际应用中，如果将摄像头用于网络聊天或者视频会议，那么分辨率越高则需要的网络带宽就越大。大多数数字摄像头都采用 CCD 光传感器，其优点是灵敏度高，噪音小，信噪比大。但是生产工艺复杂、成本高、功耗高。有些产品采用 CMOS 类型的光传感器，其优点是集成度高、功耗低（不到 CCD 的 1/3）、成本低。但是噪音比较大、灵敏度较低、对光源要求高。在相同像素下 CCD 的成像往往通透性、明锐度都很好，色彩还原、曝光可以保证基本准确。而 CMOS 的产品往往通透性一般，对实物的色彩还原能力偏弱，曝光也都不太好。

数字摄像头的接口一般采用 USB 接口，有些采用高速的 IEEE1394（火线）接口。如图 5-29(a)所示。数字摄像头广泛应用于农业、军事、交通等方面，尤其在交通和治安方面都占有非常重要的地位。例如：

(1) 交通管理：采用摄像头让交通管理更加方便高效。

(2) 警方破案：摄像头在警方破案中地位非常重要，可以通过马路上摄像头，小区摄像头破案。

(3) 汽车应用：车载电子由音频应用已过渡到音视频多功能应用阶段。摄像头是车载视频的重要组成部分，主要为用户提供倒车影像功能。

(a) 数字摄像头

(b) 数字摄像机

图 5-29　数字摄像头与数字摄像机

数字摄像机是一种离线的数字视频获取设备。数字摄像机进行工作的基本原理简单的说就是光—电—数字信号的转变与传输，即通过感光元件将光信号转变成电流，再将模拟电信号转变成数字信号，由专门的芯片进行处理和过滤后得到的信息还原出来就是我们看到的动态画面了。

数字摄像机的感光元件能把光线转变成电荷，通过模数转换器芯片转换成数字信号，主要有两种：一种是广泛使用的 CCD（电荷耦合）器件，另一种是 CMOS（互补金属氧化物

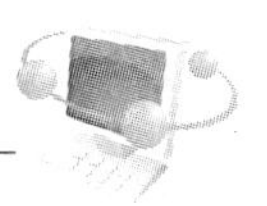

导体)器件。它的原理与数码相机类似,但具有更多的功能,它所拍摄的视频图像及记录的伴音使用 MPEG 进行压缩编码,记录在磁带或者硬盘上,需要时再通过 USB 或 IEEE1394 接口输入计算机处理。如图 5-29(b)所示。

在选购数字摄像机时,需注意以下几点:

(1) CCD。CCD 的像素是衡量数字摄像机成像质量的一个重要指标,像素的大小直接决定所拍摄影像的清晰度、色彩,以及流畅程度。CCD 的像素基本上决定了数字摄像机的档次,中档一般是在 80 万至 100 万像素左右,而中高档一般是在 120 万像素以上。

(2) 镜头。同数码相机一样,镜头也是决定数字摄像机成像质量的重要因素。一是光学变焦倍数,光学变焦倍数越大,我们拍摄的场景大小可取舍的程度就越大,对我们拍摄时候的构图会带来很大的方便,这点和相机的变焦镜头是同等道理;二是镜头口径,如果口径小,那么即使再大的像素,在光线比较暗的情况下也拍摄不出好的效果。

(3) 外形和体积。买家用摄像机一般都是带有娱乐性质,所以考虑外形是很有必要的。还有一个就是体积,家用摄像机一般选购紧凑、小巧型,方便外出携带。

(4) 操作的简单方便性。对于普通消费者来说,操作的简易性是选机的必要条件。

(5) 兼容性。生活中的精彩画面往往要与好朋友分享,若不同摄像机的记忆卡不兼容,将给用户带来麻烦。即市场上可见的 MS、MSPro、SD、MMC 四种卡,高度兼容性让影像和声音在不同摄像机之间传输成为可能。

(6) 液晶显示屏。专业级人士经常拍摄,构图已经比较熟了,可以不用显示屏,但是一般的用户在拍摄时候多数是使用液晶显示屏的。液晶显示屏的亮度要够高,像素要够大,还有面积也是越大越好,比较流行的是 2.5 寸和 3.5 寸。如果采用了透光反射式液晶显示屏,即使面对阳光也可以清晰取景,再也不用怕黑屏的困扰了。

5.4.2　数字视频的压缩编码和文件格式

数字视频是多媒体系统中另一种极为重要的信息形式,与音频相比数据量更大,因而视频数据的压缩编码问题更为突出。在多媒体计算机系统中,数字视频信号也要经过编码压缩后才能以视频文件的形式存储或传输,最后由解码器将压缩的数字视频还原后再输出,通过计算机或电视机播放。

为了有效地对视频数据进行压缩,从取样数据中去除数据冗余,同时保证视频质量在许可的可控范围内,人们从视频数据的冗余可能出发,分析研究了不同形式的图像(静止和活动)数据冗余形式。由于视频信息中各画面内部有很强的信息相关性,相邻画面的内容又有高度的连贯性,再加上人眼的视觉特性,所以数字视频的数据量可压缩几十倍甚至几百倍。

为了使图像信息系统及设备具有普遍的互操作性,同时保证与未来系统的兼容性,国际标准化组织(ISO)、国际电子学委员会(IEC)及国际电信联盟(ITU-T)等组织先后审议并制定了许多音/视频编码标准,分为 MPEG 和 H.26X 两大系列。MPEG 系列标准是由 ISO 和 IEC 联合制定的运动图像(含音频)压缩编码标准,主要用于数字电视节目和数字视频光盘;H.26X 系列标准是由 ITU-T 制定的音/视频压缩编码标准,主要用于多媒体网络环境中的数字视频传输,如可视电话、视频会议、视频点播等。常见视频压缩编码的国际标准及其应用范围参考表 5 - 7。

表 5 - 7　视频压缩编码的国际标准及其应用

标准类别	标准名称	图像格式	压缩后的码率	主要应用
MPEG 系列标准	MPEG - 1	360×288	大约 1.2 Mb/s～1.5 Mb/s	适用于 VCD、数码相机、数字摄像机等
	MPEG - 2 (MP@ML)	720×576	5 Mb/s～15 Mb/s	用途最广，如 DVD、卫星电视直播、数字有线电视等
	MPEG - 2 High Profile	1440×1152 1920×1152	80 Mb/s～100 Mb/s	高清晰度电视（HDTV）领域
	MPEG - 4 ASP	分辨率较低的视频格式	与 MPEG - 1，MPEG - 2 相当，但最低可达到 64 kb/s	在低分辨率低码率领域应用，如监控、IPTV、手机、MP4 播放器等
	MPEG - 4 AVC	多种不同的视频格式	采用多种新技术，编码效率比 MPEG - 4ASP 显著减少	已在多种领域应用，如 HDTV、蓝光盘、IPTV、XBOX、iPod、iPhone 等
	MPEG - 7	不涉及	不涉及	应用于数字图书馆、多媒体查询服务等
	MPEG - 21	不涉及	不涉及	网络多媒体
H. 26X	H. 261	360 × 288 或 180 ×144	Px64 kb/s（P＝1、2 时，只支持 180×144 格式，P≥6 时，可支持 360×288 格式）	应用于视频通信，如可视电话、会议电视等
	H. 263	QCIF(176×144)/ SQCIF(128×96)/ CIF/4CIF/16CIF	低于 64 kbps	主要采用混合编码技术，用于低码率多媒体通信系统，包括公共开关电话网络和移动通信无线业务
	H. 264	同 H. 263	1/2 的 H. 263 标准传输码率	应用于网络视频、移动 TV、多媒体存储、广播系统等

由于对视频文件中不同媒体压缩格式所采用的存储策略的不同，形成了不同的数字视频文件格式，这些文件格式大致可分为两类，一类是适合本地播放的视频文件（普通视频文件），另一类是适合远程播放的视频文件（流式文件）。普通视频文件的最大特点是视频质量较高、文件尺寸较大，如本地视频、DVD 视频等；流式视频文件的最大特点是支持“边传输边播放”的流媒体方式，可在多媒体网络上连续平滑播放。常见的数字视频格式有 MPEG 格式(. dat、. mpg、. mpeg、. mp4、. vob、. 3gp、. 3g2 等)，微软公司的 AVI(. avi)和 ASF(. asf)格式，其中 ASF 文件格式适合流媒体应用，Apple 公司的 Quick Time 格式(. mov 和. qt)，Real Network 公司的 RM(. rm)和 RMVB(. rmvb)格式(. rmvb 格式是

.rm 的补充)，Adobe 公司的 FLV(.flv)和 F4V(.f4v)格式等。其中.asf、.wmv、.mov、.rm、.rmvb、.flv 和.f4v 格式文件均支持流式传输。

5.4.3　数字视频的编辑

数字视频编辑是在以多媒体计算机为核心的数字化环境下，通过功能强大的视频非线性编辑软件而进行的多轨道视频编辑过程，具体编辑无需按照视频时间顺序，而是根据编辑需要任意选择编辑位置，并且可随时预览编辑结果。

数字视频的编辑处理摆脱了磁带顺序存取的束缚，节目制作效率得到了极大的提高，它们被称为非线性编辑系统。非线性编辑系统一般由计算机主机、视(音)频卡、SCSI 硬盘、视频编辑软件，再加上一些控制装置组成。编辑时把电视节目素材存入计算机硬盘中，根据需要对不同长短、不同顺序的素材进行剪辑，同时配上字幕、特技和各种动画，再进行配音、配乐，最终制作成高质量的电视节目。

市面上的视频处理软件产品很多，常见的有 Adobe Premiere、Ulead Media Studio、Windows 捆绑的 Movie Maker 等。微软的 Movie Maker 依靠 Windows 系列操作系统的市场占有优势，并以视频制作过程的简单快捷赢得了初学者的青睐。用户可以简单明了地将一堆家庭视频和照片转变为感人的家庭电影、音频剪辑或商业广告。剪裁视频，添加配乐和一些照片，然后只需单击一下就可以添加主题，从而为电影添加匹配的过渡和片头。

5.4.4　计算机动画

动画技术是多媒体设计与创作的重要技术之一，是创作运动视觉效果的主要途径。动画是多帧图像连续播放所产生的运动效果。就视觉效果而言，动画与视频都属于运动图像，但两者的来源不同。视频信息主要来源于摄像机拍摄的现实活动场景，而动画则是通过动画技术直接创作设计出来的虚拟活动场景，它可以辅助制作传统的卡通动画片，或通过对物体运动、场景变化、虚拟摄像机及光源设置的描述，逼真地模拟三维景物随时间而变化的过程，它所生成的一系列画面可在计算机屏幕上动态演示，也可转换成电视或电影输出。

计算机动画的基础是计算机图形学，它的制作过程是先在计算机中生成场景和形体的模型，然后设置它们的运动，最后再生成图像并转换成视频信号输出。动画的制作要借助于动画创作软件，如二维动画软件 Animator Pro 和三维动画软件 3D StudioMAX、MAYA、Adobe Director 等。常见动画软件及其对应动画的输出格式如表 5－8 所示。

表 5－8　常用动画软件及其输出格式

动画软件	动画输出格式
Adobe Director	.dir/.dcr
Animator Pro	.flc 和采用 320×200 像素图像的.fli
3D Studio MAX	.max
SuperCard 和 Director	.pics
CompuServe GIF89a	.gif
Flash	.fla/.swf

计算机动画涉及景物的造型技术、运动控制和描述技术、图像绘制技术、视频生成技术等。其中以运动控制与描述技术最复杂，它采用的方法有多种，如运动学方法、物理推导法、随机方法、刺激—响应方法、行为规则方法、自动运动控制方法等，一般根据具体应用的要求进行选择。

计算机动画近年来发展非常迅速，应用领域也非常广泛，包括娱乐、广告、电视、教育和科研各个方面。随着人工智能等技术的进展，它将取得更大的发展。

5.4.5 数字视频的应用

1. VCD

CD(Compact Disc)是小型光盘的英文缩写，最早应用于数字音响领域，代表产品就是 CD 唱片。每张 CD 唱片的存储容量是 650 MB 左右，可存放 1 小时的立体声高保真音乐。MPEG－1 标准的出现使得 CD 光盘能存储更多数据量的活动图像(视频)。

VCD 可以在个人电脑或 VCD 播放器以及大部分 DVD 播放器中播放。VCD 标准由索尼、飞利浦、JVC、松下等电器生产厂商联合于 1993 年制定了一种以数字技术在 CD 光盘上存储视频和音频信息的规范，属于数字光盘的白皮书标准。使一张普通的 CD 光盘可记录约 60 分钟的音视频数据，图像质量达到家用录放像机的水平，可播放立体声。VCD 播放机体积小，价格便宜，有较好的音视频质量，受到了广大用户的欢迎。VCD 的一个派生产品是 Karaoke CD 光盘，它同 VCD 保持兼容。

2. DVD

DVD(Digital Versatile Disc)即“数字通用光盘”，是 CD/LD/VCD 的后继产品。它有多种规格，用途非常广泛。其中的 DVD-Video(简称为 DVD)就是一种类似于 LD 或 Video CD 的家用影碟。

DVD 影碟与 VCD 相比，存储容量要大得多。CD 光盘的容量为 650 MB，仅能存放 74 分钟 VHS 质量(352×240)的视频图像，而单面单层 DVD 容量为 4.7 GB，若以平均码率 4.69 Mb/s 播放视频图像，它能存放 133 分钟的接近于广播级图像质量(720×480)的整部电影。DVD 采用 MPEG－2 标准压缩的视频图像，画面品质比 VCD 明显提高。

DVD-Video 可以提供 32 种文字或卡拉 OK 字幕，最多可录放 8 种语言的声音。它还具有多结局(欣赏不同的多种故事情节发展)、多角度。(从 9 个角度选择观看图像)、变焦(zoom)和家长锁定控制(切去儿童不宜观看的画面)等功能。画面的长宽比有三种方式可选择：全景扫描、4∶3 普通屏幕和 16∶9 宽屏幕方式。

DVD-Video 的伴音具有 5.1 声道(左、右、中、左环绕、右环绕和超重低音，简称为 5.1 声道)，足以实现三维环绕立体音响效果。

DVD 刻录技术大致分为三大类、五种规范(DVD-RAM、DVD-R/RW、DVD＋R/RW)，以满足不同刻录的需求。

3. BD

蓝光光盘(Blu-ray Disc，缩写为 BD)利用波长较短(405 nm)的蓝色激光读取和写入数据，并因此而得名。传统 DVD 需要光头发出红色激光(波长为 650 nm)来读取或写入数据，通常来说波长越短的激光，能够在单位面积上记录或读取更多的信息。因此，蓝光

极大地提高了光盘的存储容量，对于光存储产品来说，蓝光提供了一个跳跃式发展的机会。

目前为止，蓝光是最先进的大容量光碟格式，BD激光技术的巨大进步，能够在一张单碟上存储25 GB的文档文件，是现有(单碟)DVD的5倍。在速度上，蓝光允许1到2倍或者每秒4.5至9兆的记录速度。

蓝光光碟拥有一个异常坚固的层面，可以保护光碟里面重要的记录层。飞利浦的蓝光光盘采用高级真空连结技术，形成了厚度统一的100 μm的安全层。飞利浦蓝光光碟可以经受住频繁的使用、指纹、抓痕和污垢，以此保证蓝光产品的存储质量数据安全。

4. 可视电话

可视电话是利用电话线路实时传送人的语音和图像(用户的半身像、照片、物品等)的一种通信方式。可视电话是由电话机、摄像设备、电视接收显示设备及控制器组成的。可视电话的话机和普通电话机一样是用来通话的，摄像设备的功能是摄取本方用户的图像传送给对方，电视接收显示设备，其作用是接收对方的图像信号并在荧光屏上显示对方的图像。如图5-30所示。

图5-30　可视电话

可视电话根据图像显示的不同，分为静态图像可视电话和动态图像可视电话。静态图像可视电话在荧光屏上显示的图像是静止的，图像信号和话音信号利用现有的模拟电话系统交替传送，即传送图像时不能通话，传送一帧用户的半身静止图像需5～10秒。

可视电话属于多媒体通信范畴，是一种有着广泛应用领域的视讯会议系统，使人们在通话时能够看到对方影像，它不仅适用于家庭生活，而且还可以广泛应用于各项商务活动、远程教学、保密监控、医院护理、医疗诊断、科学考察等不同行业的多种领域。

5. 视频会议

采用视频会议，可以实现与多人同时进行通讯，人们还可以面对面讲话。在全球各地的办公室和教育机构，视频会议还能够用于学习、培训和与联系人会面，不需要进行旅行。视频会议不仅能够节省电话费，而且通过取消旅行还有助于改善环境和减少业务开支中安排员工外出开会的差旅费。此外，朋友和家人能够利用视频会议与居住在其他国家的亲人保持联系，甚至在海外作战的士兵也能够利用视频会议与家人保持联系。如图5-31所示。

使用电信局的公用电信网举行视频会议，通信质量好，但费用较高。而利用Internet进行可视电话和视频会议具有使用方便、通信成本较低等优点。如：微软公司的MSN

图 5-31 视频会议

Messenger、腾讯公司的 QQ、网易的 POPO 等即时通信(IM)软件,它们均具有音(视)频通信功能。

视频会议的常见功能:

(1) 具有多人视频聊天。可以设置点对多视频聊天也可以多对多视频聊天。

(2) 电子白板。动态电子白板可以上传.DOC\.XLS\.PPT\.SWF\.JPG\.BMP\.JMGP 等文件,参与者可以现实显示原文件。

(3) 屏幕共享。网络视频会议比较突出的一项功能就是屏幕共享,可以发起多人屏幕共享。操作简单,也可以申请控制桌面。

(4) IE 协同预览。多种模式预览 IE 与参与者共享作品。

(5) 文件柜。与会者公共文件交流区,贴近现实会议中发放会议资料。

(6) 会议投票。与现实中主题投票相似。

(7) 会议录制。把电子白板的内容和主讲的视频音频录制为课件形式发布到自己的网站。

(8) 邀请会议。通过发起邀请可以向 IM 端的朋友发起邀请参加会议。

(9) 播放媒体。可以播放本地的流媒体和参与者一起分享,只要是 Windows Media Player 能播放的都可以,不支持的可以下载插件,如果参与者超过 5 个以上可以用视频轮回功能翻看在线的会员视频。

6. 数字电视

数字电视是一个从节目采集、节目制作、节目传输直到用户端都以数字方式处理信号的端到端的系统,基于数字视频广播(DVB)技术标准的广播式和"交互式"数字电视。采用先进用户管理技术能将节目内容的质量和数量做得尽善尽美并为用户带来更多的节目选择和更好的节目质量效果,数字电视系统可以传送多种业务,如高清晰度电视(简写为"HDTV"或"高清")、标准清晰度电视(简写为"SDTV"或"标清")、互动电视、BSV 液晶拼接及数据业务等等。与模拟电视相比,数字电视具有图像质量高、节目容量大(是模拟电视传输通道节目容量的 10 倍以上)和伴音效果好的特点。

用于数字节目制作的手段主要有:数字摄像机和数字照相机、计算机、数字编辑机、数字字幕机;用于数字信号处理的手段有:数字信号处理技术(DSP)、压缩、解压、缩放等技术;用于传输的手段有:地面广播传输、有线电视(或光缆)传输、卫星广播(DSS)及宽带综

合业务网(ISDN)、DVD等;用于接受显示的手段有:阴极射线管显示器(CRT)、液晶显示器、等离子体显示器、投影显示(包括前投、背投)等。

在数字电视中,采用了双向信息传输技术,增加了交互能力,赋予了电视许多全新的功能,使人们可以按照自己的需求获取各种网络服务,包括视频点播、网上购物、远程教学、远程医疗等新业务,使电视机成为名副其实的信息家电。

数字电视的传输途径是多种多样的,因特网性能的不断提高也将使其成为数字电视传播的一种新媒介(即IPTV)。近几年出现了越来越多的视频网站,如PPLive、CNTV、土豆网、优酷网、奇艺网、搜狐视频等深受用户喜爱。图5-32是数字电视传播系统的示意图。

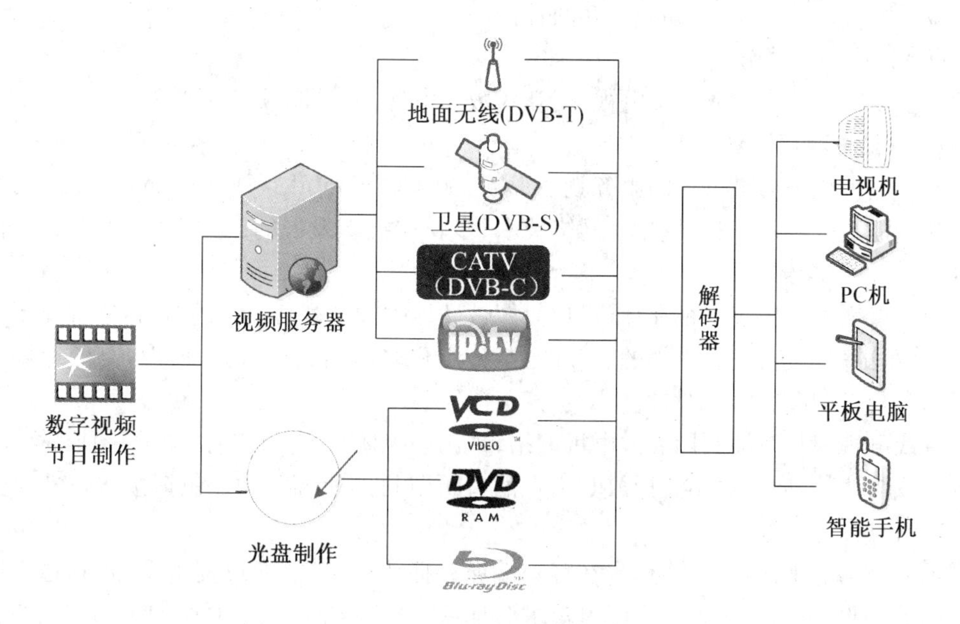

图5-32　数字电视传播系统

数字电视接收设备(简称DTV接收机)大体有三种形式:一种是专用的播放设备,如DVD播放机、MP4播放器等,另一种是传统模拟电视机外加一个数字机顶盒,第三种是可以接收数字电视的PC机、平板电脑或手机等。如图5-33所示。

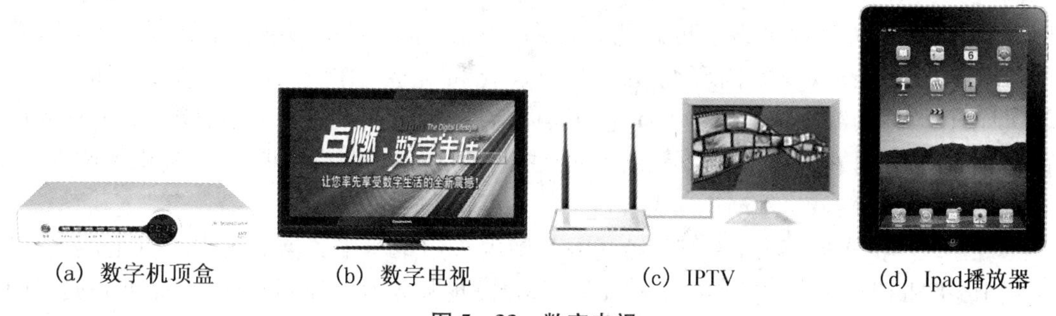

(a) 数字机顶盒　(b) 数字电视　(c) IPTV　(d) Ipad播放器

图5-33　数字电视

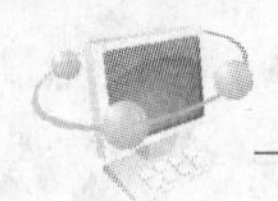

(1) 按信号传输方式分类

数字电视可分为地面无线传输(地面数字电视)、卫星传输(卫星数字电视)、有线传输(有线电视系统)、数字卫星电视系统、IP数字电视系统。

(2) 按清晰度保真方式分类

数字电视分为数字高清晰度电视(HDTV)、数字标准清晰度电视(SDTV)、数字低清晰度电视(LDTV),三者区别主要在于图像质量和信号传输时所占信道带宽不同。

(3) 按照产品类型分类

数字电视可分为数字电视显示器、数字电视机顶盒和一体化数字电视接收机。

(4) 按显示屏幕比例分类

数字电视可分为4∶3和16∶9两种比例。

(5) 按服务方式分类

数字电视可分为广播数字电视、交互式数字电视、流媒体数字电视等。

7. 点播电视(VOD)

数字电视提供的最重要的服务就是视频点播(VOD, Video On Demand),也称为交互式电视点播系统。是计算机技术、网络技术、多媒体技术发展的产物,是一项全新的信息服务。

视频点播不像传统电视那样,用户只能被动地收看电视台播放的节目,它提供了更大的自由度,更多的选择权,更强的交互能力,传用户之所需,看用户之所点,有效地提高了节目的参与性,互动性,针对性。

有线电视视频点播利用有线电视网络,采用多媒体技术,将声音、图像、图形、文字、数据等集成为一体,向特定用户播放其指定的视听节目的业务活动。包括按次付费、轮播、按需实时点播等服务形式。

视频点播的工作过程为:用户在客户端启动播放请求,并通过网络发出,到达由服务器的网卡接收,传送给服务器。经过请求验证后,服务器把存储子系统中可访问的节目名准备好,使用户可以浏览到所喜爱的节目菜单。用户选择节目后,服务器从存储子系统中取出节目内容,并传送到客户端进行播放。

视频点播分为互动点播和预约点播两种。互动点播即用户通过拨打电话,电脑自动安排其所需节目。预定点播即用户通过打电话到点播台,然后由人工操作,按其要求定时播出节目。

VOD的最初出现是为了更好地满足用户对自主收看视频节目的需求,但是随着VOD技术的不断进步,其广泛的应用对大众文化和商业运作模式都将产生强烈的影响。VOD不仅可以为终端用户提供多样化的媒体信息流,来扩大人们的信息渠道,丰富人们的精神生活;而且在医院、宾馆、飞机等场所的娱乐,公司的职员培训、远距离市场调查、公司的广告业务等领域将逐渐充斥着VOD技术的全新应用。

规模较小的VOD系统一般在局域网范围内采用单一服务器的集中式方案,系统可采用Real Networks公司的Real System作为视频服务器的控制软件,它提供开放式的流媒体技术服务,包括MPEG-1、MPEG-2多种音频视频格式的节目都能播放。系统不仅能提供点播服务,还可以通过视频捕获卡进行网上视频直播。系统还可以提供课件

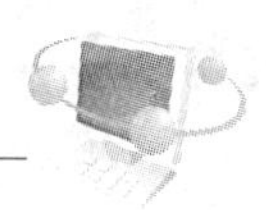

的点播服务，还可以借助视频捕获卡通过校园网进行视频直播。

因此，可以预见，未来电视的发展方向就是朝着点播模式的方向发展。数字电视还提供了其他服务，包括数据传送、图文广播、上网服务等。用户能够使用电视实现股票交易、信息查询、网上冲浪等，使电视被赋予了新的用途，扩展了电视的功能，把电视从封闭的窗户变成了交流的窗口。

自测题4

一、判断题

1. 数字视频的数据压缩比可以很高，几十甚至上百倍是很常见的。（　　）

2. 数字摄像头通过光学镜头采集图像，将图像转换成数字信号并输入到硬盘，不再需要安装使用专门的视频采集卡。（　　）

3. 数字摄像头和数字摄像机都是在线的数字视频获取设备。（　　）

4. PC机中用于视频信号数字化的插卡称为显卡。（　　）

5. Windows平台上使用的AVI是一种音频/视频文件格式，AVI文件中存放的是压缩后的音视频数据。（　　）

6. 从原理上说，买一台数字电视机或在模拟电视机外加一个数字机顶盒即可收看数字电视节目。（　　）

7. 数字电视是数字技术的产物，目前电视领域正在进入向全面实现数字化过渡的时代。（　　）

8. 可视电话的终端设备功能较多，它集摄像、显示、声音与图像的编/解码等功能于一体。（　　）

二、选择题

1. 台式PC机中用于视频信号数字化的一种扩展卡称为________，它能将输入的模拟视频信号及伴音进行数字化后存储在硬盘上。

A. 视频采集卡　　B. 声卡　　C. 图形卡　　D. 多功能卡

2. 下列关于数字视频获取设备的叙述中，错误的是________。

A. 数字摄像机是一种离线的数字视频获取设备

B. 数字摄像头需通过视频卡才能获取数字视频

C. 数字摄像头通过光学镜头和CCD(或CMOS)器件采集视频图像

D. 视频卡可以将输入的模拟视频信号进行数字化，生成数字视频

3. 网上在线视频播放，采用________技术可以减轻视频服务器负担。

A. 边下载边播放的流媒体技术　　B. P2P技术实现多点下载

C. 提高本地网络带宽　　D. 优化本地操作系统设置

4. 下列关于VCD和DVD的叙述，正确的是________。

A. DVD与VCD相比，压缩比高，因此画面质量不如VCD

B. CD是小型光盘的英文缩写，最早应用于数字音响领域，代表产品是DVD

C. DVD采用MPEG-2视频压缩标准

D. VCD采用模拟技术存储视频信息，而DVD则采用数字技术存储视频信息

5. 下列关于数字电视特点的说法中，错误的是________。
   A. 频道多，利用率高　　B. 图像清晰度好
   C. 可开展交互业务　　D. 接收端必须安装模数转换器
6. 下列关于数字电视的说法错误的是________。
   A. 我国不少城市已开通了数字电视服务，但目前大多数新买的电视机还不能直接支持数字电视的接收与播放
   B. 目前普通的模拟电视不能接收数字电视节目，因此，要收看数字电视必须要购买新的数字电视机
   C. 数字电视是数字技术的产物，目前电视传播业正进入向全面实现数字化过渡的时代
   D. 数字电视的传播途径是多种多样的，因特网性能的不断提高已经使其成为数字电视传播的一种新媒介
7. 下列软件中，不支持可视电话功能的是________。
   A. MSN Messenger　　B. 网易的 POPO
   C. 腾讯公司的 QQ　　D. Outlook Express
8. 下列________不是用于制作计算机动画的软件。
   A. 3D Studio MAX　　B. MAYA
   C. CoolEdit　　D. FLASH
9. 下列关于计算机动画制作软件的说法中，错误的是________。
   A. Flash 是美国 Adobe 公司推出的一款优秀的 Web 网页动画制作软件
   B. AutoCAD 是一套优秀的三维动画软件
   C. 制作 GIF 动画的软件很多，如 ImageReady，Fireworks，Gif Animator 等
   D. 3D Studio Max 由国际著名的 Autodesk 公司制作开发，是一款集造型、渲染和动画制作于一身的三维动画制作软件
10. 数字卫星电视和 DVD 数字视盘采用的数字视频压缩编码标准是________。
   A. MPEG-1　　B. MPEG-2　　C. MPEG-4　　D. MPEG-7

三、填空题

1. 在因特网环境下能做到数字声音(或视频)边下载边播放的媒体分发技术称为“________媒体”。

2. 用户可以根据自己的喜好选择收看电视节目，这种从根本上改变用户被动收看电视的技术称为________技术。

3. 用 Flash 制作的动画文件较小，便于在因特网上传输，文件后缀为________。

4. 计算机动画的基础是________。

四、简答题

1. 数字视频是怎样获取的？需要使用哪些硬件设备？视频卡的作用是什么？
2. 数字视频为什么能进行大幅度的数据压缩？
3. 计算机动画的制作过程是怎样的？常见制作计算机动画的软件有哪些？
4. 数字电视有哪些传播途径？数字电视接收机的主要形式有？谈谈你在因特网上

收看(听)视(音)频节目的体验。

5. 试从网站上下载和安装 MSN Messenger 软件或 QQ 软件,并与他人进行音频和视频通信,写出体验过程。

第6章 计算机信息系统与数据库

当今社会正处于信息化时代，各种信息传递、数据存储、业务流程规范等都离不开信息系统和数据库。其实在生活中我们一直在使用数据库，学校、医院、银行、企业等身边的每个环境中都在不同程度的应用着各种形式的信息系统及数据库。当你登录网络，需要依靠数据库验证自己的名字和密码；当你在某个站点上进行搜索，甚至当你在自动取款机上使用 ATM 卡取款，都是在使用信息系统和数据库。因此，熟悉和掌握信息系统及数据库的概念，了解相关知识，对于信息时代的每个成员都是必要的。

6.1 计算机信息系统

6.1.1 什么是计算机信息系统

信息系统可以是人工的或基于计算机的，计算机信息系统是一个广泛的概念，它以计算机在管理领域的应用为主体内容，大体上可划分成管理信息系统、决策支持系统和办公信息系统。

计算机信息系统是以提供信息服务为主要目的的人机交互式的、数据密集型的计算机应用系统。如管理信息系统是以人为主导，利用计算机硬件、软件及其他办公设备进行信息的收集、传递、存贮、加工、维护和使用的系统。它以企业战略竞优、提高收益和效率为目的。同时支持企业高层决策、中层控制和基层操作。通俗点理解的话，它就是一个能帮助人实现规划、预测、决策目标的数据库。

管理信息系统对企业事业单位的作用在于加快信息的采集、传送及处理速度，实验数据在全单位的共享，及时的为各级管理人员提供所需的信息，辅助他们决策，从而改善单位的运行效率及效果。

计算机信息系统的特点是：

(1) 数据量很大。如一个银行信息系统,包含数以万计的客户信息,及其所有的存款、贷款和交易数据。

(2) 数据的存储是持久的。计算机信息系统中的数据都不会随着程序的运行结束而消失,而需要长久的保存在计算机系统中。如人事管理系统中的工资数据,需要长久存储,并经常用于阶段性的数据统计,比如年度个人收入汇总和报税。

(3) 计算机信息系统中的持久数据为多个应用程序提供共享。如人事管理系统中的工资数据,需要与人力资源系统和会计系统共享这份持久数据。

计算机信息系统基于计算机硬件、计算机软件、网络设备等基础设施运行,常见的结构如图 6-1 所示。

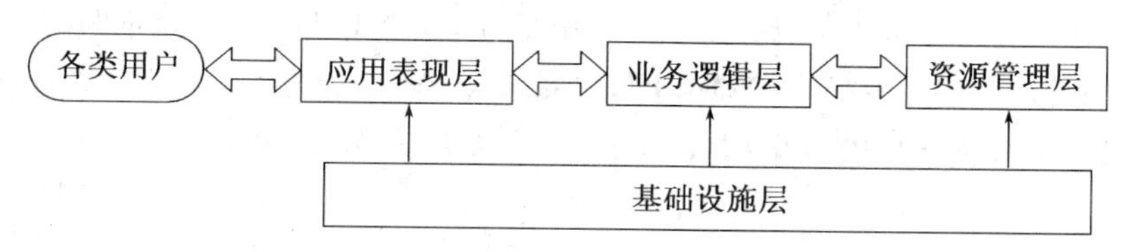

图 6-1 计算机信息系统的层次结构

(1) 应用表现层(表现层)

每一个应用系统的末端是表现层。表现层是用户使用系统的唯一入口,也是用户首先看到的界面,表现层应将系统中的一些信息有效展示,并尽量提供友好的用户交互界面。

(2) 业务逻辑层

业务逻辑层负责的问题是处理系统中的业务逻辑和业务校验,以更好的保证程序运行的健壮性。如完成数据添加、修改和查询业务等;不允许指定的文本框中输入空字符串,数据格式是否正确以及数据类型验证;用户权限的合法性判断等;通过以上的诸多判断以决定是否将操作继续向后传递,尽量保证程序的正常运行。

(3) 资源管理层

资源管理层,包括数据库管理系统与数据库。数据库管理系统的功能主要是负责数据库的访问。换种说法就是实现对数据表的 Select(查询),Insert(插入),Update(更新),Delete(删除)等操作。数据库管理系统,简而言之就是对数据库进行的 SQL 语句等操作的集合。与数据库管理系统直接相连的就是底层的数据库,即存储大量数据信息的仓库。

6.1.2 信息系统与数据库

数据库技术是计算机领域最重要的技术之一。各行各业的信息系统,乃至 Internet 上的信息系统大多离不开数据库的支持,因此数据库已成为信息社会的重要基础设施。

1. 数据库

数据库的作用是帮助人们存储和跟踪事物。如订单、客户、雇员或其他商人感兴趣的内容的存储和跟踪。

举例:从超市购物。当你从超市购买货物时,收银员使用条形码阅读器来扫描每种货物,这其实就是一个数据库应用,它使用条形码链接到一个产品数据库中查询货物价格,

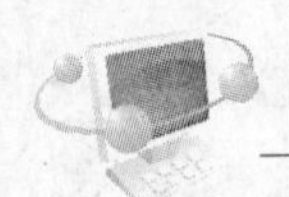

通过程序计算这个库存货物数量，并在收银机上显示价格。如果记录产品的数量低于指定的最低限值，数据库系统可能会自动设置一个订单来获得更多产品的库存。

数据库(Data Base，简称 DB)是长期存放在计算机内、有组织、可共享的相关数据的集合，它将数据按照一定的数据模型组织、描述和存储，具有较小的冗余度、较高的数据独立性和易扩展性，并为各种用户所共享。

2. 数据库中的数据如何组织——数据模型

数据模型是数据库系统重要的概念之一，是用来描述数据的一组概念和定义，任何一个数据库管理系统都是基于某种数据模型的，数据库管理系统所支持的模型主要有层次模型(Hierachical Model)、网状模型(Network Model)、关系模型(Relational Model)和面向对象模型(Object Relational Model)。简单地说，层次模型是用"有向树结构"来描述的，网状模型是用"有向图结构"来描述的，关系模型是用"二维表结构"来描述的，面向对象模型是将一个对象的相关数据和代码封装为一个单元，其内容对外界是不可见的。

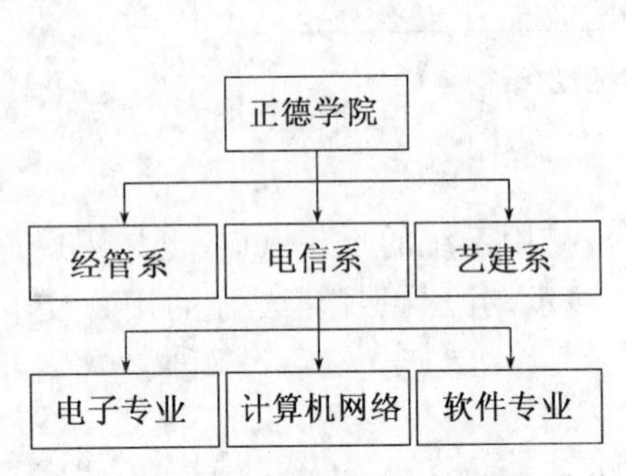

图 6－2　层次模型示意图

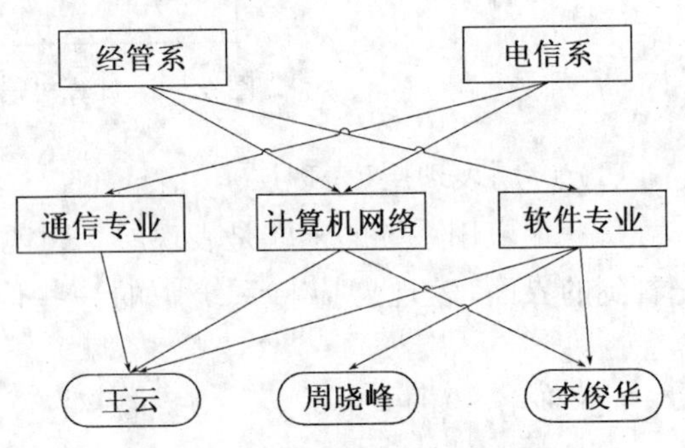

图 6－3　网状模型示意图

班级	专业	学号	姓名	性别	出生年月
06221	计算机应用与维护	0622103	孙霖	女	1988-8-26 0:00:00
06221	计算机应用与维护	0622104	张红梅	女	1988-10-20 0:00:00
06221	计算机应用与维护	0622105	杨勇	男	1988-3-15 0:00:00
06221	计算机应用与维护	0622106	王小庆	男	1989-5-17 0:00:00
06221	计算机应用与维护	0622108	陈鹏	女	1989-4-12 0:00:00
07211	计算机网络	0721101	陈小小	女	1989-8-19 0:00:00
07211	计算机网络	0721102	陶明	男	1989-3-18 0:00:00
07211	计算机网络	0721103	李达	男	1990-1-22 0:00:00
07211	计算机网络	0721104	程子钢	男	1989-12-21 0:00:00
07211	计算机网络	0721105	叶燕红	女	1983-7-16 0:00:00

图 6－4　关系模型示意图

建立在以上不同数据模型基础上的数据库，称为层次数据库、网状数据库、关系数据库。关系模型克服了层次数据库和网状数据库的缺陷，提高了数据模型的表现能力，现实世界中的各种实体以及实体关系都可以使用关系模型来描述，自 20 世纪 80 年代以来，关系数据库已经成为数据库技术的主流。

3. 关系数据库

关系数据库利用二维表来表示实体以及实体之间的关系，每一张二维表又被称为一个关系。二维表中的每一列代表实体或实体间关系的某种属性。二维表中的一行叫做一个记录，是记录类型的实例，代表了某个具体的实体或具体实体间的特定关系。关系数据库不仅可以方便地表示两个实体类型间的 1∶1、1∶n 关系，而且可以直接描述它们之间的 m∶n 关系。

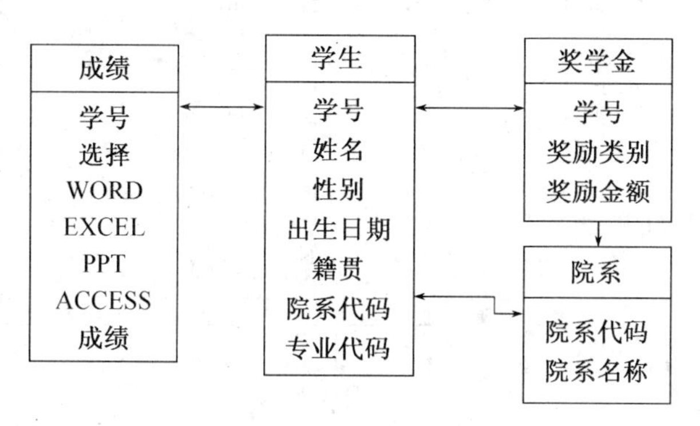

图 6-5　关联关系图

例如，学生成绩系统数据库中，就存放着与学生成绩相关的大量数据，用于反映学生课程成绩和奖学金情况的表有四张，分别是[学生]表、[成绩]表、[奖学金]表、[院系]表。如[学生]表，表中的每一行表示一个学生实体的记录，每一列是学生的一个属性，属性有一定取值范围，称为域。如[学生]表中性别的域是男、女，[学生]表中院系代码的域是[院系]表中的院系代码的集合。每个学生的学号都不相同，是可以唯一表示学生实体的主键。

这四张表不是相互孤立的。[成绩]表的学号对应[学生]表的学号，[学生]表的院系代码对应[院系]表的院系代码，[奖学金]表的学号对应[学生]表的学号。可见，这四张表是相互关联的。

4. 数据库管理系统

数据库管理系统(DataBase Management System，简称 DBMS)是对数据库中的数据进行管理和控制的软件平台，数据库管理系统作为数据库系统的核心部分，为用户提供了组织、存储、管理和维护等功能，具体如下：

(1) 数据定义功能

通过系统提供的数据库定义语言(DDL)，用户可以方便的定义数据库的结构，包括外模式、内模式等定义，也可以方便定义数据库、表等数据库对象。

(2) 数据操作功能

通过系统提供的数据库操作语言(DML)，用户可以实现对数据的检索、插入、更改、删除等操作。

(3) 数据库的运行管理

数据库在创建、运行和维护时由 DBMS 统一管理、统一控制，以保证数据的安全性、完整性、多用户对数据的并发使用及发生故障后的系统恢复。

表6-1 [成绩]表

学号	选择	WORD	EXCEL	PPT	ACCESS	成绩
090010101	31	9		4	8	52
090010102	32	20	18	10	10	90
090010103	33	18	10	10	10	81
090010104	31	18	19	10	7	85
090010105	27	18	20	10	9	84
090010106	28	20	18	10	10	86
090010107	29	16	18	10	9	82
090010108	30	18	20	10	9	87
090010109	32	19	20	10	9	90
090010110	22	20	19	7	9	77
090010111	32	17	17	10	7	83
090010112	34	19	18	10	8	89
090010113	23	10				33
090010114	29	19	18	10	10	86
090010115	29	19	18	10	10	86
090010116	30	19	19	8	9	85

表6-2 [学生]表

学号	姓名	性别	出生日期	籍贯	院系代码	专业代码
090010144	褚梦佳	女	1991/2/19	山东	001	00103
090010145	蔡敏梅	女	1991/2/11	上海	001	00103
090010147	糜义杰	男	1991/10/3	江苏	001	00103
090020201	张友琴	女	1991/11/23	江苏	002	00201
090020202	冯军	男	1991/4/28	江苏	002	00201
090020203	齐海栓	男	1991/1/1	河南	002	00201
090020216	王海云	男	1991/6/14	江苏	002	00202
090020217	陈树树	女	1991/4/2	上海	002	00202
090020218	陈美玲	女	1991/2/20	江苏	002	00202
090030101	孙珊珊	女	1991/2/6	江苏	003	00301
090030102	管颖	女	1991/2/15	江苏	003	00301
090030103	朱姜鸣	男	1992/1/12	江苏	003	00301

表6-3 [奖学金]表

学号	奖励类别	奖励金额
090010150	朱敬文	2000
090020202	朱敬文	2000
090020227	朱敬文	2000
090020235	校长奖	6000
090030102	校长奖	6000
090050215	校长奖	6000
090060304	校长奖	6000
090010139	校长奖	6000
090010145	滚动奖	500
090010148	滚动奖	500
090010152	滚动奖	500

表6-4 [院系]表

院系代码	院系名称
001	文学院
002	外文院
003	数科院
004	物科院
005	生科院
006	地科院
007	化科院
008	法学院
009	公管院
010	体科院

(4) 数据库的创建和维护

数据库的创建和维护功能包括数据库初始数据的输入、转换功能，数据库的存储、恢复功能，数据库的组织功能和性能监视、分析功能等。

数据库管理系统有很多种类型，从最简单的存储带有各种数据的表格到能够进行海量数据存储的大型数据库系统都在各个方面得到了广泛的应用。常见的数据库管理系统有 IBM 的 DB2，甲骨文公司的 Oracle，自由软件 mySQL，微软的 SQL Server、Access、Visual FoxPro 数据库等。

5. 基于数据库的信息系统组成

一个基于数据库的信息系统(对应图 6-6 中的应用系统)，基本的结构都可以表示为如下几个层次：底层的数据库、操作系统、数据库管理系统(如 SQL Server)、应用开发工

具(如.NET Framework 4.0)、应用系统(如学生成绩系统)。

基于数据库的信息系统主要有以下特点：

(1) 数据结构化

数据之间具有联系，面向整个系统。

(2) 数据的共享性高，冗余度低，易扩充

数据可以被多个用户、多个应用程序共享使用，可以大大减少数据冗余，节约存储空间，避免数据之间的不相容性与不一致性。

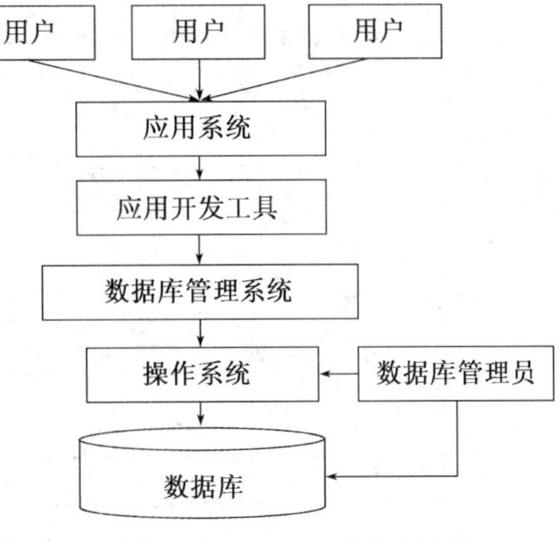

图 6-6　数据库信息系统基本结构

(3) 数据独立性高

数据独立性包括数据的物理独立性和逻辑独立性：

物理独立性是指数据在磁盘上的数据库中如何存储是由DBMS管理的，用户程序不需要了解，应用程序要处理的只是数据的逻辑结构，这样一来当数据的物理存储结构改变时，用户的程序不用改变。

逻辑独立性是指用户的应用程序与数据库的逻辑结构是相互独立的，也就是说，数据的逻辑结构改变了，用户程序也可以不改变。

(4) 数据由数据库管理系统(DBMS)统一管理和控制

数据库的共享是并发的(concurrency)共享，即多个用户可以同时存取数据库中的数据，甚至可以同时存取数据库中的同一个数据。

DBMS必须提供以下几方面的数据控制功能：数据的安全性保护(Security)、数据的完整性检查(Integrity)、数据库的并发访问控制(Concurrency)、数据库的故障恢复(Recovery)。

6.1.3　信息系统中的数据库访问

信息系统需要通过数据库访问技术，实现对存储在数据库中数据的访问。数据库中所有的操作都是通过数据库管理系统进行的，数据库管理系统提供了结构化查询语言(Structured Query Language,SQL)供用户实现对数据的各种操作，如查询、计算、修改数据等。

1. 如何访问数据库中的数据

假设已经在数据库中建立了表6-2[学生]表、表6-3[奖学金]表。为了分析每种奖励类别对应的获奖学生人数，需要新建一个“获奖人数”查询，此时，可以有两种方法来实现：

方法1：使用查询设计器

以Access数据库为例，使用查询设计器进行查询操作，先选择“查询”对象中的“在设计器中创建查询”命令，弹出“显示表”对话框，添加[学生]表和[奖学金]表，将两表的学号字段关联，右击空白区域，在快捷菜单中选择“总计”，并按“奖励类别”分组，对“学号”进行计数。操作如图6-7所示：

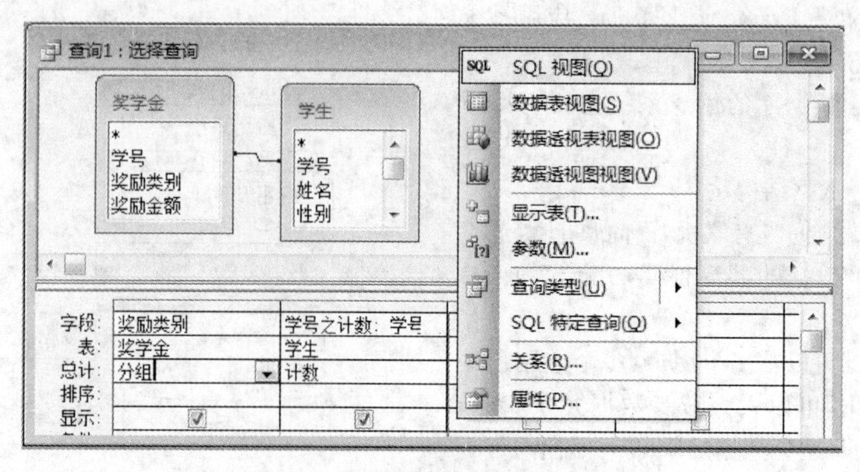

图 6-7 使用查询设计器建立查询

方法 2：使用 SQL 语句

在"选择查询"界面中，用鼠标右键单击，选择"SQL 视图"，可以在生成的选择查询界面中直接输入 SQL 查询代码：

```
SELECT 奖学金.奖励类别,Count(学生.学号)AS 学号之计数
FROM 学生 INNER JOIN 奖学金 ON 学生.学号=奖学金.学号
GROUP BY 奖学金.奖励类别;
```

查询1：选择查询

奖励类别	学号之计数
流动奖	32
校长奖	6
朱敬文	12

记录： 1

图 6-8 查询代码运行结果

以上示例按照奖励类别进行分组，将同一类别的奖励人数进行统计，计算的结果最终会显示在信息系统的界面中。这就需要软件开发人员将实现上述功能的语句编译成应用程序，存入文件。在用户访问数据库的时候，就可以调用并运行该程序，系统运行后自动显示输出结果。

如果在一台计算机上完成以上数据库的访问，这属于集中式数据库系统结构中的单用户系统。而实际的数据库应用中，往往要服务于多用户，这些用户多数是分散的远程用户，与数据库不在一台计算机上，必须通过网络访问数据库。被访问的数据库也可能不在一个网络节点上，即数据库中的数据存储在多台计算机中，多节点数据库通过网络连接在一起，这种结构称分布式数据库系统。

2. C/S 模式的数据库访问

客户机/服务器(Client/Server，C/S)模式中，客户机直接面向用户，用户需要先安装客户端程序，才能使用数据库系统。在 C/S 模式中，应用表现层和业务逻辑层的应用程

序均位于客户机中，其他功能放置到后端服务器系统中。服务器通常处于守候状态，时刻监视客户机的请求。当用户需要使用数据库系统时，客户机向服务器发出请求，服务器做出响应，执行客户机请求的任务，并将结果经过网络传送到客户机。

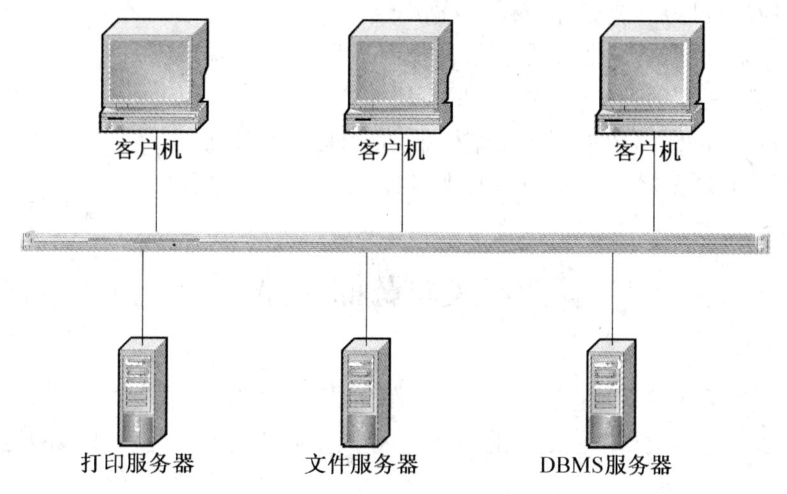

图 6-9 C/S 结构的数据库访问

3. B/S 模式的数据库访问

浏览器/服务器（Browser/Server，B/S）模式中，实际上是在 C/S 模式中增加了 Web 服务器，第一层是客户层，配有浏览器，起着应用表现层的作用。中间层是业务逻辑层，主要是通过 Web 服务器为浏览器实现"收发工作"和本地静态数据的访问，动态数据则需要应用程序通过 SQL 向第三层的数据库服务器发出请求，数据库服务器执行 SQL 的请求并将结果交由 Web 服务器返回给浏览器。

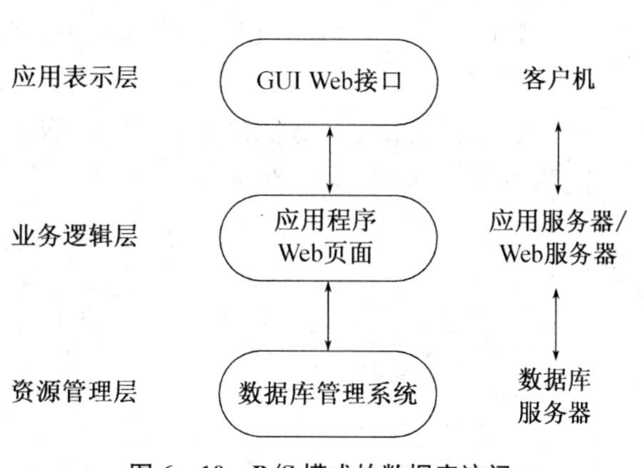

图 6-10 B/S 模式的数据库访问

自测题 1

一、选择题

1. 以下所有各项中，不是计算机信息系统所具有的特点的是________。
   A. 涉及的数据量很大，有时甚至是海量的
   B. 除去具有基本数据处理的功能，也可以进行分析和决策支持等服务
   C. 系统中的数据为多个应用程序和多个用户共享
   D. 数据是临时的，随着运行程序结束而消失
2. 以下列出了计算机信息系统的结构层次，其中数据库管理系统和数据库________。
   A. 属于业务逻辑层　　B. 属于资源管理层

C. 属于应用表现层　　　　　　　　　D. 不在以上层次中

3. 计算机信息系统的B/S模式是指________。

A. 应用程、传输层、网络互连层

B. 应用程序层、支持系统层、数据库层

C. 浏览器层、Web服务器层、DB服务器层

D. 客户机层、HTTP网络层、网页层

4. C/S模式的网络数据库体系结构中,应用程序都放在________。

A. Web浏览器　　B. 数据库服务器　　C. Web服务器　　D. 客户机

6.2 关系数据库简介

关系数据库采用关系数据模型,它应用数学方法来处理数据库数据,概念简洁,能够用统一的结构表示实体集和他们之间的关联,当今大多数数据库都是采用关系数据模型。

6.2.1 关系数据模型的基本结构和基本术语

关系模型是建立在严格的数据概念基础上的。关系模型中数据的逻辑结构是一张二维表,由行和列组成。下面介绍一些关系模型中常用的术语。

(1) 关系

一个关系其实就是一张二维表,每个关系都有一个关系名,如表6-5即是一个关系:[学生]表关系。

表6-5 [学生]表

学号	姓名	性别	出生日期	籍贯	院系代码	专业代码
090010144	褚梦佳	女	1991/2/19	山东	001	00103
090010145	蔡敏梅	女	1991/2/11	上海	001	00103
090010147	糜义杰	男	1991/10/3	江苏	001	00103
090020201	张友琴	女	1991/11/23	江苏	002	00201
090020202	冯军	男	1991/4/28	江苏	002	00201
090020203	齐海栓	男	1991/1/1	河南	002	00201
090020216	王海云	男	1991/6/14	江苏	002	00202
090020217	陈树树	女	1991/4/2	上海	002	00202
090020218	陈美玲	女	1991/2/20	江苏	002	00202
090030101	孙珊珊	女	1991/2/6	江苏	003	00301
090030102	管颖	女	1991/2/15	江苏	003	00301
090030103	朱姜鸣	男	1992/1/12	江苏	003	00301

(2) 元组

元组也称为记录,是指二维表中的一行数据,例如"090010144,褚梦佳,女,1991-2-19,山东,001,00103"。

(3) 属性

属性也称为字段,是指二维表中的一列数据,属性由属性名和属性值组成。列的名称称为属性名,列的值称为属性值,如[学生]表的属性有学号、姓名、性别等。

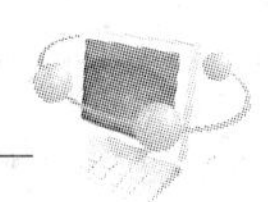

(4) 域

域也称为值域，是指属性的取值范围，例如性别的域为(男，女)。

(5) 主关键字

主关键字也称为主键，其作用是唯一区分二维表中不同的元祖(行)。若一个关系中有多个候选关键字，则选定其中一个做主关键字。例如表 6－5 中选择“学号”做主关键字。

(6) 候选关键字

候选关键字也称为候选键，若关系中的某一个属性或属性组可以唯一标识一个元组，则称该属性或属性组为候选关键字，例如表 6－5 中“学号”、“姓名”等均为此关系的候选关键字。

(7) 关系模式

关系模式是指关系的静态结构，通常记为 $R(A1, A2, \cdots, An)$。其中 R 为关系名，$A1, A2, \cdots, An$ 为属性名。例如表 6－5 的关系模式可表示为：[学生]表(学号，姓名，性别，出生日期，籍贯，院系代码，专业代码)。

6.2.2　关系数据库的基本操作

在关系数据库的操作中，其操作对象和操作结果均为关系。关系运算的基础是关系代数。关系代数的基本运算有两类：传统集合运算(并、交、差)和专门的关系运算(选择、投影、联接)。下面介绍几种关系运算。

1. 选择(Selection)

选择是在关系 R 中选择满足给定条件的元祖(记录)，即从行的角度进行操作。

例 6－1：学院推出各类奖学金评选，确认的奖学金获奖名单关系 R，现从该表中查询奖励类别是校长奖的学生信息。结果如图 6－11 所示。

奖学金R

学号	奖励类别	奖励金额
090070407	朱敬文	2000
090080501	朱敬文	2000
090010120	朱敬文	2000
090080518	朱敬文	2000
090100708	朱敬文	2000
090020235	校长奖	6000
090030102	校长奖	6000
090050215	校长奖	6000
090060304	校长奖	6000
090080507	校长奖	6000
090010139	校长奖	6000
090010145	滚动奖	500
090010148	滚动奖	500
090010152	滚动奖	500

选择

R的选择

学号	奖励类别	奖励金额
090020235	校长奖	6000
090030102	校长奖	6000
090050215	校长奖	6000
090060304	校长奖	6000
090080507	校长奖	6000
090010139	校长奖	6000

图 6－11　选择关系运算

2. 投影(Projection)

投影是从关系 R 中选择若干属性列，并且将这些列组成一个新的关系，即从列的角度进行操作。

例 6－2：有“学生”关系表 R(学号，姓名，性别，出生日期，籍贯，院系代码，专业代码)，从学生表中查询学生的姓名、性别信息。该查询操作使用的投影运算，结果如图 6－12 所示。

学生R

学号	姓名	性别	出生日期	籍贯	院系代码	专业代码
090010144	褚梦佳	女	1991/2/19	山东	001	00103
090010145	蔡敏梅	女	1991/2/11	上海	001	00103
090010146	赵林莉	女	1991/12/2	江苏	001	00103
090010147	糜义杰	男	1991/10/3	江苏	001	00103
090010148	周丽萍	女	1991/3/17	江苏	001	00103
090020201	张友琴	女	1991/11/23	江苏	002	00201
090020202	冯军	男	1991/4/28	江苏	002	00201
090020203	齐海栓	男	1991/1/1	河南	002	00201
090020204	屠金康	男	1991/6/10	江苏	002	00201
090020205	顾继影	男	1991/5/7	山东	002	00201
090020206	彭卓	男	1991/10/3	江苏	002	00201
090020207	田柳青	女	1991/6/8	江苏	002	00201
090020221	梁梅霞	女	1991/8/26	江苏	002	00202
090020222	陈思思	女	1991/4/3	山东	002	00202
090020223	董升柳	女	1991/4/22	江苏	002	00202
090020224	李汤蕊	女	1991/7/13	北京	002	00202
090020225	王子明	男	1991/10/2	江苏	002	00202
090020226	江玉龙	男	1991/6/16	江苏	002	00202
090020227	李操	男	1991/7/4	江苏	002	00202

投影

R的投影

姓名	性别
褚梦佳	女
蔡敏梅	女
赵林莉	女
糜义杰	男
周丽萍	女
张友琴	女
冯军	男
齐海栓	男
屠金康	男
顾继影	男
彭卓	男
田柳青	女
梁梅霞	女
陈思思	女
董升柳	女
李汤蕊	女
王子明	男
江玉龙	男
李操	男

图 6－12　投影关系运算

3. **联接**(Join)

联接是将两个关系拼接成一个更宽广的关系,生成的新关系中包含满足联接条件的元祖。联接运算有多种类型,自然联接是最常用的联接运算。在联接运算中,按关系的关联属性值对应相等为条件进行的联接操作称为等值联接,自然联接是去掉重复属性的等值联接。

例 6－3:有“学生”表 R,“奖学金”表 S,将两个表进行自然联接。结果如图 6－13 所示。

学生R

学号	姓名	性别	出生日期
090010144	褚梦佳	女	1991/2/19
090010145	蔡敏梅	女	1991/2/11
090010146	赵林莉	女	1991/12/2
090010147	糜义杰	男	1991/10/3
090010148	周丽萍	女	1991/3/17
090020201	张友琴	女	1991/11/23
090020202	冯军	男	1991/4/28
090020203	齐海栓	男	1991/1/1
090020204	屠金康	男	1991/6/10
090020205	顾继影	男	1991/5/7
090020206	彭卓	男	1991/10/3
090020207	田柳青	女	1991/6/8
090020221	梁梅霞	女	1991/8/26
090020222	陈思思	女	1991/4/3
090020223	董升柳	女	1991/4/22
090020224	李汤蕊	女	1991/7/13
090020225	王子明	男	1991/10/2
090020226	江玉龙	男	1991/6/16
090020227	李操	男	1991/7/4

奖学金S

学号	奖励类别	奖励金额
090010145	滚动奖	500
090010148	滚动奖	500
090020201	滚动奖	500
090020207	滚动奖	500

R与S的自然联接

学号	姓名	性别	出生日期	奖励类别	奖励金额
090010145	蔡敏梅	女	1991/2/11	滚动奖	500
090010148	周丽萍	女	1991/3/17	滚动奖	500
090020201	张友琴	女	1991/11/23	滚动奖	500
090020207	田柳青	女	1991/6/8	滚动奖	500

图 6－13　自然联接关系运算

6.2.3 关系数据库语言SQL

SQL全称是“结构化查询语言(Structured Query Language)”,最早是IBM的圣约瑟研究实验室为其关系数据库管理系统SYSTEM R开发的一种查询语言,它的前身是SQUARE语言。SQL语言结构简洁,功能强大,简单易学,所以自从IBM公司1981年推出以来,SQL语言得到了广泛的应用。如今很多的数据库管理系统如Oracle、Sybase、Informix、SQL Server、Visual Foxporo,都支持SQL语言作为查询语言。

1. SQL特点

SQL广泛地被采用正说明了它的优点,非过程化语言、统一的语言、所有关系数据库的公共语言。它使全部用户,包括应用程序员、DBA管理员和终端用户受益匪浅。

由于所有主要的关系数据库管理系统都支持SQL语言,用户可将使用SQL的技能从一个RDBMS转到另一个。所有用SQL编写的程序都是可以移植的。

SQL语言包含4个部分:

表6-6 SQL语言功能分类

SQL语言功能	关键词
数据查询语言(DQL Data Query Language)	SELECT
数据操纵语言(DQL Data Manipulation Language)	INSERT、UPDATE、DELETE
数据定义语言(DQL Data Definition Language)	CREATE、ALTER、DROP
数据控制语言(DQL Data Control Language)	GRANT、DENY、REVOKE

SQL常见的使用方式有以下两种:

(1) 自含式:在终端上以命令形式进行查询、修改等交互操作,也可以编制成程序(SQL文件)执行。

(2) 嵌入式:可以嵌入到多种高级语言中一起使用,如C、VB、Java、C#、Delphi等。

2. SQL查询

SELECT查询是数据库的核心操作,其含义是从指定的表或视图中找出符合查询条件的记录,按照目标列表达式的设定,选出记录中的字段值形成查询结果。其命令格式为:

SELECT语句的语法结构为:

```
SELECT 字段列表
[INTO 新表]
FROM 数据源
[WHERE 条件表达式]
[GROUP BY 分组表达式]
[HAVING 搜索表达式]
[ORDER BY 排序表达式[ASC|DESC]]
```

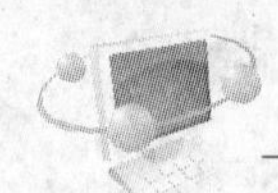

说明：

- 字段列表：指要显示的数据表中的若干字段。
- INTO 子句：指利用查询的结果创建一个新表。
- FROM 子句：数据来源，指出所查询的表名以及各表之间的逻辑关系。
- WHERE 子句：指出查询条件，表明表中的哪些符合条件的记录返回到结果集中。
- ORDER BY 子句：说明查询结果的排序顺序。
- GROUP BY 子句：对查询结果进行分组的字段。
- HAVING 子句：限定分组的条件，该语句必须用在 GROUP BY 后面。

以上的格式中除了 SELECT 和 FROM 子句外，其他的子句都可以根据需要选择使用。

(1) 简单查询。在某二维关系中找出符合查询条件的元祖。

例 6－4：在表 6－1[成绩]表中，查询所有 WORD 成绩大于 15 分的记录。

```
SELECT * FROM [成绩]
WHERE WORD>15
```

例 6－5：在表 6－2[学生]表中，查询所有籍贯为江苏的学生的姓名、性别。查询语句为：

```
SELECT 姓名,性别 FROM [学生]
WHERE 籍贯='江苏'
```

(2) 联接查询。查询涉及两个或两个以上表格时，称为联接查询。联接查询是关系数据库中重要的查询类型，比简单查询的关系更复杂。

例 6－6：查询所有女生的信息及其 WORD、EXCEL 成绩。

```
SELECT 学生.学号,姓名,性别,出生日期,籍贯,院系代码,专业代码, WORD,
EXCEL
FROM 成绩,学生
WHERE 学生.性别='女'and 成绩.学号=学生.学号
```

例 6－7：查询所有女生的学号、姓名、WORD、EXCEL、院系名称。

```
SELECT 学生.学号,姓名, WORD,EXCEL,院系名称
FROM 成绩,学生,院系
WHERE 学生.性别='女'
AND 成绩.学号=学生.学号
AND 学生.院系代码=院系.院系代码
```

3. 视图

视图(View)是由一个或多个数据表(基表)导出的虚拟表或查询表，是关系数据库系统提供给用户以多种角度观察数据库中数据的重要机制。和表一样，视图也包括几个被定义的数据列和多个数据行，视图中的数据列和数据行来源于其所引用的表，所以视图不是真实存在的基表，而是一张虚表。视图所对应的数据并不以实际视图结构存储在数据库中，而是基表中数据的一个映射。

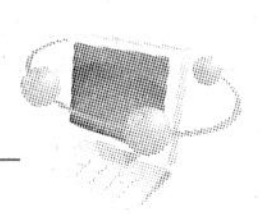

对视图中的数据进行操作时，系统根据视图的定义去操作与视图相关联的基表。如果基表中的数据发生变化，那么从视图查询出的数据也就随之发生变化。视图一经定义，就可以像表一样被查询、修改、删除和更新。

使用 T-SQL 命令的 CREATE VIEW 语句可以创建视图，其基本语句格式如下：

```
CREATE VIEW 视图名称
AS
SELECT 查询语句
```

例 6-8：建立文学院所有学生信息视图 view_student。

```
Create view view_student
AS
SELECT*
FROM 学生,院系
WHERE 学生.院系代码=院系.院系代码 and 院系名称='文学院'
```

例 6-9：建立所有 1991 年出生的学生信息视图 view_year1991。

```
CREATE VIEW view_year1991
AS
SELECT*
FROM 学生
WHERE year(出生日期)=1991
```

自测题 2

一、判断题

1. 关系数据库中的自然联接操作是二元操作，它基于共有属性将两个关系组合起来。 （ ）

2. 关系数据库中主键的作用是唯一区分二维表中不同的属性列。 （ ）

二、选择题

1. SQL 语言的查询语句中，说明联接操作的子句是________。

   A. SELECT　　B. FROM　　C. WHERE　　D. GROUP BY

2. 关系数据库的 SQL 查询操作由 3 个基本运算组合而成，其中不包括________

   A. 联接　　B. 选择　　C. 投影　　D. 比较

3. SQL 语言的查询语句中，说明投影操作的子句是________。

   A. SELECT　　B. FROM　　C. WHERE　　D. GROUP BY

4. 关系数据库中，查询语句执行的结果总是一个________。

   A. 关系　　B. 记录　　C. 元祖　　D. 属性